粮食主产区适宜灌水技术研究与应用

汪顺生 著

科学出版社
北京

内 容 简 介

本书主要介绍了河南省粮食主产区适宜灌水技术，具体内容包括河南省粮食主产区农业高效用水概况、主要粮食作物节水高效灌溉制度研究、高效节水型种植模式研究、小麦-玉米连作适宜灌溉方式与配套实施技术研究、粮食主产区适宜灌溉技术集成与应用等。全书理论与实践相结合，内容翔实，层次分明，具有较强的实用性。

本书可供从事或涉及节水灌溉技术工作的人员使用，还可供高等院校师生及其他技术人员在生产、教学和科研工作中参考。

图书在版编目(CIP)数据

粮食主产区适宜灌水技术研究与应用 / 汪顺生著. —北京：科学
出版社, 2017.10
  ISBN 978-7-03-054954-9

Ⅰ. ①粮… Ⅱ. ①汪… Ⅲ. ①粮食产区-灌溉-技术-研究
Ⅳ. ①S507.1

中国版本图书馆 CIP 数据核字（2017）第 259012 号

责任编辑：张 展 于 楠 / 责任校对：赵 晶
责任印制：罗 科 / 封面设计：墨创文化

科 学 出 版 社 出版

北京东黄城根北街16号
邮政编码：100717
http://www.sciencep.com

成都锦瑞印刷有限责任公司 印刷

科学出版社发行 各地新华书店经销

*

2017 年 10 月第 一 版 开本：787×1092 1/16
2017 年 10 月第一次印刷 印张：12 3/4
字数：320 千字
定价：89.00 元
（如有印装质量问题，我社负责调换）

前　　言

　　河南省是我国主要的粮食产区之一，但是河南省大部分地区的农田水利建设普遍存在灌溉标准偏低、渠系配套不全、工程老化失修、灌溉效益低等现象，其中各种灌溉技术的配套装置较差、农业用水管理措施粗放等突出问题严重地制约着河南省半干旱地区农业高效用水的发展。如何通过有效且易于操作的方法来缩短与发达国家之间的差距，赶上甚至超过发达国家水平，提高我国农业用水利用效率、减少农田投入成本、增加农民收益，就成为现阶段我国农业节水的重要目标和主要任务。因此，研究适宜本地区的节水灌溉制度、输水节水技术、田间灌水技术、农艺节水技术，对提高农田灌溉用水效率、促进河南省粮食生产具有十分重要的意义。

　　农业高效用水的根本目的是在有限的水资源约束下，实现农业生产效益的最大化；本质是提高农业单方水的经济产出，在提高农业用水利用效率的同时，改善农业用水利用效益，维系农业水土生态环境；涉及的领域有自然、经济、社会科学等，以多学科交叉、综合理论为基础，属于一个复杂的系统工程；措施则是建立在农业节水综合理论体系上的综合技术体系，包括水资源的合理开发利用、农业节水措施、工程节水措施和管理节水措施。其中，旱作农业高效用水的大部分措施均可在灌溉农业高效用水中使用；与其相关的研究包括农业高效用水的水文学研究、土壤学基础研究、生理生态基础研究、灌溉理论研究等。

　　本书结合河南省粮食主产区生产的实际情况和自然条件，以冬小麦、夏玉米为研究对象，以降低农业用水、提高区域农业水资源利用效率和作物综合生产能力为目标，深化研究河南省粮食主产区的适宜灌溉技术，具体内容包括河南省粮食主产区农业高效用水概况、主要粮食作物节水高效灌溉制度研究、高效节水型种植模式研究、小麦-玉米连作适宜灌溉方式与配套实施技术研究、粮食主产区适宜灌溉技术集成与应用等。

　　本书由汪顺生撰写并统稿。在本书的编写过程中，从专业要求出发，力求加强基本理论、基本概念和基本技能等方面的阐述。华北水利水电大学高传昌教授和中国农业科学院农田灌溉研究所孙景生研究员对全书进行了系统的审阅，提出了许多宝贵的修改意见，在此表达最诚挚的谢意。科学出版社为本书的出版付出了辛勤的劳动，研究生刘东鑫、王康三、李欢欢、薛红利等参与了本书的文字、图表处理等工作，在此表示衷心的感谢。

　　由于作者水平有限，书中难免存在不妥之处，恳请读者批评指正。

目　　录

第一章 绪 论

第一节 问题的提出

现阶段，水质性缺水已严重威胁到人类健康、生态系统和食品安全。淡水资源作为一种宝贵的战略资源，在既要繁荣经济、富国利民，又要亟须节约用水、保证水质的今天显得尤为重要。因此，如何通过适宜的手段和合理的措施在不同的领域展开节水工作已上升为攸关国家经济、社会可持续发展和长治久安的重大战略问题。

随着社会经济的持续发展，淡水资源、土地资源的日趋紧张和水资源供需矛盾的日益突出，已成为制约农业可持续发展的主要因素。适宜灌溉技术理论就是在这样的背景下提出的。适宜灌溉技术是节水的前提。许迪等对节水的定义有较为全面的界定，即以提高灌溉（降）水的利用率、水资源再生利用率，以及保护农田水土环境为核心，以灌溉（降水）—土壤水—作物水—光合作用—干物质积累—经济产量形成的循环转化过程和区域农田水循环过程为主线，从田间水分调控、作物耗水生理调节、水肥高效利用、作物品种生理与遗传改良等方面挖掘节水潜力，以及从农业节水对区域农田生态系统产生的潜在影响出发，重点开展与农田水分高效利用及调控、田间节水灌溉与水肥高效利用、农业节水对区域水土环境响应评估与调控、水分胁迫对作物生长的影响及其提高水分生产效率的机理与方法等相关的应用基础理论研究和关键技术及产品研发，研究农田灌溉水循环和农田生态系统耗水中的水分运动与交换、溶质运移与转化、根系发育与植物生长、能量交换等过程间的相互关系及各界面间的转化机制与转化规律。

以河南省为例，截至 2008 年底，通过大力发展节水灌溉，河南全省发展节水灌溉工程面积达 117.6 万 hm²，占有效灌溉面积的 24%，这为 2009 年严重大旱情况下，小麦获得丰产丰收作出了不小的贡献。与此同时，节水灌溉也使河南省农业用水效率大幅提升，农业用水量占全省总用水量的比例由 1998 年的 72.2% 下降到 2008 年的 52%，吨粮用水量由 1980 年的 420 m³ 下降到 2008 年的 141m³，在农业用水比例大幅度下降的情况下，粮食总产量不但没有下降，反而连年增加。由此可见，发展节水农业、提高用水效率是保证作物稳产增产的重要措施。因此，实施科学合理的节水灌溉是进一步发展粮食生产的重要途径。

第二节 研究内容及意义

我国是农业大国，农田灌溉发展史可以追溯到五千多年以前。在大禹治水的传说中，就有"尽力乎沟洫""陂障九泽，丰殖九薮"等有关农田灌溉的内容。在夏商时期，农田灌溉已较为普遍，在当时推行的井田制中，已出现了布置沟渠进行灌溉排水的设施。在周代、春秋战国及秦代时期，我国农田灌溉有了更大的发展，一些较大规模的水利设施修筑完成，有的到现在仍在发挥作用。例如，西周时在黄河中游的关中地区已经有较多的小型灌溉工程，魏国西门豹在邺郡（现河北省临漳县）修引 12 渠灌溉农田，楚国在今安徽省寿县兴建蓄水灌溉工程芍陂，秦国蜀郡太守李冰主持修建都江堰使成都平原成为"沃野千里，水旱从人"的"天府之国"。之后的秦汉时期、隋唐至北宋及明清两代是我国农田灌溉发展的三个主要时期，其间修筑的一些大的灌区，如关中地区的郑国渠、河西走廊和黄河河套灌区等，都对我国的农业发展起到积极的推动作用，许多工程经过历代不断的改造与完善，至今仍在生产实践中发挥着重要作用。

资料表明，我国多年平均的农业用水量占到全国用水总量的 70% 左右，其中农田灌溉用水就占到了整个农业用水的 91.36%。农业灌溉技术以地面灌溉为主，约占农田总灌溉面积的 98%，其渠灌水利用系数低于 0.4、井灌水利用系数在 0.6 左右，与发达国家相比，低了 0.2~0.4；同样地，我国的作物水分生产效率约为 1kg/m³，比发达国家少了近 1.32 kg/m³。我国现行的农作制度基本上还是一种高耗水型种植制度，但我国也有一些节水高产种植典型，其水分生产效率高达 1.5~1.8 kg/m³，接近节水发达国家水平，这意味着我国存在较大的制度节水潜力。农作制度节水潜力主要来源于以下几个方面：用好天上雨、保住地中墒、适期适度干燥、浇足关键水、优化种植、水肥耦合。例如，对农作制度节水措施进行提升和综合运用，亩节水潜力可达 80~100m³。由此可见，建立以水分利用效率（water use efficiency，WUE）为中心的主要区域节水高效种植制度，最大限度地提高水分利用率，是化解我国农业水危机、使农业可持续发展的基本途径。

研究表明，正常年份，全国缺水 400 亿 m³，其中农业缺水 300 亿 m³；同时，我国北方黄河、淮河、海河三大流域成为全国严重的缺水区和污染最严重的地区；各区域农田灌溉水利用系数等较国际水平低。河南省粮食主产区年平均降水量为 500~800mm，从年降水量平均值来看，其能够维持雨养型农业，使河南省粮食主产区成为我国重要的冬小麦-夏玉米连作带。这个地带气候半干旱、光照资源丰富、土壤肥沃，是我国强筋优质小麦的主产区，但该地带冬小麦-夏玉米连作区降水量无法满足冬小麦和夏玉米两季作物高产的需求，其他作物（如玉米）生育期也有不同程度的水分亏缺现象。降水主要受太平洋季风的强弱和雨区进退的影响，其在地区上分布不均匀，季节间和年际间变化更是剧烈。全年降水的 60%~80% 集中在 6~9 月。季节间的先旱后涝、涝后又旱，年际间的旱涝，多年间的连旱连涝，是长期以来农业生产极不稳定的基本原因。利用水库和地下水进行灌溉是这一地带一年两熟高产的保障。为了能在淡水资源极为有限的背景下更好地实现单位水量作物产量最大化和亩均产量的最大经济效益，有必要在河南省粮食主产区开展适宜灌溉技术的研究。

灌溉技术的发展使农业生产的基本条件不断发生变化，进而引起农耕制度的不断演进。灌溉的兴起使农田的水分环境得到极大的改善，农田的作物种植结构和种植制度也随之发生了根本性的改变。现代灌溉技术的不断进步，发展出了喷灌、微灌、灌溉施肥等新技术，使得农耕制度向集约、规模方向快速发展。未来的农田灌溉技术仍会不断创新，为了应对水资源短缺不断加剧的现实，农耕制度也会向着节水、自动、工厂化的方向发展，以实现更高的生产效率和经济效率。

研究采用田间节水灌溉试验，结合河南省粮食主产区的区域特点，在畦灌和沟灌等不同的灌水模式下，分析不同灌溉技术条件下的适宜灌水技术参数，探索不同灌溉方式的灌水量、灌水时间及实施办法，提出适宜的灌溉方式与配套技术。然而，不同节水农业措施下的农田的气、热交换规律及水盐运动规律，节水灌溉技术条件下的水肥运动、吸收利用规律，耕作保墒技术与节水灌溉技术的结合，各种单项农艺、节水两方面的实用技术有机地相互配合，构成了一个完整的农业高效用水综合技术体系，真正地实现了既节水又增收，提高了水的利用率，保证了综合节水农业的持续发展。

第三节 国内外研究进展

国内外有关节水灌溉的研究主要针对灌溉工程技术、作物灌溉制度及需水量、作物种植制度与种植模式、适宜灌溉技术、适宜灌溉节水关键技术等方面。

一、灌溉工程技术发展现状

灌溉技术的研究已经有较长的一段历史。就我国目前的状况看，其主要有以下研究成果。

(一)灌溉技术的发展现状

渠道防渗工程技术。渠道是渠灌区的输水通道，其主要作用在于把灌溉水从水源处安全、快速、高效地输送到需要灌溉的田间地头。目前，渠道输水是我国农田灌溉主要的输水方式。传统的土渠输水渠系水利用系数一般为 0.4～0.5，差的仅 0.3 左右，也就是说，大部分水都渗漏和蒸发损失掉了。渠道渗漏是农田灌溉用水损失的主要方面。采用渠道防渗技术后，一般可使渠系水利用系数提高到 0.6～0.85，比原来的土渠提高50%～70%。渠道防渗还具有输水快、有利于农业生产抢季节、节省土地等优点，是当前我国节水灌溉的主要措施之一。随着科学技术的发展，我国渠道衬砌逐步由单一材料向复合材料发展，由梯形断面向弧形断面发展，探索出许多结构新颖、省材、抗冻、抗变形、防渗效果好的衬砌方法。

管道输水灌溉工程技术。管道输水效率高、节约能源、占地少、易于管理，但灌溉渠道管道老化已经成为各国共同的发展趋势。管道输水工程投资相对较低，采用聚氯乙烯管道，每亩投资 250 元左右。以管代渠，可使渠系水利用系数提高 92%～95%，单位面积毛灌溉水定额减少 30% 左右，节约能耗 25% 以上。输水管道埋于地下便于机耕和养护，大大减少耕作破坏和人为破坏，加之管道输水速度明显高于土渠，所以其灌溉速度大大提高，可显著提高灌水效率，因而其省工、省时、省地、管理方便。我国自 20 世纪50 年代就开始对管道输水灌溉技术试点进行应用，至 2002 年，我国管道输水面积为 600多公顷。该技术除在井灌区得到推广应用外，近年来，在渠灌区和扬水灌区也得到了一定发展。管道输水灌溉技术是北方井灌区未来相当长的一段时间内需要加以推广的主导输水技术。

目前，地面灌水技术是我国应用面积最广的一种灌水技术，也是世界上采用较多的一种灌水方式。到 1995 年，我国的地面灌水灌溉面积大约占灌溉面积的 98.1％，美国为 73.6％，澳大利亚和印度达 99％，韩国为 99.5％，巴基斯坦为 100％。地面灌溉因其渗漏费水、灌水不均匀等特点，一度被认为是没有发展前途、落后的灌溉技术。近几年来，国外的经验和国内的大量试验与示范结果表明，改进的地面灌水方法若能合理应用，其田间水有效利用系数就可达 0.9 以上。目前，国内主要应用了优化的畦灌技术、节水型沟灌技术、地膜覆盖技术、波涌灌技术，以及土地平整、少耕免耕等田间管理技术，还展开了水平畦灌这一先进的地面灌溉技术的田间灌溉试验研究。地面灌溉技术因其投资少、易于操作和管理等优点，很符合我国的实际情况，应得到合理推广和应用。

喷灌工程技术。喷灌是当今先进的节水灌溉技术之一，由于其便于机械化、自动化控制实施灌溉过程，所以其在全世界得到了迅速发展。1987 年，全世界喷灌面积发展到 0.2 亿 hm^2，1998 年我国喷灌面积为 86.73 万 hm^2，到 2002 年，喷灌面积已发展到约 230 万 hm^2。我国喷灌技术研究始于 20 世纪五六十年代，但真正起步却是在 20 世纪 70 年代之后。1978 年，喷灌技术列入农田水利基本建设规划，其生产能力基本可以满足我国现阶段喷灌发展的需求，甚至还有部分出口。另外，喷灌技术的发展也有局限性，如受风的影响大、消耗大、一次性投资高、管理技术要求高等，因此喷灌技术的发展一定要与经济效益挂钩。对于那些附加值较高的经济作物，可以提倡发展喷灌，但对于大田作物，则要视经济状况而定，特别是对于那些经济尚不太发达的北方山区、丘陵区更需认真考虑。

微灌工程技术。微灌是一种先进的新型节水灌溉工程技术，具有节水节能、灌水均匀、水肥同步、适应性强、操作方便等优点，适用于山区、丘陵、平原等各种地形条件。微灌系统不需要平整土地和开沟打畦就可实现自动控制灌水，大大减小了灌水的劳动强度和劳动量。微灌的不利因素在于系统建设的一次性投资太大、灌水器易堵塞。因此，要因地、因作物、因区域经济而定，同时又要考虑微灌本身属于局部灌溉的特点。自 1974 年以来，我国微灌技术大致经历了引进、消化和试制，深入研究和缓慢发展，快速发展这三个阶段。目前，在微灌技术领域，我国先后研制和改进了一些微灌设备，总结出了一套适合我国国情的微灌设计参数和计算方法，建立了一批微灌设备企业和一批新的试验示范基地。到 2002 年，微灌面积发展到了 30 万 hm^2。

（二）灌溉技术的发展方向

适宜的灌溉技术是节水农业的核心。将适宜的灌溉技术作为一项革命性措施，需同时把品种改良、耕作制度和施肥方式的改革，先进农业科技的应用，节水工业的发展，以及水利投入、建设、管理和经营制度上的变化一齐抓起来。节水灌溉的技术有多种，但都有其一定的适用范围，必须因地制宜，选择适用于本地区发展的灌溉技术。

选择适宜的灌溉技术首先要考虑当地的水资源状况。水资源源于天然降水，降水入渗地下形成土壤水和地下水，应通过对地表水、土壤水、地下水的合理调控，最大限度地把天然降水转化为农业可用的水源。此外，还有经过适当处理的工业和城镇生活排出的污废水，以及具有一定矿化度的地下咸水，也可用作灌溉水源。与从外地引水灌溉相比，利用当地水资源灌溉投资低，引发的矛盾较少，是发展节水灌溉技术的一条费省效宏的途径。充分利用降水是节水灌溉的首要措施。降水是农作物生长用水的基础，灌溉可以补充降水的不足。利用天气预报、墒情预报和蓄积降水的技术措施，充分利用降水，以节约灌溉用水。

国内外学者对作物灌溉制度进行了大量的研究，并取得了很多有价值的成果，有些在生产实践上得到了应用，对有些指标对灌溉制度的影响的研究的结果并不一致。因此，对作为全国小麦和玉米的主产区——河南省节水灌溉条件下作物需水规律及需水量进行深入研究和水分调控，制定合理的灌溉制度，提高作物水分利用效率，为实现粮食增产、农业结构调整和农民增收作出贡献是未来的发展方向；在选用节水优质小麦、玉米品种的基础上，探索不同灌溉方式下小麦-玉米的种植方式，光热资源、降水、灌溉水的利用效率，提出了适宜于粮食主产区的灌溉技术的种植模式；国内外对垄作沟灌的研究较早，但主要是对油菜、大豆、棉花、花生等经济作物垄作技术的系统研究，较少涉及小麦、玉米等粮食作物，且研究只针对冬小麦或夏玉米等作物，对冬小麦-夏玉米一体化垄作种植模式灌水技术的研究鲜有报道；而小麦、玉米一体化的种植模式在黄淮海地区占有很大比重，课题组通过对垄作沟灌条件下冬小麦、夏玉米周年土壤入渗规律和时空分布特性，不同灌水定额对作物各生育时段的根系吸水、蒸发蒸腾、光合作用及其他水分生理指标和干物质在地上和地下部分的分配比例进行研究，制定了合理的节水高效灌溉制度，这在理论研究和实际生产中均有非常重要的意义；目前，国内外适宜灌溉方式的研究有很多，但大多是关于单一灌水技术或单一作物方面，缺乏各种田间灌水技术与种植模式、农艺节水技术等方面的有机结合，且对于小麦-玉米周年连作的灌水指标及技术研究很少。开展小麦-玉米连作一体化节水高产技术体系和理论研究与应用，考虑粮食生产过程中对水的需要，结合灌溉水源条件对作物进行合理灌溉，以达到最大限度地降低灌溉成本，增加灌溉效益，实现农业生产的节能增效目标，因此提出不同种植模式下的适宜灌溉方式，确定不同灌溉方式的灌水量、灌水时间、操作实施办法与配套技术是发展的趋势。

（三）灌溉技术的评价体系

李少华依据调查资料，按照技术、经济、社会三类指标，研制出节水灌溉技术评价与优选系统，利用该系统对节水灌溉技术进行综合评价，从而优选出不同条件下的灌溉方式，为节水灌溉推广提供科学依据。李少华针对节水灌溉技术的特点，分析、筛选影响因素，分类、定义评价指标，构筑多层评价结构，确定评价准则，开发计算机辅助综合评价支持系统，建立了基于模糊方法且比较完整的节水灌溉技术评价体系。为解决对节水灌溉技术评价与优选的数据计算工作量大、易出错等问题，同时实现模糊综合评价分析的智能化、自动化，提高模糊综合评价分析的准确性和可靠性，所以研制了节水灌溉技术评价与优选系统。该系统具有性能良好、可操作性强、方便实用等特点。该系统把当地的相关资料输入计算机后，便可获得最佳的灌溉技术，达到理想的灌溉效果。结果表明，建立科学的评价体系有助于准确地评价农业高效用水工程的可行性，也可为项目决策提供科学依据。

二、作物灌溉制度及需水量研究现状

国外非充分灌溉研究始于 20 世纪 60 年代末。Jensen 模型不仅对供水量与产量关系的数量进行了表达，而且能计算出不同生育期供水不同引起的产量变动，其为"以水定产"或"以产定水"的管理目标实施，乃至水量在全生长期分配变化与产量响应计算提供了可能与便利，而且为优化理论在灌溉策划中的应用提供了计算基础。此后，又相继产生很多水-产量关系计算模型，即"相乘模型""相加模型"等多种形式的计算公式，但与 Jensen 模型相比是大同小异。茆智等根据桂林地区灌溉试验中心站 1988 年以来的 5 年观测试验结果，分析研究了适用于我国南方水稻水分生产函数模型，探讨了各种模型中水分敏感参数的变化规律，具体提出了 Jensen 模型中水分敏感指数与参照作物需水量的关系。张玉顺等将作物全生育期和分阶段水分生产函数模型结合起来，提出了作物 Jensen 模型中有关参数在年际间的确定方法。罗玉峰等用高斯-牛顿法求解 Jensen 模型的参数，该方法拟合精度较高。

国内对非充分灌溉制度的研究开展得比较晚。张展羽等将非充分灌溉条件下土壤水分的消长函数概化为两部分：一是作物计划湿润层含水量始终大于适宜含水量下限的线性部分，土壤含水量随时间的变化而线性减少；二是作物计划湿润层含水量小于适宜含水量下限的非线性部分，土壤含水量随作物蒸发的消耗呈非线性变化，并用模糊动态规划的方法求解了缺水地区旱作作物的非充分灌溉制度。有限水量的最优分配也可采用非线性规划（nonlinear programming，NLP），用系统分析的方法确定有限水量在作物生育期的最优分配。崔远来等用两层分解协调模型（DP-SDP 迭代法）求解了缺水条件下水稻的最优灌溉制度。李彦运用单目标优化模型进行了棉花膜下滴灌灌溉制度的优化模型研究，建立了新疆棉花目标产量下的合理优化滴灌灌溉制度。邱林等提出了考虑作物种植风险指标的灌溉制度多目标优化模型，兼有节水和降低风险两个目标，该模型属于二维多目标、多阶段动态规划问题，其以阶段模糊优选理论和动态规划的逐次逼近（dynamic programming with successive approximations，DPSA）相结合的方法进行求解。该模型只确定了灌水阶段，并未涉及具体的灌水日期，因此还有待于进一步研究。袁宏源等分析了我国北方几种主要旱作物的水分生产函数及敏感性指标，提出了基于非充分灌溉理论的两维状态及两维决策变量的多维动态规划模型。

建立作物水分生产函数的目的：一方面是预估各种灌溉水平下作物的产量，以水定产；另一方面是为了研究作物在缺水条件下的优化灌溉制度和为经济用水提供依据。作物灌溉制度的优化以作物水分生产函数为依据，用各种优化方法求解灌水量在作物各生育期的最优化分配。优化灌溉制度理论研究的主要内容包括在一定的灌溉水量下，如何通过水量在地区间、时间上的合理分配，达到增加产量、提高灌溉水利用效率的目的。

国外关于水分生产函数的研究开始于 20 世纪 80 年代初，其主要围绕作物干物质形成与水分关系展开研究。例如，模拟农田水分运动及作物产量之间的关系，分析作物干物质形成过程的特点，提出干物质日形成率的计算式，将干物质生长模型与 Nimah 的土壤-植物-大气连续体（soil-plant-atmosphere continuum，SPAC）水分迁移模型相结合，建立不同农田管理条件下的作物产量预测模型，推导以凋萎含水率、田间持水率为变量的作物总干物质量的计算公式。20世纪80年代中后期到现在，以水分生产函数为依据，分析灌水效益，制定灌溉制度，以水分生产函数为基础，建立数学模型，用于指导生产过程、农场土地及其他资源评价等。国内对作物水分关系的研究内容包括围绕冬小麦非充分灌溉试验，以Jensen模型为基础，对冬小麦水分敏感指数累积函数、水分敏感指标的解法、水肥生产函数Jensen模型，以及基于水肥生产函数Jensen模型的人工神经网络模型的研究，对水分亏缺阶段与亏缺数量对作物产量的影响的对比研究；对小麦、玉米对水分最敏感的生育阶段的研究；用高斯-牛顿法代替最小二乘法求解Jensen模型参数，得到逼近无偏估计参数的研究；利用定积分原理和时间序列分析方法，对描述水分与作物产量关系的二次型模型和Jensen模型进行了水量的当量变换，得到以作物日需水量为基础的综合模型，得到以常见作物水分生产函数模型为基础的各种敏感性指标——概化的敏感性指标、边际敏感性指标的公式及意义的研究；提出用运筹学和系统分析方法来完成不同含水量和不同生育期可利用灌溉水量下的最优分配决策的研究。

综上所述，国内外对作物灌溉制度都进行了大量研究，并取得了诸多有价值的研究成果，其中一些在生产实践上得到了应用，但对有些指标对灌溉制度的影响的研究的结果并不一致，需要加大研究力度。另外，河南省作为全国小麦和玉米的主产区，有必要对节水灌溉条件下的作物需水规律及需水量进行深入研究，以便进行水分调控，制定合理的灌溉制度，提高作物水分利用效率，为实现粮食增产、农业结构调整和农民增收作出贡献。基于此，本章对河南省半干旱区的冬小麦节水高效灌溉制度、夏玉米节水高效灌溉制度和旱作条件下作物需水规律进行了研究。

三、国内外种植制度与种植模式研究现状

种植制度是指一个地区或生产单位作物种植的结构、配置、熟制与种植方式的总体。作物的结构、熟制和配置泛称作物布局，是种植制度的基础，它决定作物种植的种类、比例、一个地区或田间内的安排、一年中种植的次数和先后顺序。种植模式是指一个地区在特定的自然、社会经济条件下，在同一块地上，在一季或一年内种植作物的种类及配置的规范化方式，包括轮作、连作、间作、套作、混作和单作等。种植制度和种植模式的改进可显著提高土壤水分利用效率。

近些年来，发达国家纷纷由"平面单一种植"向"立体复合式种植"方向改革，力图寻找一条资源节约型的农业发展道路。印度进行大面积的水稻与甘薯、南瓜与谷子的立体间作种植；美国20世纪70年代初就广泛开展了向日葵、玉米、高粱等高秆作物与大豆、菜豆、甜菜等矮秆作物的间作；日本将立体种植作为高效利用光、热、水、肥，维持众多人口食物需求的重要途径。有些发达国家还在立体种植的栽培管理及灌溉管理等方面做了较多的研究，并探索了一些适合本国国情的综合配套技术。

近些年来，我国缺水地区在确定作物的种植结构和种植制度时，不仅考虑农产品产量和经济效益，尽量满足社会经济的需求，同时也越来越注重水资源的合理利用，把保持水资源和生态环境的可持续性放到了重要的议事日程。例如，各地实施的调整作物布局，改水稻为旱稻，或扩种棉花、花生、谷子、高粱等耐旱作物，推行间套种

植，扩大林草种植面积，建立节水高效种植制度等，其目的都在于在节水的条件下获得增收。我国的立体种植实际上是从农作物传统的混合种植、间作、套作发展而来的，近年来其进展较快，在农业经济中起到了重要作用。仅黄淮海地区的麦棉、棉瓜间套，小麦花生立体种植及东北地区玉米与大豆立体种植面积已达 400 万 hm^2；南方 14 个省（区）的冬闲田也有很大一部分通过开展立体种植得到了进一步的开发。多年来，为配合农业生产，农业及相关专业的科研人员在立体种植的栽培技术、土肥管理技术及灌溉管理方面做了较多的研究工作，取得了可喜的成效，为优化农业种植结构起到了积极的促进作用。"八五"期间，山东省水利科学研究所、河南省农业科学院等单位就小麦与玉米、小麦与棉花等作物的套种方式、适宜灌溉制度方面进行了探索和研究，并取得了一定的成效。宁夏海原地区针对当地的缺水状况，近几年夏秋粮种植比例由以往的 6:4 调整为 4:6，促使粮食增产 10%～25%，使得区域整体水分利用效率提高了 25%～30%；甘肃镇原探索出小麦套烤烟、小麦套玉米、玉米套马铃薯等高效套种结构模式，使水分利用率平均提高 25% 以上。

我国华北地区多是冬小麦与秋作物一年两熟的种植方式，有的地方经探索实施的种植方式如下：在小麦灌浆期播种秋作物，免除播前耕翻，在秋作物苗期采用化学除草，比小麦收割后耕翻播种省工增产，一些地方已开始采用这种方法，尽管技术措施还不完善，但已收到了较好的效果。

从农业节水的角度衡量，我国以往对于间套种植节水增收机理及成套技术探索得较少，特别是缺少间套种植及采用深耕措施下一体化的节水灌溉制度与技术。

四、国内外适宜灌溉技术研究现状

农业节水工程技术指渠道防渗技术、管道输水技术、量水技术，以及田间灌溉设备的研制与开发技术、水资源评价与优化配置技术、灌溉工程规划与综合评价技术、作物需水量与耗水量计算方法及节水灌溉制度研究与技术等。选择合适的灌溉技术对所建工程发挥效益影响重大。因此，多年来国内外许多学者曾进行过节水灌溉技术选择及综合评价理论方面的研究工作。

国外非常重视田间灌水技术的研究、应用及相关产品的研制开发。美国的灌溉面积为 1999 万 hm^2，其中 1111 万 hm^2 为畦沟灌，占灌溉面积的 55.6%，喷灌和滴灌占灌溉面积的 27%，地下滴灌技术也得到了应用。法国、意大利平原区 60%～70% 的农田使用了卷盘式喷灌机进行喷灌。美国、以色列、澳大利亚等国还较大面积地采用了水平畦田灌、波涌灌等先进的精细地面灌溉技术。

我国于 20 世纪 70 年代开始推广应用渠道防渗、平整土地、大畦改小畦等节水措施。20 世纪 80 年代，我国重点推广了低压管道输水，并在较大范围内进行了喷灌、滴灌和微喷灌等节水灌溉技术的试点和示范。从 20 世纪 90 年代开始，我国将节水灌溉工程技术、农艺技术和管理技术有机结合，大面积推广田间灌溉科学用水技术，如小麦优化灌溉、水稻浅湿灌溉、膜上灌、北方旱地坐水点种等，使我国农业高效用水灌溉技术提高到一个新水平。目前，全国有效灌溉面积中，节水灌溉工程面积比重为 34.8%，灌溉水利用率提高到了 45%。在改进地面灌水技术的研究方面，小畦灌溉、细流沟灌、隔沟灌、波涌灌溉等精细地面灌溉方法的应用可明显改进地面畦(沟)灌溉系统的性能,具有节水、增产的显著效益。目前,激光控制土地精细平整技术是世界上最先进的土地平整技术,国内外的应用结果表明,高精度的土地平整可使灌溉均匀度达到80%以上,田间灌水效率达到70%~80%,其是改进地面灌溉质量的有效措施。目前,虽然在单一灌水技术方面取得了一定成效,但缺乏各种田间灌水技术与种植制度、农艺节水技术等方面的有机结合。

五、国内适宜灌溉节水关键技术研究现状

节水灌溉关键技术主要涵盖了因地制宜地合理布局种植作物,培育和选用节水抗旱作物及品种,提高水分生产效益的灌水技术,根据不同作物的需肥规律进行肥料调配和施用的技术,蓄水保墒的耕作技术,秸秆、地膜覆盖的保墒调温技术,以及采用化学制剂促苗生长和抑蒸、保墒技术等内容。合理实施上述节水农业成套技术,发挥其整体效益,就有可能产生最大的节水增收效益。

在应用工程节水技术措施的基础上,采用农艺综合节水技术,发挥其成套技术的整体优势,实现节水、高产、高效,是当前世界各国研究节水农业突出的特点,更受到世界各国普遍的重视。理论研究及生产实践结果表明,水、肥在作物生长发育过程中是两个相互影响、相互制约的因子,合理的灌水可以促进肥料转化及吸收利用,进而提高肥料的利用率,而不同养分适宜调节也可以促进水分的高效利用。通过肥、水同步监测来确定作物灌水与肥料适宜的时、量组合,已在许多先进国家的农业生产中得到普遍应用,其中最为突出的是美国、以色列等国家,它们利用滴灌系统对作物同步供给水分及养分,真正做到了水肥同步。

与常规的耕作措施相比,采用深耕措施能够促使土壤孔隙度增大、活土层增厚、作物根系发达、"土壤水库"的蓄水能力提高15%以上;深耕后再进行耙耱和墒处理,可有效地控制土壤蒸发损失。旱地深耕作物一般可增产15%~40%,对于深耕后的灌溉农田,水分生产效益也可以提高8%~17%。对于地面覆盖增温保墒技术,国内外的有关机构做了不少研究工作,少数先进国家还对覆盖后农田的水、气、热交换规律及水盐运动规律进行了较为详细、深入的分析研究,并取得了一定的研究成果。有研究者通过实验探索,将不同的农业和水利节水技术措施进行组装配套,形成最佳组合,取得了十分明显的效果,即在田间灌水全部采用滴灌和喷灌的基础上,结合合理的调整种植结构、水肥同步供给、大量发展保护地栽培等措施,形成了节水、高产、高效的技术体系,农田平均灌溉定额从1949年的8565 m^3/hm^2 下降到目前的5571m^3/hm^2,但同期灌溉作物产量却以每年3%的速度递增,水的生产率达到2.32 kg/m^3,单方[①]水的收益也提高了3倍,达到了2美元。

我国的节水农业技术研究在提高工程节水技术的同时,也已开始将注意力转向了综合农业节水技术的研究上,根据不同节水农业区的自然、经济特点,调整种植结构,选用耐旱作物及节水品种,并实施水、肥、耕作、覆盖、化学制剂等有效措施,力争达到

---

① 1方=1000L。

节水、高产和高效的目标。

　　在节水灌溉关键技术的研究中，一些重要的理论问题和实践技术亟待研究解决，如地膜覆盖对环境污染的问题，降解膜的研究与应用，作物覆盖田间下的配套灌水、施肥技术等，均对推广实施农艺节水技术、促进节水农业的开展具有重要的实践意义。

第二章 研究区概况与试验设计

第一节 河南省粮食主产区研究概况

一、基本情况

（一）河南省基本情况

1. 地理概况

河南省地处我国中东部、黄河中下游地区，地理位置为东经 110°21′～116°39′，北纬 31°23′～36°22′，与河北、山西、陕西、湖北、安徽、山东 6 省相邻，呈望北向南、承东启西之势。其地势西高东低，北、西、南三面由太行山、伏牛山、桐柏山、大别山沿省界呈半环形分布；中、东部为黄淮海冲积平原；西南部为南阳盆地；东西长约 580km，南北跨约 550km。全省土地面积为 16.7 万 km²，在全国各省（市、自治区）中居第 17 位，其中平原和盆地、山地、丘陵面积分别为 9.3 万 km²、4.4 万 km²、3 万 km²，各占总面积的 55.7%、26.6%、17.7%；耕地面积为 6.871 万 km²，仅次于黑龙江省，位居全国第二；总播种面积为 12.07 万 km²，主要种植粮食作物，属全国粮食产量突破 3000 万吨大关的三个省区之一。

2. 地形地貌

河南省地表形态复杂，基本可分为豫北平原、豫东平原、南阳盆地、豫北山地、豫西山地和豫南山地六大区。其地势西高东低，西北部山地海拔一般在 1000m 以上，而豫东平原、豫北平原海拔多在 100m 以下。

河南省境内山地大体由三大块、四山系组成，分别为位于境内西南部的南阳盆地、豫东平原、豫北平原，以及豫北太行山地、豫西伏牛山地和豫南桐柏山地、大别山地。

3. 气候

河南省地处亚热带和暖温带地区，属暖温带-亚热带、湿润-半湿润季风气候。其气候总体呈四季分明、雨热同期、复杂多样、气象灾害频繁，同时具有自南向北由亚热带向暖温带气候过渡、自东向西由平原向丘陵山地气候过渡的特点。

河南省年内降水量由北向南递增，多年平均降水量为 600～1000mm，多年平均水面蒸发量为 1100～1700mm；多年平均气温为 12.8～15.5℃，其中 1 月为－3～3℃，7 月为 24～29℃，极端最低气温为－21.7℃（1951 年 1 月 12 日，安阳），极端最高气温为 44.2℃

（1966 年 6 月 20 日，洛阳），活动积温为 4200~4900℃，大体呈东高西低、南高北低的趋势，且山地与平原间差异较为明显；多年无霜期为 200~240 天。

总体来看，河南省内的 6 个区中，豫北、豫西地区发生旱灾的概率最大，其次为豫东地区，豫南、唐白丹区域最小。就季节而言，春旱频率最大，占 37%，且旱期长，无透雨日一般为 60~70 天，最长为 80~90 天，冬季次之。统计资料表明，自新中国成立以来，全省干旱受灾面积平均每年为 1.26 万 km²，其中成灾面积为 0.787 万 km²，受旱减产的农田平均每年为 1 万 km²。

根据河南省的气候特征，可将其划分为 7 个气候区，即豫东北平原春旱风沙易涝区，太行山夏湿冬冷干旱区，豫西山地温凉湿润区，豫西丘陵干热少雨区，淮北平原温暖易涝区，南阳盆地温暖湿润夏季多旱、涝区，淮南春雨丰沛温暖多湿区。

4. 土壤概况

河南省土壤类型主要有 17 类，其中湿土 37.14%、褐土 20.92%、黄褐土 15.37%、砂姜黑土 13.93%、水稻土 7.49%、红黏土 1.68%、盐碱土 1.64%，其他 10 种土壤所占比重不到全省耕地面积的 1.0%。从各区的情况来看，豫北山前平原地区主要为潮土；豫西北海拔 1200m 以上为山地棕壤，1200m 以下为褐土；豫中南及南阳盆地有大面积砂姜黑土分布；豫西南和淮南山地为黄棕壤和黄褐土；黄河及故道两侧洼地有盐碱土分布。总体上，从南向北土壤由微酸性过渡到中性、微碱性至碱性。

5. 河流水系及水文地质概况

河南省横跨黄河、淮河、海河、长江四大水系，其中，淮河流域的多年平均地表水资源量最大，占全省耕地面积的 60.60%；其次为长江流域和黄河流域，分别占全省耕地面积的 17.15% 和 14.47%；海河流域最小，占 7.81%（表 2-1）。其主要的水系有洪汝河、沙颍河、涡惠河、唐白河、伊洛河、泌丹河、金堤河、漳卫河等。从全省来看，境内共有 1500 多条河流，其中有 493 条河流的流域面积超过 100km²。

表 2-1　河南省水资源量统计表

流域名称	流域面积（km²）	降水量		地表水资源量（亿 m³）				地下水资源量（亿 m³）	地下水可开采量（亿 m³）	重复计算量（亿 m³）	水资源总量（亿 m³）
		水深（mm）	水量（亿 m³）	均值	50%	75%	95%				
长江	27710	827.7	229.4	66.9	61.4	42.4	22.9	27.5	8.6	23.6	70.9
淮河	86090	850.3	732.0	178.5	166.7	113.7	54.5	121.5	73.1	49.5	250.5
黄河	36030	641.6	231.2	47.3	47.7	30.2	23.2	34.1	19.4	21.7	59.8
海河	15300	647.6	99.1	20.0	15.5	10.1	7.2	25.2	13.5	12.9	32.3
全省合计	165130	782.2	1291.7	312.7	291.3	196.4	107.8	208.3	114.6	107.7	413.5

由于河南省地跨四大流域，受地质构造、岩性及地貌格架的控制，全省水文地质条件复杂，有不同类型的地下水分布，大体上包括豫西及豫南山地基岩裂隙水和东部平原浅层潜水及深层承压水两大类型。豫西及豫南山区又可分为基岩裂隙潜水、碎屑岩孔裂

隙潜水，主要分布在山前地带及山间盆地边缘。东部平原浅层及深层地下水又分为上层滞水、孔隙水及深部承压水。

6.水资源开发现状

(1)水资源总量。2000～2004年，河南省平均水资源总量为461.29亿 m³，其中地表水资源量为326.97亿 m³，浅层地下水资源量为214.44亿 m³，重复水资源量为80.12亿 m³，约占全国水资源总量的1.4%，居全国第19位。全省平均降水总量为1364.4亿 m³，平均降水深为824.26mm；人均水资源占有量为445m³，耕地亩均占有量为407m³；人均水资源占用量为413.4 m³，为全国人均水资源占用量的1/5、世界水平的4.4%；耕地亩均占有量为403 m³，为全国平均水平的1/6。正常年份，全省缺水量可达40亿～50亿 m³。这表明，河南省属于我国水资源较为短缺的省份之一。

(2)开发利用状况。据1999～2004年统计，多年平均总用水量为211.98亿 m³，农业用水139.53亿 m³、工业用水40.54亿 m³、生活用水31.91亿 m³，分别占总用水量的65.82%、19.13%、15.05%。其中，地表水86.95亿 m³、地下水124.91亿 m³。供水量最大的年份为2001年，总供水量为231.30亿 m³，其中地表水96.25亿 m³、地下水135.00亿 m³；农业用水159.64亿 m³、工业用水40.76亿 m³、生活用水30.90亿 m³（表2-2）。

表2-2 河南省供用耗水统计表 （单位：亿 m³）

年份	供水量				用水量				耗水量
	地表水	地下水	其他	合计	农业	工业	生活	合计	
1999	98.60	129.70	0.27	228.57	159.69	40.40	28.48	228.57	137.37
2000	87.53	117.11	0.23	204.87	134.20	41.73	28.94	204.87	120.28
2001	96.25	135.00	0.05	231.30	159.64	40.76	30.90	231.30	138.94
2002	84.06	134.71	0.05	218.82	145.75	40.24	32.83	218.81	133.06
2003	73.91	113.65	0.06	187.62	113.35	39.95	34.32	187.62	111.38
2004	81.35	119.30	0.05	200.70	124.54	40.18	35.99	200.71	119.37
平均	86.95	124.91	0.12	211.98	139.53	40.54	31.91	211.98	126.73

通过对全省19座大型水库和100座中型水库的蓄水量进行统计，2001年年末，蓄水总量为35.25亿 m³，其中，大型水库年末蓄水量为26.90亿 m³，中型水库为8.35亿 m³；按流域统计，淮河流域年末蓄水总量为16.64亿 m³，黄河流域为8.66亿 m³，长江流域为8.00亿 m³，海河流域为1.95亿 m³。

全省所辖海河、黄河、淮河、长江流域总供水量分别为38.90亿 m³、47.38亿 m³、100.30亿 m³、22.09亿 m³。其中，地下水供水量分别占总供水量的21.06%、22.56%、48.91%、7.46%，地表水分别占15.10%、22.84%、46.88%、15.17%。总体来看，地下水供水量高于地表水近46.49%，除长江流域地表水供水量较地下水高38.81%外，其他流域均为地下水供水量较高（表2-3）。

表 2-3 河南省供水量与用水量统计一览表 （单位：亿 m³）

流域名称	供水量				用水量				耗水量
	地表水	地下水	其他	合计	农业	工业	生活	合计	
海河	12.78	26.11	0.01	38.90	26.59	8.06	4.24	38.89	24.11
黄河	19.33	27.97	0.08	47.38	33.36	8.43	5.59	47.38	28.38
淮河	39.67	60.63	0.00	100.30	64.92	15.95	19.43	100.30	61.86
长江	12.84	9.25	0.00	22.09	10.61	8.13	3.34	22.09	10.26
全省	84.62	123.96	0.09	208.67	135.48	40.57	32.60	208.65	124.61

各流域中，海河流域地表水控制利用率、水资源总量利用消耗率、平原区浅层地下水开采率均最高，分别为 60.82%、78.35%、80.88%；其次为黄河流域，分别为 28.08%、45.94%、63.62%；淮河流域、长江流域相对较小(表 2-4)。

表 2-4 河南省流域分区水资源利用程度表 （单位：%）

流域名称	海河	黄河	淮河	长江	全省
地表水控制利用率	60.82	28.08	18.50	22.64	22.14
水资源总量利用消耗率	78.35	45.94	24.66	17.08	29.10
平原区浅层地下水开采率	80.88	63.62	44.66	52.32	53.04

近几年，豫北五市①和黄河以南的郑州、许昌、洛阳、三门峡、商丘等市地下水最大供水年份均有不同程度的超采，造成地下水水位下降。基于此，只有减少地下水工程供水能力，才能维持采补平衡。由于地表水时空分布及开采不均，实际供水能力比各工程最大供水能力要小。

7. 农业生产与社会经济状况

(1)农业生产状况。近年来，河南省粮食总产量平均为 5365.5 万 t，棉花为 65.1 万 t，油料为 505.3 万 t，麻类为 4.4 万 t，烟叶为 26.7 万 t，蚕茧为 2.8 万 t，茶叶为 3.2 万 t，水果为 2129.6 万 t，农业总产值为 4669.5 亿元。

2008 年，河南省农机总动力为 9429.3 万 kW，农用大中型拖拉机有 202608 台，小型拖拉机有 3636700 台，大中型拖拉机配套农具有 431570 部，小型拖拉机配套农具有 639520 部，农田排灌机械有 509640 台。农村用电量为 227.4 亿 kW·h，农用化肥施用量为 601.7 万 t，乡村办水电站有 600 个，装机容量为 34.2 万 kW。

(2)社会经济状况。2008 年，河南省国民生产总值为 18407.78 亿元，比上年增长 18.45%。其中，第一产业 2658.80 亿元、第二产业 10477.92 亿元、第三产业 5271.06 亿元。城镇居民人均生活费收入为 10797 元，农村居民人均纯收入为 3208 元。

8. 主要任务

河南省作为我国粮食的主产区，其总产量连续多年位居全国第一，为国家粮食安全

---

① 豫，河南的简称。豫北五市：新乡、鹤壁、安阳、濮阳、焦作。

作出了重要贡献。然而，值得关注的是，河南省粮食连年丰产丰收是在水资源短缺的条件下获得的。上述提到的全省水资源短缺、水分利用效率较低的现象，已严重制约了全省粮食产量的持续增加，再有水质恶化及水资源浪费等现象的出现，更是对该目标的顺利完成提出了巨大的挑战。

如何优化河南省水资源配置、提高农业用水管理水平、增加水分利用效率、使有限的水资源发挥更大的经济效益和社会效益，是当前全省农业生产中必须解决的重大问题和面临的重要任务，也是促进河南省粮食生产核心区建设、提高粮食综合生产能力、保障国家粮食安全和水安全的重要措施之一。

(二)河南省粮食主产区概况

河南省粮食主产区主要分布在河南省西北部地区，包括郑州西部、洛阳、三门峡、焦作、济源、安阳等地区，耕地面积为 130.8 万 hm²，人口为 1630 万人，分别占全省总耕地面积的 13.1% 和总人口的 16.5%。

该区域地形多以丘陵、浅山为主，土壤类型主要为褐土、黄土，土壤肥力较低(有机质含量在 1% 左右)，年降水量在 600 mm 左右，降水分布不均，季节性干旱明显。该区域自然降水与作物需水严重错位与缺位，且干旱程度正在加剧，1992~2002 年降水量为 534.4 mm，较前 30 年平均降水量减少了 16.5%。≥80% 保证率年降水量为 450~520 mm，表现为一季有余、两季不足，加之降水季节分配不均，干旱发生频率较高，平均在 40% 以上。无霜期为 190 天，≥10℃ 的活动积温为 4400~4600℃。

河南省粮食主产区地表水和地下水资源缺乏，大部分地区的农业生产用水必须依赖有限的自然降水，属于典型的雨养农业地区。年降水量与作物生长之间的关系是一季有余、两季不足，在实际生产中，存在一年一熟、一年两熟和两年三熟三种种植制度。其中，一年一熟种植作物主要为冬小麦、春甘薯；一年两熟种植模式主要为小麦-玉米及小麦-秋杂粮种植；两年三熟种植模式主要有小麦+玉米+小麦、小麦+玉米+春甘薯(春花生)、小麦+(大豆等杂粮)+小麦。

近年来，随着生产条件的不断改善、生产力水平的日益提高及种植效益的稳步增加，一年两熟种植面积逐年扩大，成为该地区的主要种植模式。然而，有三个根本的原因在限制着该区域农业的持续发展：第一，季节干旱明显，降水时空分布严重不均，干旱缺水成为限制农田生产力的最大瓶颈，自然降水的大量流失和无效蒸散造成作物产量低而不稳；第二，土壤瘠薄，保水保肥能力差，养分要素按分级标准多为缺或极缺；第三，耕作粗放，集约化程度低，土地生产力中技术贡献率不高。

二、农业灌溉存在的主要问题

(一)节水灌溉发展现状

目前，以井灌区低压管道输水灌溉和自流灌区节水改造技术为代表的节水灌溉技术有了较大面积的普及，但也存在一些问题，主要表现在以下几个方面。

一是发展的不均衡性，即各节水技术之间的发展差异较大，井灌区以低压管道输水灌溉技术为主并得到了较好的发展，而丘陵区的节水灌溉技术发展却严重滞后；二是节水面积所占比重较小，仅为有效灌溉面积的 38.6%，亟须进一步扩大；三是节水工程质量不高，达标率较低；四是节水推广中，各种技术的配套、组装较差，如节水灌溉制度、输水节水技术、田间灌水新技术、节水管理、农业节水技术等还没形成配套技术，综合节水技术还需进一步研究完善。

"十五"期间，河南省洛阳市在加强灌区建设和修复配套的同时，以节水灌溉示范项目区建设为重点，因地制宜地采取渠道硬化、管道输水、喷灌、滴灌等形式，大力发展节水灌溉，新增有效灌溉面积 1.2 万 hm²。到 2005 年年底，有效灌溉面积稳定在 13.3 万 hm²，占到总耕地面积的 37.2%。5 年来，洛阳市共发展节水灌溉面积 2.1 万 hm²，其中渠道防渗面积 0.87 万 hm²，管道灌溉面积 1.1 万 hm²，喷灌、滴灌、微灌等面积 0.1 万 hm²，节水灌溉水平较以前得到了较大提高，但从总体看，灌溉面积仍然较小、节水技术应用水平依然较低。截至 2005 年底，全市有效灌溉面积为 13.3 万 hm²，仅占总耕地面积的 37.2%，节水灌溉面积为 6.5 万 hm²，不到有效灌溉面积的 50%。

(二)农业用水现状及存在问题

水资源短缺问题是现阶段河南省正在面对和亟须解决的难题。然而，在河南省经济持续发展、人民生活水平日益提高的今天，农业用水还存在以下问题。

1.农业水资源紧缺，供需矛盾突出

河南省属于我国的农业大省，而农业是主要的用水大户。从 1999～2004 年 6 年的水资源利用情况看，农业用水 139.52 亿 m³、工业用水 40.54 亿 m³、生活用水 31.91 亿 m³，分别占到全省用水总量的 65.82%、19.13%、15.05%。

河南省内多个地区采用的灌溉方式和灌溉技术仍较为落后，大水漫灌方式也依然存在，致使省内农业用水效率相对较低。据统计，水库灌区的灌溉有效利用系数为 0.5 左右，井灌区约为 0.7，水分生产率平均为 1.0kg/m³，不及发达国家的 1/2。工业用水浪费现象也较为普遍，有资料表明，全省工业用水重复利用率仅为 30%～50%，万元工业产值用水达 700m³，这些指标与一些经济发达地区的用水效率相比仍存在较大差距。这表明，河南省工业、农业、生活用水效率都亟待提高。

河南省水资源空间分布不均，供需矛盾突出。同时，地下水分布也极为不均，特别是黄土丘陵和黄土塬区，由于地表径流缺乏、地下水埋藏深、开采利用不便、开采成本高等限制因素，该地区的农业生产主要依靠降水。

2.农业水资源利用率和利用效率低

示范区平均渠系利用系数为 0.7，田间水利用系数为 0.6，灌溉水利用系数为 0.4 左右，作物水分利用效率平均为 1.30 kg/m³，与国内外相比，该区域的水分利用效率相当低，表明河南省粮食主产区仍有很大的节水潜力。

3.水质问题面临极大考验

有资料表明，河南省内地面水普遍遭到污染，流域面积在 10km² 以上的 491 条河流中，仅有两条水质较好，流经城市的河流污染尤为严重。2004 年，通过对全省 12 个水系、65 条主要河流、120 个河段（控制河流总长度 4692km）的监测与评价，结果发现，全年全省水质达到且优于Ⅲ类标准的河长 1620km，占评价总河长的 34.5%；达到Ⅳ类、Ⅴ类标准的河长 676km，占 14.4%；遭受严重污染、已失去供水功能的河长 2396km，占 51.1%。全省 20 座大中型水库中，优于Ⅲ类水质标准的占 85%。全省 17 个市近郊的 45 眼井中，符合饮用水标准的井 16 眼，占监测井总数的 35.6%；符合灌溉用水标准的井 37 眼，占 82.2%。

与此同时，地下水污染问题也逐渐凸现。资料显示，豫西南大部分地区地下水可直接饮用，而豫北、豫东南浅层地下水污染比较严重，水质较差；河南省内郑州、商丘、许昌、濮阳等地区的浅层地下水污染严重，水质呈下降趋势；河南省内有近千万人仍在饮用不符合生活饮用水水质标准的地下水。

近年来，水资源的不合理开发利用，以及水量的减少和排污量的增加，致使农村用水普遍存在水质不达标、供水保证率低等问题。河南省粮食主产区农业用水主要是开采地下水，地表水的污染已波及地下水，严重影响了人民群众的生活和身体健康。水污染的加剧进一步减少了可供水量，加剧了水资源短缺与需水量增加的矛盾。

4.旱区坡耕地面积大，水土流失严重

旱区坡耕地面积大，水土流失严重，耕地中有 60% 左右为旱耕地，主要分布在黄土丘陵区，地形变化大，植被覆盖度低，土壤抗蚀能力弱，加上年降水量较大，局部地带暴雨较频繁，常常发生严重的水土流失。

水土流失导致土壤瘠薄，农田土壤有机质含量低于 1%，肥力水平低。土壤侵蚀模数一般为 4000～6000 t/km^2，陡坡地土壤侵蚀量达 1 万 t/km^2 以上，区内侵蚀沟深度可达 30～70 m，坡度达 40°～70°，断面呈"U"形，沟沿往往有陡崖、土柱、陷穴等地貌形态。随着沟谷的扩展，耕地面积日益减少，新中国成立以来，水土流失造成的弃耕地面积占原有耕地面积的 12%，严重地区耕地面积减少 15% 以上。研究表明，土壤有机质和无机矿物质养分随土壤侵蚀而损失严重，每流失 1 t 土壤，损失有机质 2.1～9.6 kg、全氮 0.14～0.61 kg、碱解氮 0.018～0.051 kg、速效磷 0.00158～0.0053 kg、速效钾 0.04～0.09 kg。

5.地下水开采严重，引发诸多问题

从河南省范围看，鹤壁、安阳、焦作、郑州、商丘、许昌、漯河等地区的地下水开采强度较大，其次为新乡、濮阳、平顶山、商丘、周口、开封，开采量相对较小的地区是信阳、南阳、驻马店。

目前，河南省地下水开采量已占总供水量的 67%，地下水年开采量为 129.70 亿 m^3，占全省地下水可开采量的比重达 93%，居全国首位，是全国地下水开采总量的 1/8。全省除信阳市外，其余 17 座省辖城市地下水超采区面积达 3230 km^2。其中，水量一般超采区为 2190km^2，水量严重超采为 743km^2，水质污染严重超采区为 1009km^2，水量与水质超采区重叠区为 711km^2。在豫北地区还形成清丰-南乐、温县-孟州等区域地下水降落

漏斗，漏斗面积达 1.2 万 km^2。地下水开采量的加大，使开封、许昌、洛阳、新乡、安阳和濮阳等地区产生了不同程度的地面沉降，大部分城市孔隙浅层水、深层承压水和岩溶水受到一定程度的污染，还有一些区域出现平原湿地萎缩、地表植被破坏等现象。

6. 其他问题

20 世纪 90 年代以来，国家和河南省加大了节水灌溉投入力度，加快了节水农业发展步伐。节水灌溉工作在快速发展的同时，也存在着诸多亟待解决的问题，如一些地方节水灌溉技术选型不合理、节水形式单一、水资源缺乏优化配置、灌溉制度不科学、灌溉水利用系数和水分生产率低、投入产出效果差、节水农业管理体制和运行组织形式落后等，其制约了节水农业的进一步发展。

由以上分析可知，我国现阶段与农业高效用水的研究更多集中在用水模式、井渠结合灌区、评价体系等方面。总体来看，这些与农业高效用水相关的研究在理论上和实践中均取得了较好的研究成果，进一步地，也为发展后续与其相关的研究奠定了良好的基础。

然而，在取得一定研究成果的同时，仍有诸多与其相关的问题亟须深入研究，如高效灌溉制度的研究、高效种植模式的研究、灌溉方式与配套实施技术的研究、适宜灌溉关键技术的研究等。尤其在干旱半干旱地区，这些问题的研究更为迫切。

三、研究任务与技术路线

(一)研究任务

针对河南省粮食主产区作物节水灌溉中存在的问题，重点研究小麦、玉米、大豆等主要粮食作物的节水高效灌溉制度、高效节水型种植制度与种植模式、小麦-玉米连作适宜灌溉方式与配套实施技术；在鉴定、筛选与应用抗旱节水小麦、玉米新品种的基础上，集成水肥耦合高效利用技术、非充分灌溉技术及高效管理节水技术，探索作物高效生产中大面积应用农业节水技术的水价政策、产权制度改革等管理体制与运行机制，形成具有明显区域特色的粮食作物高效生产综合节水技术体系，建立相应的技术模式与规程。

(二)技术路线

本书以优质小麦、玉米等主要粮食作物为研究对象，以降低粮食生产用水综合成本、提高综合用水效益为目标，以提高自然降水利用率和水分利用效率为中心，根据水、土、光、热等资源条件，合理配置水资源，使种植结构调整与产业化发展整体配套，从而提高农业节水水平。为解决河南省粮食主产区的农业水资源紧缺问题，采取节流与开源相结合，工程措施与管理措施相结合，渠系节水措施与田间节水措施相结合，水利工程措施与农艺措施相结合的综合节水措施体系，进一步深化研究小麦、玉米等主要粮食作物的生物节水技术、高效节水灌溉技术、农艺节水技术、用水管理技术等综合农业节水技术，并进行优化组装、集成与配套，提出适合河南省粮食主产区作物的优质高效综合节水技术体系，建立相应的技术模式与规程，并进行示范与推广。

　　本书采用试验研究与示范应用相结合的技术路线，按照"应用技术的理论研究—技术方法建立—技术指标确定—技术组装—高效技术模式集成"的总体思路，以区域特色的农业综合节水技术为切入点，以降低成本、提高灌溉水利用效率和水分生产率为目标，通过灌溉节水、农艺节水与种植节水的有机结合，在充分吸收国内外最新农业节水灌溉理论成果和先进的节水灌溉技术的基础上，在示范区对各项技术进行组装配套，通过示范、验证、改进与完善，最终提出河南省粮食主产区小麦、玉米等粮食作物综合节水技术体系，建立相关的技术模式与操作规程。本书详细的技术路线如图 2-1 所示。

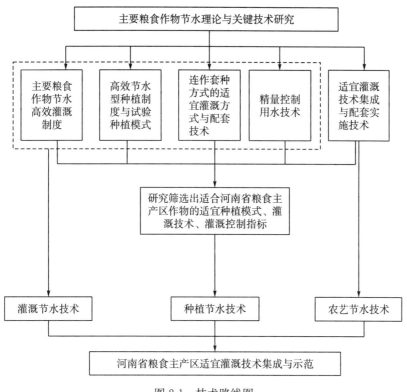

图 2-1　技术路线图

第二节　试 验 设 计

一、试验地概况

　　试验在华北水利水电大学河南省节水农业重点实验室农水试验场进行，试验区位于郑州市东部偏北，地理位置为北纬 $33°35'$，东经 $111°25'$，海拔为 110.4m，属于北温带大陆性季风气候，四季分明，春季干旱少雨，夏季炎热多雨，秋季晴朗日照长，冬季寒冷少雨。其年平均气温为 14.5℃，多年平均降水量为 637.1mm，平均日照时数为 5.6 h，无霜期为 220 天。

　　采用沉降法分析试验区土壤颗粒，按照国际制分类标准，供试土壤质地为粉砂壤土。同时，通过室内理化分析，测定土壤平均干容重为 1.35g/cm³，田间持水量为 24%，土

壤有机质平均含量为 0.87%，全氮平均含量为 0.0539%，碱解氮平均含量为 45～
60ppm[①]，速效磷平均含量为 11.8ppm，速效钾平均含量为 104.4ppm。试验地块长度为
90m，面积大约为 3600m²，田块地势平坦，灌排方便。试验场内设有自动气象站，自动
检测太阳辐射强度、空气温度与湿度、风速等相关气象资料。

二、试验设计与方法

本次研究主要集中在主要粮食作物节水高效灌溉制度试验研究、河南省粮食主产区
适宜的节水高效型种植模式研究、小麦-玉米连作适宜灌溉方式试验研究、水肥高效利用
技术研究和耕作与覆盖节水及配套技术研究 5 个方面，具体如下。

（一）主要粮食作物节水高效灌溉制度试验研究

1. 冬小麦试验设计

在冬小麦的各生育阶段，即苗期、越冬期、返青期、拔节抽穗期、抽穗扬花期、灌
浆成熟期，分别设置不同的土壤水分控制下限，即分别占田间持水量的 50%、60%、
70%，同时设置适宜水分、苗期旱、返青旱、拔节旱、抽穗扬花期旱、灌浆成熟期旱、
前期旱和后期旱 8 个处理，并以适宜水分处理为对照，分别将每个处理重复 3 次。

同时，对多种作物展开不同灌水次数组合的试验，以此研究灌水量在不同生育时期
的分配对作物生长发育、产量及水分利用效率的影响。各处理除土壤水分控制标准不同
外，其他农业栽培管理措施均相同，在冬小麦收获前，各处理均取样进行室内考种。试
验设计见表 2-5 和表 2-6。

表 2-5 冬小麦试验设计（%）

编号	处理	苗期	越冬期	返青期	拔节抽穗期	抽穗扬花期	灌浆成熟期
1	适宜水分	65～70	65	65	65	70	65
2	苗期旱	45～50	65	65	65	70	65
3	返青旱	65～70	65	45～50	65	70	65
4	拔节旱	65～70	65	65	45～50	70	65
5	抽穗扬花期旱	65～70	65	65	65	45～50	65
6	灌浆成熟期旱	65～70	65	65	65	70	45～50
7	前期旱	50～65	50	50	65	70	65
8	后期旱	65～70	65	65	50	50	50

注：占田间持水量的百分比，按土壤水分下限设计。

---

① 1ppm=1mg/kg=1mg/L。

表 2-6 冬小麦试验设计(%)

处理	灌水次数	灌水量(方/亩*)	灌水处理(方/亩)			
			返青水(2月中旬)	拔节水(3月中旬)	孕穗水(4月中旬)	灌浆水(5月上旬)
D 1	4	200	50	50	50	50
D 2	3	150		50	50	50
D 3	3	150	50		50	50
D 4	3	150	50	50		50
D 5	3	150	50	50	50	
D 6	2	100	50		50	
D 7	2	100	50	50		
D 8	2	100	50			50
D 9	2	100			50	50
D10	2	100		50	50	
D11	2	100		50		50
D12	1	50	50			
D13	1	50		50		
D14	1	50			50	
D15	1	50				50
D16	0	0	0	0	0	0

注:按灌水次数设计。

*1 亩≈666.7m^2。

2.夏玉米试验设计

在夏玉米的各生育阶段,即苗期—拔节、拔节—抽雄、抽雄—灌浆、灌浆—成熟,设置不同的土壤水分控制下限,同时设置全生育期适宜、苗期轻旱、苗期重旱、拔节期轻旱、拔节期重旱、抽雄期轻旱、抽雄期重旱、灌浆期轻旱、灌浆期重旱、全生育期轻旱 10 个处理,并以全生育期适宜水分处理为对照,将各处理重复 3 次。

当土壤水分达到下限时,需进行灌水,每次灌溉水量为 75 mm,采用常规的地面灌溉方法。在不同处理间设置一个保护小区作为隔离区。灌溉采用管道供水、水表量水。各处理除土壤水分控制标准不同外,其他农业栽培管理措施均相同,夏玉米收获前,各处理均取样进行室内考种。试验设计见表 2-7 和表 2-8。

表 2-7 夏玉米试验设计(%)

处理	苗期—拔节	拔节—抽雄	抽雄—灌浆	灌浆—成熟
全生育期适宜	65	70	75	70
苗期轻旱	60	70	75	70
苗期重旱	50	70	75	70
拔节期轻旱	65	60	75	70

处理	苗期—拔节	拔节—抽雄	抽雄—灌浆	灌浆—成熟
拔节期重旱	65	50	75	70
抽雄期轻旱	65	70	65	70
抽雄期重旱	65	70	55	70
灌浆期轻旱	65	70	75	60
灌浆期重旱	65	70	75	50
全生育期轻旱	55	60	65	60

注：占田间持水量的百分比，按土壤水分下限设计。

表 2-8　夏玉米试验设计（按灌水次数设计）

处理	灌水次数	灌水量(方/亩)	苗期—拔节	拔节—抽雄	抽雄—灌浆	灌浆—成熟
Y1	4	200	50	50	50	50
Y2	3	150	50		50	50
Y3	3	150	50	50		50
Y4	3	150	50	50	50	
Y5	3	150		50	50	50
Y6	2	100	50		50	
Y7	2	100	50	50		
Y8	2	100			50	50
Y9	2	100	50			50
Y10	2	100		50	50	
Y11	2	100		50		50

注：河南省粮食主产区适宜的节水高效型种植模式研究。

（二）河南省粮食主产区适宜的节水高效型种植模式研究

1. 玉米大豆间作

玉米大豆间作处理分别采用玉米单作、大豆单作、玉米/大豆2∶2间作、玉米/大豆2∶4间作4种种植方式。其中，玉米单作采用80 cm+40 cm宽窄行、株距25 cm的模式种植；大豆单作则是采用行距0.30 cm，穴距0.30 cm，每穴2株的模式种植；玉米/大豆2∶2间作采用玉米大行距、小行距、株距分别为110 cm、35 cm和22 cm的模式种植，同时，在玉米的大行距间种植大豆，将玉米与大豆的行距、大豆的穴距分别设为40 cm和30 cm，采用每穴2株的方式布设；玉米/大豆2∶4间作则是将玉米大行距、小行距、株距分别设为170 cm、35 cm和20 cm，同时，在玉米的大行距间种植大豆，并将玉米与大豆的行距、大豆的穴距分别设为40 cm和30 cm，采用每穴2株的方式展开布设，具体情况见表2-9。

表 2-9　玉米大豆间作模式

种植方式	种植模式说明
玉米单作	80 cm+40 cm 宽窄行种植，株距为 25 cm，折合密度为 66660 株/hm²
大豆单作	行距为 0.30 cm，穴距为 0.30 cm，每穴 2 株，折合密度为 166665 株/hm²
玉米/大豆 2∶2 间作	玉米大行距为 110 cm，小行距为 35 cm，株距为 22 cm，折合密度为 62700 株/hm²，在玉米的大行距间种植大豆，玉米与大豆的行距为 40 cm，大豆穴距为 30 cm，每穴 2 株，折合密度为 91950 株/hm²
玉米/大豆 2∶4 间作	玉米大行距为 170 cm，小行距为 35 cm，株距为 20 cm，折合密度为 48780 株/hm²，在玉米的大行距间种植大豆，玉米与大豆的行距为 40 cm，大豆穴距为 30 cm，每穴 2 株，折合密度为 130080 株/hm²

2. 玉米大豆垄作一体化

试验设 2 个处理，即垄作和平作，3 次重复，小区面积为 13 m×4 m。小麦播种前采用起垄机起垄，垄幅为 75 cm，垄面为 50 cm，垄沟为 25 cm，垄高为 10 cm。用垄作播种机播种小麦，垄上种 4 行小麦，宽窄行为 14 cm+22 cm；平作小麦等行距播种，行距为 20 cm。小麦收获后在垄上直接播种玉米，垄作和平作播种玉米均采用宽窄行种植，宽行为 50 cm，窄行为 25 cm，株距为 30.6 cm，密度为 78750 株/hm²。每个处理重复 3 次，管理同超高产田。

(三)小麦-玉米连作适宜灌溉方式试验研究

1. 冬小麦喷灌试验研究

喷灌系统由水井、压力罐、水表、干管、支管、竖管、喷头组成。试验田间布置由南向北有 5 排支管，每排间距为 9 m。每排支管上安装 4 个喷头，喷头间距 8 m。喷头与支管用竖管连接，竖管高为 1.5 m。试验用 2982 型可控角喷头(喷洒半径：4.0～11.5 m；流量：0.95～1.3 m³/h)。喷灌大田土壤的容重为 1.35 g/cm³，田间持水量为 24%，试验地的土壤属于壤土。

试验处理：本试验共设 5 个不同处理，每个处理重复 3 次。试验从 2008 年 10 月 11 日播种到 2009 年 6 月 1 日收获，但由于降水的影响，实际喷灌了 3 次，即在返青期、拔节期、抽穗扬花期按照设计处理灌水，见表 2-10。

表 2-10　大田喷灌处理　　　　　(单位：mm)

处理	苗期	越冬期	返青期	拔节期	抽穗扬花期	灌浆成熟期
A		40		40	40	40
B		30		30	30	30
C		40		40	40	
D			40		40	40
E			40		40	

2.小麦-玉米垄作一体化沟灌技术研究

本试验在河南省华北水利水电大学试验田进行,试验地选择地势平坦、土层深厚、肥力均匀、有灌溉条件的地块。该试验共设 5 个处理,重复 3 次,采用随机区组试验设计。小麦供试品种为"洛麦 23 号",小区面积为 24 m^2,长为 6 m,宽为 4 m,采取人工起垄,人工播种。起垄规格为垄底宽 90 cm,垄面宽 70 cm,垄高 20 cm,每垄种植 4 行小麦,小行间距为 14 cm,大行间距为 22 cm。5 个处理中,T1 每垄 4 行的播量相等,T2 和 T3 的内行与 T1 相等,边行分别增加 20% 和 30%,T4、T5 的边行较内行播量分别多 18% 和 31%,总播量与 T1 相等。5 个处理的种植密度见表 2-11。

表 2-11　各处理边行与内行密度

处理	T1		T2		T3		T4		T5	
	边行	内行	边行	内行	边行	内行	边行	内行	边行	内行
基本苗(株/m)	60	60	72	60	78	60	65	55	68	52

(四)水肥高效利用技术研究

1.水磷耦合技术研究

本试验小区面积为 36 m^2,地块基础养分含量如下:有机质 0.9%、全氮 0.92%、碱解氮 9 ppm、全磷 0.12%、速效磷 7 ppm、速效钾 68 ppm。试验地块统一施氮肥(包括有机肥),折纯氮 225 kg/hm^2;施钾肥,折 K_2O 128 kg/hm^2。

施钾处理共设 4 个水平,施用的肥料品种为重过磷酸钾,折每公顷施磷(P_2O_5)量分别为 210 kg、165 kg、90 kg、0 kg,施用的磷肥在播种前随耕作施入;灌水处理设 2 个水平,灌溉定额分别为 150 mm 和 100 mm,前者灌冬水、拔节水、抽穗水,后者灌冬水和孕穗水两水,共设 8 个处理。试验选用"豫麦 34 号"小麦为供试品种,播量为 120 kg/hm^2,重复 3 次。试验处理见表 2-12。

表 2-12　小麦水磷耦合效应试验处理(2008～2009 年)

项目	处理							
	1	2	3	4	5	6	7	8
施 P_2O_5(kg/hm^2)	210	210	165	165	90	90	0	0
灌水次数	3	2	3	2	3	2	3	2
灌水总量(mm)	150	100	150	100	150	100	150	100

2.夏玉米苗期水磷耦合

试验采用桶栽方式,大棚遮雨,依据称重法控制水分状况,研究探索不同水磷组合对夏玉米前期生长的效应,玉米品种选用"掖单 19 号";土壤耕层基础养分含量属于中等,磷素偏低,其中有机质为 0.90%、全氮为 0.11%、碱解氮为 9 ppm、全磷为

0.12%、速效磷为 7 ppm、速效钾为 68 ppm。试验设计 4 个处理,即高磷高水、高磷低水、低磷高水、低磷低水,分别用 GG、GD、DG、DD 表示。高磷水平施磷(P$_2$O$_5$)量为 150 kg/hm^2,低磷水平不再施磷肥;各处理另施无磷肥折纯氮 12 g/桶,K$_2$O 12g/桶。

控水标准如下:高水分土壤含水量为田间持水量的 70%;低水分为田间持水量的 50%,桶栽田间持水量为 25.4%。玉米 7 月 19 日播种,7 月 23 日出苗,8 月 10 日达到 5 片展开叶,8 月 11 日开始调控水分,9 月 4 日进行破坏性取样,控水历时 25 天。

3. 供水状况和施磷耦合试验

试验采取完全随机区组排列(表 2-13),设置水、磷分时段两因素两水平共 8 个处理组合,重复 5 次。试验小区规格为 3 m×12 m,每个小区面积为 36 m^2。在水处理因素的设置上,玉米全生育期采取干、湿交替供水(分别为田间持水量的 50%、70%);在施磷处理方面,设置两个供磷(P$_2$O$_5$)水平,分别为 180 kg/hm^2 和不施磷肥。其他栽培管理措施同一般大田。

表 2-13 供水方式和施磷量的试验组合

处理	土壤水分(占田间持水量的百分比)(%)				施 P$_2$O$_5$ 量(kg/hm^2)
	三叶—拔节	拔节—抽穗	抽穗—灌浆	灌浆—成熟	
1	50	70	50	70	0
2	50	70	50	70	180
3	70	50	70	50	0
4	70	50	70	50	180
5	50	50	70	70	0
6	50	50	70	70	180
7	70	70	50	50	0
8	70	70	50	50	180

试验地田间持水量为 23.2%,耕层土壤含有机质 0.77%、全氮 0.07%、全磷 0.168%、全钾 2.02%、速效磷 8.4 ppm、速效钾 120 ppm。分两次分别追施碳酸氢铵和尿素(氮肥),折纯氮 180 kg/hm^2,施硫酸钾,折 K$_2$O 135 kg/hm^2。

4. 水磷耦合对夏玉米生长的影响

试验于 2009 年在华北水利水电大学试验场进行,试验前将细干砂过 50 目筛,随后按 1.3 kg/cm^3 的容重,在不漏水瓷桶中均匀一致地装入相同的砂土,在每桶 5 cm 和 10 cm 处各插一支下部有渗水孔的浇水管。砂土田间持水量为 19.17%,每桶分别浇水至田间持水量的 75% 待播。播种前对种子进行精选,并经过发芽试验。播种前用药剂拌种,以防苗期的病虫危害,每桶均匀播种"掖单 22 号"品种玉米 3~4 粒。6 月 8 号一叶一心时定苗,每桶留一株健壮苗开始称重并进行水控制。根据每两天失重量的差值进行补灌水分及营养液,营养液按 Hogland 配方配制全磷液和缺磷液。

试验处理因素有水分和磷素两个,水分因素设 3 个,即干旱(保持田间持水量的

50%，W1)、湿润(保持田间持水量的 70%，W2)和干湿交替(模拟田间干湿交替情况下，先保持田间持水量的 70%，待降至 50%，再加水至 70%，W3)；磷素设 2 个水平，即施磷(P1)和不施磷(P0)，6 个试验处理组合分别为干旱不施磷(T1)、干旱施磷(T2)、湿润不施磷(T3)、湿润施磷(T4)、干湿交替不施磷(T5)和干湿交替施磷(T6)，每个处理重复 5 次，共 30 只桶。

（五）耕作与覆盖节水及配套技术研究

试验目的：研究不同耕作和覆盖措施对夏玉米生长期内水分状况及生长的影响。

试验设置：试验设置 4 个处理，即秸秆覆盖(玉米苗期按 4500 kg/hm² 均匀覆盖小麦秸秆于玉米行间)、行间深松(大喇叭口期每隔一行在玉米行间深松 30 cm)、综合措施(苗期覆盖秸秆，覆盖量为 4500 kg/hm²，大喇叭口期移动秸秆，行间深松 30 cm 后重新覆盖秸秆)及对照处理；3 次重复，随机区组排列。供试品种为"豫玉 22 号"，小区面积为 5.6 m×0.6 m，6 月 1 日人工播种，行距为 0.7 m，每小区种植 8 行，密度为 46 900 株/hm²。

第三章 主要粮食作物需水规律及灌溉制度研究

第一节 作物需水规律研究

作物需水量是在某一地区土壤水分不受限制的条件下，某种作物正常发育时作物蒸腾与棵间蒸发量之和，而自然状态的农田蒸散量为作物耗水量。研究需水量与耗水量一方面可以明确水分对作物生长的影响程度，另一方面也是制定田间水分调控措施及研究节水灌溉的基础。试验通过定期监测一定深度（200 cm 分 10 个层次，每 10 天 1 次）土壤水分含量与降水量，可以计算出不同作物、不同时期的农田水分变化情况，结合需水量即可进行水分供需状况的评价。

一、冬小麦农田供水情况

作物需水量是以作物生长不受影响计算出的一个最佳的理论值（表 3-1 中数据是通过彭曼-蒙特斯模式确定的）。由于冬小麦生长在旱季，需水量与降水错位，冬小麦产量一方面与播种时的底墒有重要关系（相关研究表明，冬小麦产量与底墒呈正相关关系），另一方面也受整个生育期内降水量的影响。

表 3-1 冬小麦生育期内降水与耗水情况

	项目	播种—越冬	越冬—返青	返青—拔节	拔节—抽穗	抽穗—成熟	全生育期
平均	耗水量(mm)	45.0	19.8	30.5	98.5	124.8	318.6
	降水满足率(%)	44.63	17.09	52.12	84.29	78.32	58.50
常年	降水量(mm)	84.1	19.8	20.7	31.2	76.0	231.8
	需水量(mm)	99.7	70.6	40.8	69.8	139.6	420.5

由表 3-1 的试验结果可以看出：①冬小麦生育期内降水仅在个别年份的某个生育期（2006 年拔节—成熟期）达到需水量；降水亏缺最高可达 100%。②冬小麦平均降水满足率为 58.50%，最高为拔节—抽穗期 84.29%，最低为越冬—返青期 17.09%。③冬小麦需水量最多的时期是抽穗—成熟期，可占需水总量的 33.20%，而播种—越冬期占23.71%。④冬小麦耗水最多的时期是抽穗—成熟期，耗水量占耗水总量的 39.17%，拔节—抽穗期占 30.92%，播种—越冬期占 14.12%，根据耗水量的研究情况，可知冬小麦灌溉阶段应在小麦耗水最多的时期，即拔节—成熟期是生物增长最快及产量形成的关键期。

研究表明，在冬小麦的整个生育期，降水满足率较高时，耗水量相对较高；降水满足率较低时，耗水量相对较低（表 3-1 和图 3-1），如在抽穗—成熟期，冬小麦降水满足率按从大到小排序位居第 2 位，为 78.32%，对应的耗水量则是各生育阶段最高。相反地，在越冬—返青期，降水满足率按从大到小排序是倒数第 1 位，为 17.09%，对应的耗水量按从多到少排序为倒数第 1 位，为 19.8mm。

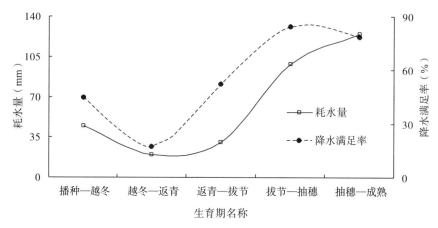

图 3-1　冬小麦各生育期耗水量与降水满足率的变化趋势图

研究结果进一步表明，在冬小麦的整个生育期，降水量较大时，需水量相对较多；降水量较小时，需水量相对较少（表 3-1 和图 3-2），如在播种—越冬期，冬小麦降水量为各生育期最高，为 84.1mm，对应的需水量按从多到少排序为第 2 位。相反地，在返青—拔节期，降水量按从大到小排序为倒数第 2 位，为 20.7mm，对应的需水量则为冬小麦各生育期最少的，为 40.8mm。

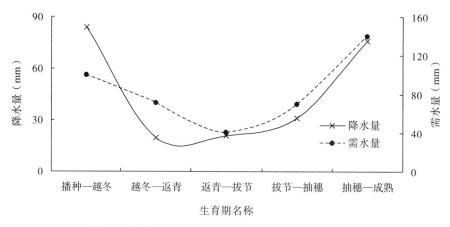

图 3-2　冬小麦各生育期降水量与需水量的变化趋势图

二、夏玉米农田水分供应情况

由于夏玉米的生育期在每年的 6~10 月，即全年降水量最为集中的几个月，所以其一般能满足夏玉米生育期的需水量。然而，由于降水分布的时空不均性，夏玉米整个生育期的降水量有可能满足其总的需水量，但具体到某个阶段，可能会出现阶段性需水量不足的情况，即有干旱发生。

研究表明，在夏玉米整个生育期，拔节—抽雄期需水量最高，为 117.6mm；其次为出苗—拔节期，为95.9mm；再次为灌浆—成熟期，为86.5mm；需水量最小的阶段是抽雄—吐丝期，为69.0mm。对于夏玉米的耗水量，同样是拔节—抽雄期最多，为110.6mm；其次为抽雄—吐丝期，为70.8mm；再次为灌浆—成熟期，为56.9mm；最少的则为出苗—拔节期，为55.0mm。

总体来看，夏玉米整个生育期的降水量与耗水量的变化规律基本一致，即出苗—抽雄期呈上升趋势；抽雄—成熟期又开始逐渐下降（表3-2，图3-3）。

表 3-2　夏玉米生育期内降水、需水与耗水情况

	项目	出苗—拔节	拔节—抽雄	抽雄—吐丝	灌浆—成熟	全生育期
常年	需水量(mm)	95.9	117.6	69.0	86.5	369.0
	耗水量(mm)	55.0	110.6	70.8	56.9	293.3
平均	降水满足率(%)	50.9	110.9	97.1	83.4	70.9
	降水量(mm)	55.0	130.4	70.8	53.4	309.6

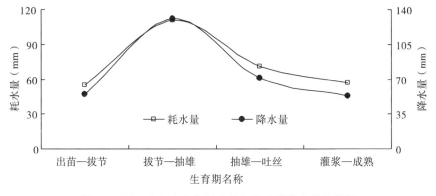

图 3-3　夏玉米各生育期耗水量与降水量的变化趋势图

三、夏大豆耗水与水分利用情况

大豆对土壤的适应能力较强，几乎在所有的土壤中均可以生长，对土壤酸碱度(pH)的适应范围为6~7.5，以排水良好、富含有机质、土层深厚、保水性强的壤土最为适宜。大豆需水较多，每形成1g干物质，需耗水600~1000g，比高粱、玉米还要多。大豆根系发达，对土壤水分的利用能力较强，较适宜在旱地种植，但在豫西地区，由于播种季节表层土壤墒情较差，降水较少，影响了大豆出苗，所以大豆在该地区的种植面积十分不稳定。

通过模拟生育期内降水分配试验，即设置重旱、轻旱、正常、降水较丰富、降水丰富大豆生育期内的灌水量分别为223.3 mm、269.5 mm、382.5 mm、469.2 mm 和541.5 mm，结果发现，大豆整个生育期的耗水量都比较高，平均为395.9mm，比冬小麦(318 mm)与夏玉米(293 mm)分别多耗水 24.45% 和 35.12%，这与大豆的生育期较长有关。

表3-3 和图 3-4 表明，大豆灌水量多时，产量高；灌水量少时，产量低（表3-3），即大豆在整个生育期灌水量从高到低的顺序是降水丰富＞降水较丰富＞正常＞轻旱＞重旱，

且对应的产量也是降水丰富＞降水较丰富＞正常＞轻旱＞重旱。但这并不表明，灌水量越多、产量越高，其水分利用效率就越大。

表 3-3 不同降水情况对大豆产量及耗水量的影响（2009 年）

处理	播种前 2m 土体含水量(mm)	收获后 2m 土体含水量(mm)	灌水量（mm）	耗水量（mm）	产量（kg/亩）	水分利用效率［kg/(mm·亩)］
重旱	394.2	370.6	223.3	246.9	75.3	0.305
轻旱	395.7	376.7	269.5	288.5	97.0	0.336
正常	391.8	384.3	382.5	390.0	124.3	0.319
降水较丰富	372.3	398.2	469.2	495.0	180.4	0.364
降水丰富	381.7	364.1	541.5	559.1	205.9	0.368
平均	387.14	378.78	377.2	395.9	136.58	0.345

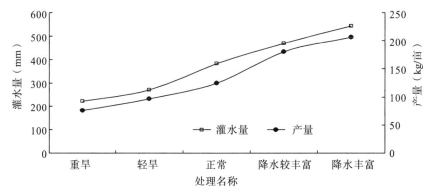

图 3-4 不同降水情况下大豆灌水量与产量的变化趋势图

由图 3-5 可以看出，5 个处理中，水分利用效率并不是按照降水丰富＞降水较丰富＞正常＞轻旱＞重旱的顺序排列，而是降水丰富＞降水较丰富＞轻旱＞正常＞重旱。从现有的数据看，在大豆生育期，灌水量越多，产量就越高，然而结合前述冬小麦在灌溉水量超过某一值时产量不增反减的变化规律可知，关于大豆产量是否会随着灌水量的增大而持续增加的结论还有待更多试验的验证。

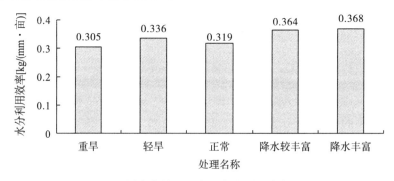

图 3-5 不同降水情况下大豆水分利用效率的变化

四、春甘薯农田水分供应情况

甘薯是半湿润易干旱区旱地重要的粮、饲作物之一，也是重要的抗旱救灾作物。河南省丘陵旱地一般是 4 月下旬到 5 月初定植，10 月下旬收获，全生育期为 200 天左右，需水量为 520～710 mm，平均为 614 mm。

试验期间，甘薯生育期内的平均降水量为 455.7 mm，降水满足率为 74.2%，表明仅靠生育期内的降水并不能满足甘薯生长的需要。由表 3-4 和图 3-6 可以看出，缺水最多的时期是生长前期，仅有需水量的 54.17%，而这个阶段正是甘薯座薯的最佳时机，其对产量的形成极为重要。若生长前期地下不能形成一定数量的薯块，待雨季来临时，就会因供水过多而使地上茎叶徒长，从而使地下块根产量降低，所以生长前期供水不足是制约产量的主要原因；虽然生长后期供水较多，但也只有在生长前期供水充足的情况下才能起到增产的作用。

表 3-4　甘薯各生长阶段需水、耗水情况

需水与耗水	生育期				
	苗期 (04.15～05.20)	圆棵封垄期 (05.21～07.10)	茎叶旺长期 (07.11～08.20)	生长后期 (08.21～10.20)	全生育期 (04.15～10.20)
需水量(mm)	105.3	227.5	155.0	126.5	614.3
耗水量(mm)	50.7	155.5	152.4	83.0	441.6
常年降水量(mm)	51.2	145.8	163.1	172.2	532.2
降水满足率(%)	48.6	64.1	105.2	136.1	96.6
平均降水量(mm)	62.7	122.7	159.7	110.6	455.7
降水满足率(%)	59.5	53.9	102.9	87.4	74.2

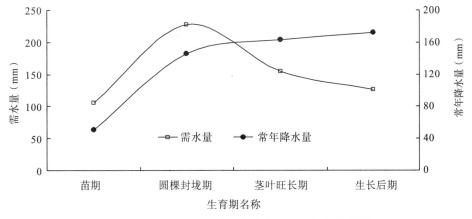

图 3-6　甘薯生育阶段需水量与常年降水量的变化趋势图

研究结果显示，本次试验中，甘薯耗水量平均为 441.6 mm。耗水多、强度大的生长时期为封垄座薯阶段，其次为茎叶旺长期，生长后期耗水量较少，强度相对较弱（表 3-4，图 3-6）。

五、不同种植模式间农田水分供应状况

有研究表明，通过选用合适的种植制度和调配不同作物间的合理搭配，同时结合不同作物间需水量与耗水量的差异，就可以充分发挥生物自身的节水潜力及利用不同作物的耗水点。最终，既可以协调年度间的土壤水分，又可以提高水分利用效率与单位水分经济效益。

本次研究以作物需水量、耗水量与常年平均降水量为基础，分析了不同种植模式下耗水与降水的关系，并指出了不同搭配模式下的合理性。

结果表明，一年一熟冬小麦的平均耗水量为 318.0 mm，仅有 50% 左右的降水被利用；春甘薯的平均耗水量为 441.6mm，其中包括了整个生育期降水总量的 70%，即有近 30% 的降水量已损失。一年两熟种植制度有较高的降水利用效率，但因降水量的时空分布不均，作物产量在年际间的变幅较大。两年三熟种植模式对于协调降水年际间的变化有一定作用，降水利用效率超过 80%，其对冬小麦产量的影响较大（表 3-5）。

表 3-5 豫西地区主要种植制度下作物需水、耗水情况（年降水量按 600mm 计）

作物	需水量/耗水量	一年一熟		一年两熟			两年三熟		
		冬小麦	春甘薯	小麦玉米	小麦花生	小麦大豆	春甘薯小麦玉米	春甘薯小麦花生	春甘薯小麦大豆
小麦	420.5/318.0	√		√	√	√	√	√	√
玉米	369.0/293.3			√			√		
甘薯	614.3/441.6		√				√	√	√
大豆	/390.7					√			√
花生	/259.4				√			√	
合计		420.5/318.0	614.3/441.6	789.5/611.3	/577.4	/708.7	1403.8/1052.9	/1019.0	/1150.3

表 3-6 的试验结果是不同年份的平均值，因作物的不同，不能通过水分利用效率进行模式间的评价，但从每个模式的耗水总量与常年降水量的关系可以看出，一年一熟冬小麦实际耗水仅占降水的 50%～60%，降水利用率较低；而冬小麦花生模式下利用了降水的 80%～90%，正常年份的降水基本可满足要求；冬小麦玉米与冬小麦大豆模式下，降水利用率接近或超过了 100%（与当年降水量有关），由于降水的消耗最大，种植风险也相对较高，致使土壤水分的恢复难度加大。从单位耗水产生的效益来看，冬小麦花生模式下，每毫米耗水的效益达 2.49 元，冬小麦玉米与单作冬小麦每毫米耗水的效益差异不大，而冬小麦大豆则为 1.85 元/mm。

表 3-6　不同种植模式间水分利用情况(2009 年)

种植模式	作物	平均耗水量 (mm)	水分利用效率 [kg/(mm·亩)]	总耗水量 (mm)	降水利用率(%)	单位耗水效益 (元/mm)
冬小麦夏玉米	小麦	290.8	0.836	584.1	97.35	1.23
	玉米	293.3	0.859			
冬小麦花生	小麦	258.0	0.923	517.4	86.23	2.49
	花生	259.4	0.642			
冬小麦大豆	小麦	243.1	0.969	633.8	105.63	1.85
	大豆	390.7	0.350			
单作冬小麦	小麦	318.0	0.881	318.0	53.00	1.32

第二节　冬小麦灌溉制度研究

结合河南省粮食主产区的实际情况，以及本次试验的目的，本节展开了水分亏缺对冬小麦株高、叶面积指数、地上部干物质累积、灌浆速率、产量性状、耗水量和水分利用效率的影响的研究，以及冬小麦作物产量与其全生育期耗水量的关系、作物产量与阶段耗水量的关系、不同水文年冬小麦的需水量、不同水文年冬小麦生长期间的降水量、冬小麦节水高效灌溉制度制定的研究。

一、作物对水分亏缺的响应

（一）水分亏缺对株高和叶面积指数的影响

1. 水分亏缺对冬小麦株高的影响

（1）不同生育期干旱处理对冬小麦株高的影响。研究表明，作物的生长发育与土壤水分状况密切相关，当土壤水分出现亏缺时，作物的生长性状，如株高和叶面积指数就会受到影响，受旱越重，株高越低，叶面积指数越小。由图 3-7 可以看出，任一生育期受

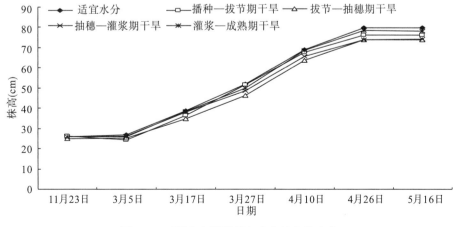

图 3-7　不同生育期干旱冬小麦株高的变化

旱都会对株高造成影响，但整个生育期的变化趋势基本一致，即从当年 11 月 23 日的苗期至翌年 3 月 5 日的返青初期，株高基本保持在 27cm 左右，大体没有变化；从 3 月 5 日的返青初期至 4 月 26 日的拔节末期，株高从 27cm 增加至 80cm，且一致呈线性增加的趋势；从 4 月 26 日的拔节末期至 5 月 16 日的抽穗期，冬小麦株高基本稳定在 80cm 左右。

图 3-7 进一步表明，通过播种—拔节期干旱、拔节—抽穗期干旱、抽穗—灌浆期干旱、灌浆—成熟期干旱 4 个处理，对冬小麦株高影响最大的就是拔节—抽穗期干旱处理，其次为抽穗—灌浆期干旱处理，而播种—拔节期干旱和灌浆—成熟期干旱处理则对株高的影响相对较小。总体来看，在生育前期，即当年 11 月 23 日的苗期至翌年 3 月 5 日的返青初期，各个干旱处理对株高的影响不大，基本都稳定在 27cm 左右；从 3 月 5 日的返青初期至 3 月 17 日的返青中期，各干旱处理对株高的影响差别已经有所呈现，尤其是拔节—抽穗期干旱处理更为明显；从 3 月 17 日的返青中期至 5 月 16 日的抽穗期，各个干旱处理对株高的影响较 11 月 23 日的苗期至翌年 3 月 17 日的返青中期大。这表明，随着气温的持续升高，冬小麦的植株生长速度加快，进而促进了冬小麦株高的快速增长。

(2)不同灌水次数处理对冬小麦株高的影响。从表 3-7 和图 3-8 可知，不同的灌水次数组合对冬小麦株高的影响规律大体一致，即从当年 11 月 23 日的苗期至翌年 3 月 5 日的返青初期，株高有降低的趋势，但变化相对较小，这可能与冬小麦越冬期天气寒冷有关；从 3 月 5 日的返青初期至 4 月 26 日的拔节末期，株高从 20cm 左右增加至近 80cm，且一致呈线性增加的趋势；从 4 月 26 日的拔节末期至 5 月 16 日的抽穗期，冬小麦株高呈下降趋势，即从近 80cm 降低至 76cm 左右。

表 3-7 灌水次数对冬小麦株高的影响

处理	株高（cm）						
	11 月 23 日	3 月 5 日	3 月 17 日	3 月 27 日	4 月 10 日	4 月 26 日	5 月 16 日
越冬水、返青水、拔节水、抽穗水、灌浆水	21.7	20.4	33.4	49.2	64.5	82.3	80.0
越冬水、拔节水、抽穗水、灌浆水	20.5	22.3	33.3	45.7	66.4	79.5	79.8
返青水、拔节水、抽穗水、灌浆水	22.0	19.8	34.3	49.4	70.0	79.6	79.7
拔节、抽穗水、灌浆水	23.8	22.7	30.8	49.9	69.3	75.2	75.4
返青水、抽穗水、灌浆水	21.4	20.6	31.6	49.3	60.8	72.1	72.3
返青水、拔节水、灌浆水	21.0	20.6	31.4	45.7	62.4	74.5	74.6
返青水、拔节水、抽穗水	21.2	20.5	30.3	45.4	64.8	78.6	78.7
返青水、拔节水	19.8	18.3	28.4	44.7	60.0	76.5	76.6
抽穗水、灌浆水	21.2	21.0	25.5	43.1	56.6	67.1	67.2

总体来看，冬小麦的株高随着灌水次数的减少呈降低趋势，尤其在 4 月 26 日的拔节末期至 5 月 16 日的抽穗期这一阶段更为明显。任一生育期不进行灌水都会造成该生育期的株高低于其他处理，并对以后的生育期产生影响，冬小麦生长前期不灌水的处理对株高的影响比冬小麦生长后期的大；而在拔节期未进行灌水处理对冬小麦株高的影响最大，特别是只灌灌浆水或只灌抽穗水、灌浆水的株高最低，而其他灌水次数处理则对株高的影响相对小些。

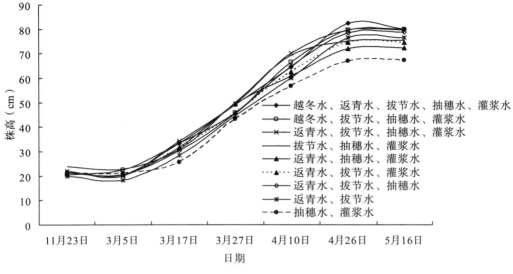

图 3-8　不同灌水次数冬小麦株高的变化

2.水分亏缺对冬小麦叶面积指数的影响

叶面积指数又称为叶面积系数，是指一块地上作物叶片的总面积与占地面积的比值，即叶面积指数＝绿叶总面积/占地面积。它是反映作物群体大小较好的动态指标。本次试验通过对不同生育期的冬小麦进行干旱处理和不同灌水次数组合处理，研究了冬小麦叶面积指数的变化规律，或水分亏缺条件下冬小麦叶面积指数的变化规律，具体如下。

(1)不同生育期干旱处理对冬小麦叶面积指数的影响。图 3-9 表明，播种—拔节期干旱、拔节—抽穗期干旱、抽穗—灌浆期干旱和灌浆—成熟期干旱对冬小麦叶面积指数的影响规律大体一致，即从当年 11 月 22 日的苗期至翌年 4 月 22 日的拔节期，由 2.3 增加

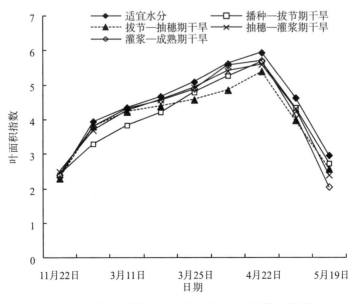

图 3-9　不同生育期干旱对冬小麦叶面积指数的影响

至 5.8，基本呈线性增加的趋势；从 4 月 22 日的拔节期至 5 月 19 日的抽穗期，由 5.8 下降至 2.2，大体呈直线下降的趋势。整体来看，播种—拔节期的干旱处理对冬小麦早期的叶面积指数影响较大，后期影响相对较小；对拔节—抽穗期的干旱处理则是从 3 月 15 日的返青中期至 4 月 22 日的拔节期，其对冬小麦的叶面积指数影响较大且影响时间最长，而其他阶段则相对较小；灌浆—成熟期，干旱会造成叶片的快速衰老且对叶面积指数的影响也较大。与适宜水分对冬小麦叶面积指数的影响相比，抽穗—灌浆期的干旱处理则变化相对较小。

总体来说，叶面积指数随冬小麦生育进程的推进呈逐渐增加的趋势，其中，生育前期增加较慢，返青后期增加较快，至抽穗期达到高峰，之后随着下部叶片的衰老死亡，叶面积指数逐渐降低。拔节期前，各处理间叶面积指数的差异不大，此后，不同处理间的差异增加；任一生育期受旱都会制约叶面积指数的增长，并使叶面积指数低于适宜水分处理。

（2）不同灌水次数对冬小麦叶面积指数的影响。图 3-10 表明，不同灌水次数组合对冬小麦叶面积指数的影响规律大体一致，即从当年 11 月 22 日的苗期至翌年 4 月 22 日的拔节期，叶面积指数由 2.5 增加至 6.2，基本呈线性增加的趋势；从 4 月 22 日的拔节期至翌年 5 月 19 日的抽穗期，又从 6.2 下降至 1.5，大体呈直线下降的趋势。整体来看，返青水、抽穗水、灌浆水处理对冬小麦早期的叶面积指数影响较大，后期影响则相对较小；抽穗水、灌浆水处理对冬小麦叶面积指数影响较大，则是从 3 月 15 日的返青中期至 5 月 19 日的抽穗期，相对地，其他阶段影响较小。

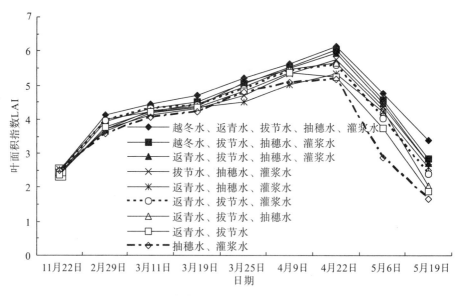

图 3-10　不同灌水次数对冬小麦叶面积指数的影响

通过对不同生育期干旱处理和不同灌水次数处理对冬小麦叶面积指数的影响进行研究，结果发现，冬小麦叶面积指数受不同灌水次数组合的影响相对较大，即各灌水次数组合仅冬小麦叶面积指数之间的差别相对较大；相反地，不同生育期干旱处理对冬小麦叶面积指数的影响相对较小，即各生育期干旱处理冬小麦叶面积指数之间的差别不大，或稳定性相对较好。

（二）水分亏缺对地上部干物质累积的影响

冬小麦出苗后，通过吸收土壤中的水分、养分，以及空气中的 CO_2 和太阳能，在光合作用下形成有机物，逐渐累积干物质，如果作物生长的某些环境因子受到限制，将影响作物干物质累积量。通过本次试验可以看出，冬小麦生长前期(3 月底前)地上部干物质积累相对较慢，4 月初开始地上部干物质累积量迅速增加；在适宜水分条件下，几乎呈直线增加；受旱处理 T-50 干物质的累积量明显低于其他处理，T-80、T-70、T-60 各处理间的干物质累积量差异不大，到 6 月初各处理干物质的累积速度有减缓的趋势。从冬小麦整个生育期来看，在适宜土壤水分范围内，冬小麦各处理间的干物质累积量差异较小，但如果受旱(T-50)较为严重，干物质累积量就会明显降低，最终显著影响冬小麦的单位产量及其总产量 （图 3-11）。

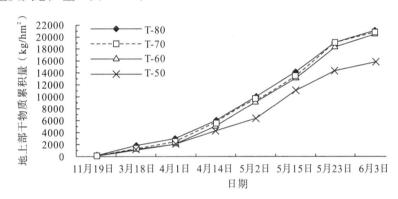

图 3-11　不同水分处理冬小麦地上部干物质累积动态

（三）水分亏缺对灌浆速率的影响

作物的灌浆期也就是其乳熟期，是指籽粒开始沉积淀粉、胚乳呈炼乳状，约在开花后 10 天的阶段。灌浆速率则是指每天每千粒小麦干物质的增长量，一般以 "g" 表示，所以主要测定小麦籽粒干物质的日增长量。有研究表明，不同基因型小麦灌浆速率表现出相似的趋势，基本在抽穗后 20 天左右达到最大，而后迅速下降。

在本次试验中，关于水分亏缺对灌浆速率影响的规律研究主要涵盖了对最大灌浆速率出现时间、最大灌浆速率、灌浆持续期、平均灌浆速率、灌浆第一阶段持续期、灌浆第二阶段持续期、灌浆第三阶段持续期、第一阶段灌浆速率、第二阶段灌浆速率、第三阶段灌浆速率及千粒重的影响，具体如下。

1. 不同水分处理对最大灌浆速率出现时间的影响

从图 3-12 可以看出，16 个水分处理对冬小麦最大灌浆速率出现时间均有不同程度的影响。其中，第 16 个水分处理(无灌水)，即 D16 的出现时间最短，仅为 15.77 天；其次为第 10 个水分处理(D10 灌水两次)，出现时间为 16.52 天；最大灌浆速率出现时间最长的是第 4 个水分处理(D4 灌水 3 次)，为 23.16 天；而其他 13 个不同水分处理的冬小麦最大灌浆速率出现时间基本在 20 天左右。这说明，不同水分处理对冬小麦最大灌浆速率出现时间的影响呈现的规律性相对较弱。

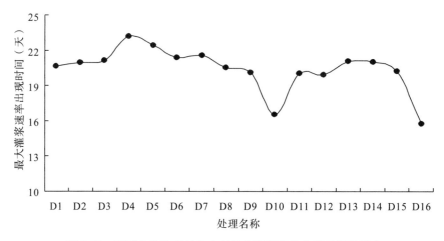

图 3-12　不同水分处理对冬小麦最大灌浆速率出现时间的影响

2. 不同水分处理对冬小麦最大灌浆速率、平均灌浆速率的影响

图 3-13 表明，不同水分处理对冬小麦最大灌浆速率和平均灌浆速率均有一定的影响，但两者的变化规律基本一致，即第 5 个水分处理(D5)的最大灌浆速率和平均灌浆速率最高，分别为 0.369g/(100grain·d)和 0.234g/(100grain·d)；其次为第 12 个水分处理(D12)，二者分别为 0.332g/(100grain·d)和 0.214g/(100grain·d)；最大灌浆速率和平均灌浆速率最小的水分处理是 D16(无灌水)，分别为 0.204g/(100grain·d)和 0.084g/(100grain·d)；而其他 13 个不同水分处理的最大灌浆速率和平均灌浆速率则基本稳定在 0.233~0.323g/(100grain·d)和 0.151~0.211g/(100grain·d)。与不同水分处理对最大灌浆速率出现时间的影响相比，不同水分处理对冬小麦最大灌浆速率、平均灌浆速率的影响相对较大。

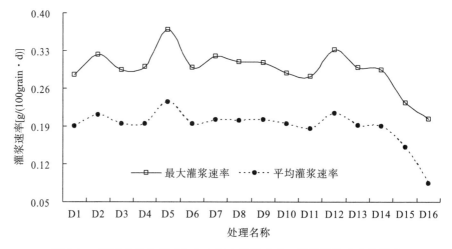

图 3-13　不同水分处理对冬小麦最大灌浆速率、平均灌浆速率的影响

3. 不同水分处理对冬小麦灌浆第一阶段、第二阶段、第三阶段持续期的影响

图 3-14 表明，不同水分处理对冬小麦灌浆第一阶段、第二阶段、第三阶段持续期均有不同程度的影响，且三者的变化规律差别较大，不同水分处理对冬小麦灌浆第三阶段持续期的影响最大，即各水分处理对应的持续期差别较大、波动幅度较高，其中第 10 个水分处理（D10）的持续期最长，为 17.99 天；其次为第 1 个水分处理（D1），持续期为 14.70 天；持续期最短的是第 7 个水分处理，为 6.05 天；其他处理则在 6.05～13.67 天波动。与不同水分对灌浆第三阶段持续期的影响相比，不同水分对冬小麦灌浆第一阶段持续期和灌浆第二阶段持续期的影响相对小些，即各水分处理对应的持续期差别相对较小、波动幅度不大，但变化规律并不一致。对于灌浆第一阶段持续期，第 5 个水分处理（D5）的持续期最长，为 16.89 天；其次为第 4 个水分处理（D4），为 15.90 天；持续期最短的是第 10 个水分处理，为 9.17 天；其他水分处理则在 12.51～15.77 天。对于灌浆第二阶段持续期，第 10 个水分处理（D10）的持续期最长，为 13.64 天；其次为第 15 个水分处理（D15），为 13.62 天；持续期最短的是第 16 个水分处理（D16），为 9.23 天；其他水分处理则在 9.59～13.60 天。

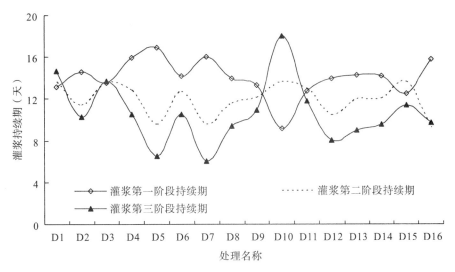

图 3-14 不同水分处理对冬小麦灌浆第一阶段、第二阶段、第三阶段持续时间的影响

总体上，在不同水分处理条件下，冬小麦灌浆第一阶段持续期最长，第三阶段最短，第二阶段介于二者之间，且第二阶段与第三阶段的变化规律较为相似。这表明，无论是何种水分处理，冬小麦第一阶段的灌浆持续期都是最长的，相对地，第三阶段的持续期则最短。

4. 不同水分处理对冬小麦灌浆第一阶段、第二阶段、第三阶段灌浆速率的影响

由图 3-15 可知，不同水分处理对冬小麦灌浆第一阶段、第二阶段、第三阶段的灌浆速率均有不同程度的影响，且三者的变化规律差别较大，不同水分处理对冬小麦灌浆第二个阶段灌浆速率的影响最大，即各水分处理对应的灌浆速率差别较大、波动幅度较高，

其中第 10 个水分处理(D10)的灌浆速率最大，为 0.147g/(100grain·d)；其次为第 3 个、第 9 个水分处理(D3、D9)，灌浆速率为 0.125g/(100grain·d)；灌浆速率最小的是第 16 个水分处理，为 0.063 g/(100grain·d)；其他处理则在 0.104～0.124 g/(100grain·d)波动。与不同水分处理对第二阶段灌浆速率的影响相比，不同水分处理对冬小麦第一阶段灌浆速率和第三阶段灌浆速率的影响相对小些，即各水分处理对应的灌浆速率差别相对较小、波动幅度相对较低。对于第一阶段灌浆速率，第 16 个水分处理(D16)最大，为 0.107 g/(100grain·d)；其次为第 7 个、第 13 个水分处理(D7、D13)，为 0.099 g/100 (100grain·d)；灌浆速率最小的是第 10 个水分处理，为 0.071 g/(100grain·d)；其他水分处理则为 0.074～0.102 g/(100grain·d)。对于第三阶段灌浆速率，则是第 5 个水分处理(D5)的灌浆速率最大，为 0.099 g/(100grain·d)；其次为第 7 个、第 12 个水分处理(D7、D12)，为 0.087 g/(100grain·d)；灌浆速率最小的是第 15 个水分处理(D15)，为0.060g/(100grain·d)；其他水分处理则为 0.066～0.082g/(100grain·d)。

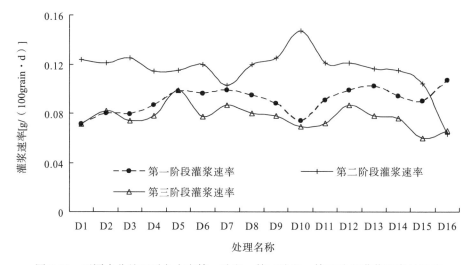

图 3-15　不同水分处理对冬小麦第一阶段、第二阶段、第三阶段灌浆速率的影响

总体上，在不同水分处理条件下，冬小麦第二阶段灌浆速率最大，第三阶段最小，第一阶段介于二者之间，且第一阶段与第三阶段的变化规律较为相似。以上表明，无论是何种水分处理，冬小麦第二阶段的灌浆速率都是最大的，相对地，第三阶段的灌浆速率则最小。

5. 不同水分处理对冬小麦千粒重的影响

图 3-16 为 16 个水分处理对冬小麦千粒重的影响。其中，第 5 个水分处理(D5)对应的千粒重最大，为 58.46g；其次为第 11 个水分处理(D11 灌水两次)，千粒重为 52.05g；千粒重最小的是第 16 个水分处理(无灌水)，为 33.33g；而其他 13 个不同水分处理的冬小麦千粒重基本为 39.26～51.64g。这说明，不同水分处理对冬小麦千粒重的影响较大。

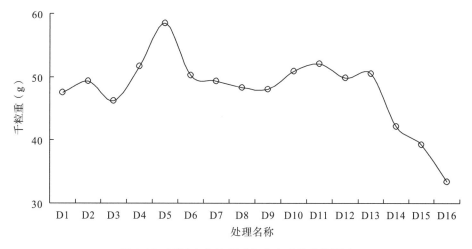

图 3-16　不同水分处理对冬小麦千粒重的影响

以上为不同水分处理对冬小麦千粒重影响的研究。总体来看，第 16 个水分处理（无灌水）对应的最大灌浆速率出现时间、最大灌浆速率、灌浆持续期、平均灌浆速率、灌浆第一阶段持续期、灌浆第二阶段持续期、灌浆第三阶段持续期、第一阶段灌浆速率、第二阶段灌浆速率、第三阶段灌浆速率及千粒重相对较小。其他处理对应的各项则相对较高。

（四）水分亏缺对产量性状的影响

水分调控能调节作物地上和地下部分的生长，并最终表现在产量性状及产量构成上。研究表明，不同生育时期的水分调控对作物的影响效果存在差异。

本次试验中，以适宜水分为参照，采用播种—拔节期干旱、拔节—抽穗期干旱、抽穗—灌浆期干旱和灌浆—成熟期干旱 4 种处理，并展开对冬小麦产量性状规律的研究，主要涵盖了水分亏缺对冬小麦茎粗、有效穗数、穗长、小穗数、不孕小穗数、穗粒数、千粒重、产量和减产率等影响的研究，具体如下。

1. 水分亏缺对冬小麦茎粗和穗粒数的影响

由表 3-8 和图 3-17 可以看出，4 个干旱处理中，在拔节—抽穗期发生干旱时，冬小麦的茎粗最大、穗粒数最多，分别为 0.41cm 和 35.07 粒；在播种—拔节期发生干旱时，二者最小、最少，分别为 0.36cm 和 33.63 粒；而抽穗—灌浆期干旱和灌浆—成熟期干旱时的冬小麦茎粗和穗粒数则介于上述两种情况之间，分别为 0.38cm、0.37cm 和 34.13粒、34.57 粒。

表 3-8　冬小麦不同生育期干旱处理下的产量性状

处理	茎粗 （cm）	有效穗数 （万/hm²）	穗长 （cm）	小穗数 （个）	不孕小穗 数（个）	穗粒数 （粒）	千粒重 （g）	产量 （kg/hm²）	减产率 （%）
适宜水分	0.38	656.7	9.21	19.33	2.00	33.93	37.96	8095.8 a	0

续表

处理	茎粗 (cm)	有效穗数 (万/hm²)	穗长 (cm)	小穗数 (个)	不孕小穗 数(个)	穗粒数 (粒)	千粒重 (g)	产量 (kg/hm²)	减产率 (%)
播种—拔节期干旱	0.36	623.9	9.35	18.67	2.48	33.63	39.29	7612.5 b	5.97
拔节—抽穗期干旱	0.41	565.3	9.63	19.40	3.33	35.07	41.72	7562.5 b	6.59
抽穗—灌浆期干旱	0.38	588.4	9.51	19.50	2.62	34.13	40.95	7291.7 c	9.93
灌浆—成熟期干旱	0.37	627.8	9.10	19.48	2.22	34.57	32.28	6650.0 d	17.86

注：表中 a~d 表示 0.05 水平差异显著。

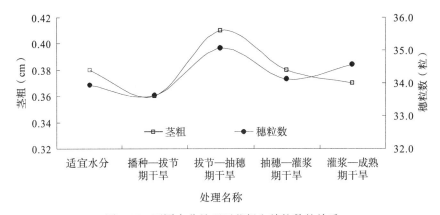

图 3-17　不同水分处理下茎粗和穗粒数的关系

从水分亏缺条件下茎粗和穗粒数的关系看，其变化规律基本一致。这进一步表明，当冬小麦茎粗较大时，对应的穗粒数较多；当冬小麦茎粗较小时，对应的穗粒数相对较少，二者相关性较好。

2. 水分亏缺对冬小麦千粒重的影响

由表 3-8 和图 3-18 可以看出，4 个干旱处理中，在拔节—抽穗期发生干旱时，冬小麦的千粒重最高，为 41.72g；其次为抽穗—灌浆期干旱处理，为 40.95g；灌浆—成熟期干旱处理最低，为 32.28g；而播种—拔节期干旱处理则介于它们之间，为 39.29g。与适

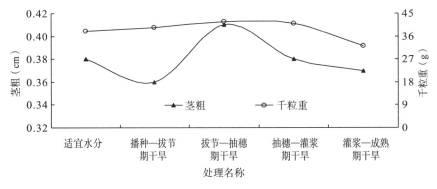

图 3-18　不同水分处理下茎粗和千粒重的关系

宜水分处理相比，仅有灌浆—成熟期干旱处理比其低，且少 14.96％，其他均较高。这表明，在灌浆—成熟期让冬小麦受旱，会极大地影响作物的丰产丰收，而其他 3 种干旱发生时，冬小麦的千粒重分别增加了 3.50％、9.91％、7.88％。

从冬小麦茎粗和千粒重的关系看，不同生育期发生干旱时，它们二者的变化规律并不一致，即冬小麦千粒重的高低和其茎粗的大小关联性较低。

3. 水分亏缺对冬小麦有效穗数、穗粒数的影响

(1) 水分亏缺对冬小麦有效穗数的影响。由表 3-8 和图 3-19 可以看出，对于冬小麦有效穗数，在 4 个干旱处理中，灌浆—成熟期发生干旱时，取值最高，为 627.8 万/hm²；其次为播种—拔节期受旱，为 623.9 万/hm²；最小为拔节—抽穗期受旱，为 565.3 万/hm²；抽穗—灌浆期受旱介于其间，为 588.4 万/hm²。与适宜水分状况相比，这 4 种受旱处理的有效穗数都有所减少，减少程度与不同受旱处理时的有效穗数成反比，即拔节—抽穗期干旱减少程度最高，为 13.92％；抽穗—灌浆期干旱次之，为 10.40％；再次为播种—拔节期干旱，为 4.99％；差别最小的则为灌浆—成熟期干旱处理，为 4.40％。

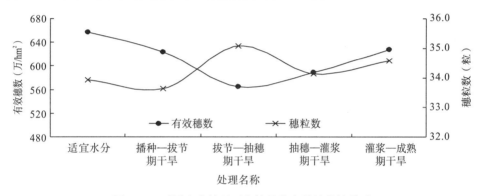

图 3-19　不同水分处理下有效穗数和穗粒数的关系

(2) 水分亏缺对冬小麦穗粒数的影响。对于冬小麦穗粒数，则是拔节—抽穗期干旱最高，为 35.07 粒；其次为灌浆—成熟期干旱，为 34.57 粒；再次是抽穗—灌浆期干旱，34.13 粒；播种—拔节期干旱最小，为 33.63 粒。与适宜水分处理相比，拔节—抽穗期干旱、灌浆—成熟期干旱、抽穗—灌浆期干旱的穗粒数均有所增加，增加幅度分别为 3.36％、1.89％、0.59％，仅在播种—拔节期干旱处理时较其减少了 0.88％。

(3) 水分亏缺条件下冬小麦有效穗数与穗粒数的关系。就冬小麦有效穗数和其穗粒数的关系而言，有效穗数较多时，穗粒数未必就多，如播种—拔节期受旱时，前者为 623.9 万/hm²，后者为 33.63 粒；穗粒数较多的，有效穗数未必就多，如拔节—抽穗期干旱时，前者为 35.07 粒，后者为 565.3 万/hm²。

4. 水分亏缺对冬小麦小穗数、不孕小穗数的影响

(1) 水分亏缺对冬小麦小穗数的影响。图 3-20 表明，对于冬小麦小穗数，在 4 个干旱处理中，抽穗—灌浆期发生干旱时，取值最高，为 19.50 个；其次为灌浆—成熟期干旱，为 19.48 个；再次是拔节—抽穗期干旱处理，为 19.40 个；播种—拔节期干旱最小，

为 18.67 个。与适宜水分状况相比，这 4 种受旱处理的小穗数仅在播种—拔节期干旱中减少了，减少幅度为 3.41％，其他处理均有所增加，对应地，增加幅度分别为 0.88％、0.77％和 0.36％。

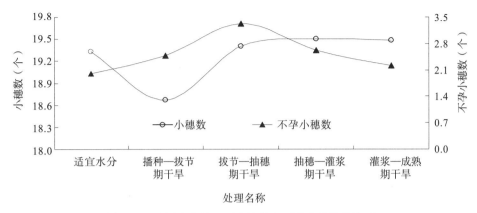

图 3-20　不同水分处理下小穗数和不孕小穗数的关系

（2）水分亏缺对冬小麦不孕小穗数的影响。对于冬小麦不孕小穗数，则是拔节—抽穗期干旱最高，为 3.33 个；其次为抽穗—灌浆期干旱，为 2.62 个；再次是播种—拔节期干旱，为 2.48 个；灌浆—成熟期干旱最少，为 2.22 个。与适宜水分处理相比，这 4 种干旱处理的不孕小穗数均有所增加，对应地，增加幅度分别为 66.50％、31.00％、24.00％和 11.00％。

（3）水分亏缺条件下冬小麦小穗数与不孕小穗数的关系。就冬小麦小穗数与不孕小穗数的关系而言，小穗数较高的，对应的不孕小穗数也较多，如拔节—抽穗期干旱处理时，前者为 19.40 个，后者为 3.33 个；不孕小穗数较低的，对应的小穗数也较低，如播种—拔节期干旱处理时，前者为 2.48 个，后者为 18.67 个，二者基本上成正比关系。

5. 水分亏缺对冬小麦减产率的影响

（1）水分亏缺对冬小麦减产率的影响。由图 3-21 可以看出，对于冬小麦减产率，与适宜水分状况相比，这 4 种受旱处理均造成了冬小麦的减产，即灌浆—成熟期干旱最高，为 17.86％；其次为抽穗—灌浆期干旱处理，为 9.93％；再次为拔节—抽穗期干旱处理，为 6.59％；播种—拔节期干旱最小，为 5.97％。换言之，越是在冬小麦的后期发生干旱，冬小麦减产的幅度就越大。

（2）水分亏缺条件下冬小麦减产率与不孕小穗数的关系。就冬小麦减产率与不孕小穗数的关系而言，在冬小麦抽穗以前发生干旱，则是不孕小穗数个数越多，冬小麦的减产率越高；而在冬小麦抽穗以后发生干旱，即使不孕小穗数的个数较少，但冬小麦的减产率依然较高，如抽穗—灌浆期干旱和灌浆—成熟期干旱，二者分别为 2.62 个、9.93％和 2.22 个、17.86％。

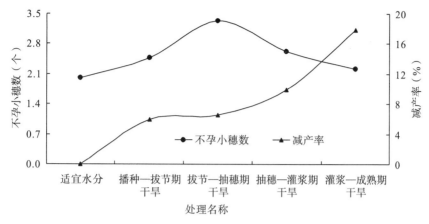

图 3-21　不同水分处理下冬小麦减产率与不孕小穗数的关系

6.冬小麦有效穗数、穗粒数与千粒重的关系

(1)冬小麦有效穗数与千粒重的关系。从图 3-22 可以看出，4 个干旱处理中，仅在灌浆—成熟期干旱时，冬小麦的有效穗数才能代表千粒重的大小。而其他处理中的代表性则较差，即有效穗数多，不一定千粒重高，如播种—拔节期受旱，前者为 623.9 万/hm²，在 4 个处理中有效穗数居第二位，后者为 39.29g，在 4 个处理中千粒重居倒数第二位；或有效穗数较低，千粒重依然较高，如拔节—抽穗期受旱，前者为 565.3 万/hm²，在 4 个处理中有效穗数最小，后者为 41.72g，在 4 个处理中千粒重最高。

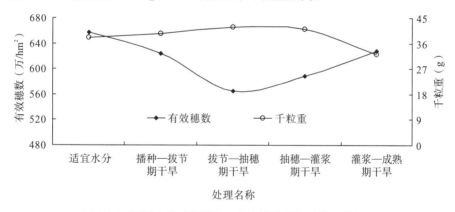

图 3-22　不同水分处理下冬小麦有效穗数与千粒重的关系

(2)冬小麦穗粒数与千粒重的关系。图 3-23 表明，4 个干旱处理中，千粒重基本上与穗粒数成正比，即千粒重较高时，穗粒数相对较高，如拔节—抽穗期受旱，前者为 41.72g，为 4 个处理中千粒重最高，后者为 35.07 粒，为 4 个处理中穗粒数最多；或穗粒数相对较少时，千粒重也相对较低，如播种—拔节期受旱，前者为 33.63 粒，属 4 个处理中穗粒数最少的，而灌浆—成熟期的千粒重为 32.28g，属 4 个处理中千粒重相对较小的。

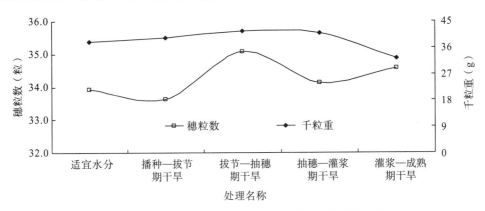

图 3-23　不同水分处理下冬小麦穗粒数与千粒重的关系

综上，不同生育时期的干旱对冬小麦穗部性状的影响程度有一定差异，对不同品种基部茎粗、穗长、小穗数、穗粒数的影响，其规律性较弱。这是由于冬小麦的自我调节功能很强，所以当环境条件变化时，可以通过调节个体来改善群体结构，从而影响穗部的各种性状。拔节—抽穗期的干旱主要影响有效穗数和千粒重，其有效穗数最低、千粒重最大；其次为抽穗—灌浆期干旱处理，为 40.95g；灌浆—成熟期干旱处理的千粒重最小，为 32.28g。冬小麦在生长前期受旱减产最少，随着干旱时期的后移，减产逐渐增多。这有可能是因为受旱越早，复水后产生的补偿效应越大，受旱越晚，补偿效应越小。此次研究中，播种—拔节期干旱的处理减产最少，而灌浆—成熟期干旱处理由于干旱时间长，没有复水，无补偿效应，导致其产量最低。

（五）水分亏缺对耗水量的影响

本书的耗水量是作物田间耗水量的简称，主要是指作物从种到收的整个生育期消耗的水量，一般以 mm 或 m³/亩计。对于干旱田，作物田间耗水量就是作物需水量。

本次试验中主要展开了适宜水分、播种—拔节期轻旱、播种—拔节期重旱、拔节—抽穗期轻旱、拔节—抽穗期重旱、抽穗—灌浆期轻旱、抽穗—灌浆期重旱、灌浆—成熟期轻旱、灌浆—成熟期重旱 9 种水分处理对冬小麦耗水量的研究，并将适宜水分条件下的耗水量作为参照，其他 8 种水分亏缺处理与之对比；同时，还展开了不同灌水次数处理下冬小麦耗水量的研究。

1. 不同生育期干旱处理对冬小麦耗水量的影响

表 3-9 给出了不同生育期干旱处理条件下，冬小麦在播种—越冬期、越冬—返青期、返青—拔节期、拔节—抽穗期、抽穗—灌浆期、灌浆—成熟期及全生育期的耗水量。总体来看，冬小麦的耗水量和耗水规律受干旱时期的影响较大，任何生育阶段受旱都会造成该阶段耗水量的减少，受旱越重，耗水量越少，并对以后的阶段产生一定的后效影响，从而造成全生长期的耗水量降低。其中，抽穗—灌浆期重旱的耗水量最低，拔节—抽穗期干旱与抽穗—灌浆干旱处理的耗水量差异较小，适宜水分处理的阶段耗水量和全期耗水量最高。

表 3-9　不同生育期干旱处理下的冬小麦耗水量　　　　　　　（单位：mm）

处理	阶段耗水量						全生育期
	播种—越冬	越冬—返青	返青—拔节	拔节—抽穗	抽穗—灌浆	灌浆—成熟	
适宜水分	89.40	25.24	33.84	135.07	57.68	119.20	460.43
播种—拔节期轻旱	83.33	22.05	28.68	127.08	55.73	112.17	429.03
播种—拔节期重旱	82.51	19.31	26.39	113.52	54.26	121.20	417.20
拔节—抽穗期轻旱	86.01	20.87	30.20	105.43	52.10	60.70	355.31
拔节—抽穗期重旱	90.31	20.47	31.95	97.14	50.37	58.21	348.45
抽穗—灌浆期轻旱	80.13	21.68	29.33	124.11	43.28	71.33	369.86
抽穗—灌浆期重旱	87.06	21.70	30.46	128.53	35.17	39.60	342.52
灌浆—成熟期轻旱	76.32	24.20	32.56	132.06	54.34	51.92	371.41
灌浆—成熟期重旱	84.36	22.81	33.94	133.83	52.41	33.05	360.40

　　从各水分处理条件下的日耗水量变化过程线(图 3-24)来看，其均遵从以下变化规律，即冬小麦播种出苗以后，其日耗水量有个逐渐增加的过程，之后随着气温的降低，其日耗水量逐渐减少，到越冬—返青期达到最低值，返青期以后，由于气温的升高、植株的快速生长，日耗水量逐渐增加，到抽穗–灌浆期达到最大值，此后，随着叶面积的减小，日耗水量逐渐降低。

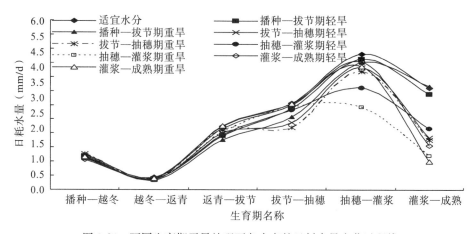

图 3-24　不同生育期干旱处理下冬小麦的日耗水量变化过程线

　　然而，图 3-24 进一步表明，不同生育期遭遇不同程度的干旱，同样会造成该阶段日耗水量降低，而且受旱程度越重，日耗水量就越少；在冬小麦生长的前期(拔节期以前)，各处理的日耗水量差异不大，到了拔节期以后，各处理间的差异逐渐变大，到灌浆—成熟期，其差异达到最大，尤其在抽穗—灌浆期遭受轻旱和重旱时各处理间的差异最为明显。

　　2. 不同灌水次数对冬小麦耗水量的影响

　　由表 3-10 可以看出，不同灌水次数处理下，冬小麦在播种—越冬期、越冬—返青期、返青—拔节期、拔节—抽穗期、抽穗—灌浆期、灌浆—成熟期及全生育期耗水量的变化情况。总体来看，冬小麦的阶段耗水量和全期耗水量会随着灌水次数的减少呈现下降的趋势。灌溉 3 次水的耗水量最高，为 394.67 mm；在灌溉 1 次水的处理中，其耗水量由大到小的顺序为拔节水＞孕穗水＞灌浆水；在灌溉 2 次水的处理中，灌水时期早的，耗水量就高，其耗水量由大到小的顺序为孕穗水、灌浆水＞拔节水、灌浆水＞拔节水、孕穗水。

表 3-10   不同灌水次数处理下的冬小麦耗水量   （单位：mm）

处理	阶段耗水量						全生育期
	播种—越冬	越冬—返青	返青—拔节	拔节—抽穗	抽穗—灌浆	灌浆—成熟	
拔节水、孕穗水、灌浆水	78.51	33.31	30.49	114.74	58.32	79.30	394.67
孕穗水、灌浆水	77.52	33.10	28.81	96.21	55.32	70.54	361.50
拔节水、灌浆水	75.21	30.42	29.54	98.21	53.45	69.43	356.26
拔节水、孕穗水	81.20	28.93	27.51	95.21	43.21	58.43	334.49
拔节水	76.65	29.32	25.12	94.11	40.21	55.43	320.84
孕穗水	73.61	30.32	28.81	85.32	45.32	53.45	316.83
灌浆水	77.59	29.44	27.11	67.34	50.32	60.56	312.36

不同灌水次数处理的日耗水量变化规律与不同生育期干旱处理的相似，任何一个生育阶段不灌水均会导致该阶段冬小麦日耗水量降低，并对以后阶段的日耗水产生一定的后效影响(图 3-25)。

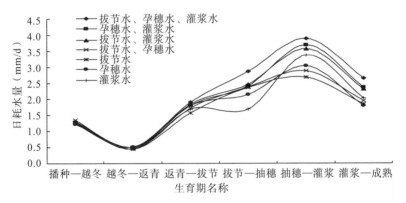

图 3-25   不同灌水次数处理下冬小麦的日耗水量变化过程线

（六）水分亏缺对水分利用效率的影响

水分利用效率是反映作物物质生产与水分消耗之间关系的重要指标，是指每消耗单位水量所生产的收获物产量，其是衡量节水与否的重要指标。本次试验中主要展开了适宜水分、播种—拔节期轻旱、播种—拔节期重旱、拔节—抽穗期轻旱、拔节—抽穗期重旱、抽穗—灌浆期轻旱、抽穗—灌浆期重旱、灌浆—成熟期轻旱、灌浆—成熟期重旱 9 种水分处理对冬小麦水分利用效率的研究，并将适宜水分条件下的水分利用效率作为参照，其他 8 种水分亏缺处理与之对比；同时，还展开了不同灌水次数处理下的冬小麦水分利用效率的研究。

1. 不同生育期干旱处理对冬小麦水分利用效率的影响

研究结果表明，不同生育时期的干旱对冬小麦水分利用效率的影响程度也是不一样的(表 3-11)。从表 3-11 可以看出，拔节—抽穗期轻旱时，冬小麦的水分利用效率最高，为 1.860 kg/m³，比适宜水分处理提高 21.25%；拔节—抽穗期重旱次之，为 1.776 kg/m³；灌浆—成熟期重旱最低，为 1.495 kg/m³；其他水分亏缺处理的冬小麦水分利用效率则在 1.534~1.767 kg/m³。总体来看，拔节期开始后遭遇干旱，冬小麦耗水量都会减少 19.32%~25.61%，差异不大，但由于不同时期干旱的产量差异大，所以其水分利用效率有着较大的差异(-2.54%~21.25%)；拔节—灌浆期干旱的水分利用效率较高，这是在牺牲产量的条件下获得的。所以，在实际生产中，不能采用此种水分管理方式。从获得较高产量和提高冬小麦水分利用效率的角度看，应采用前期适当控水的方式，即在拔节以前采取轻旱的农田水分管理方式。

表 3-11　不同生育期干旱处理下冬小麦的水分利用效率(WUE)

处理	产量(kg/hm²)	耗水量(m³/hm²)	耗水减少(%)	WUE(kg/m³)	ΔWUE(%)
适宜水分	7062.50	4603.6	0	1.534	0
播种—拔节期轻旱	6794.17	4290.3	6.81	1.584	3.26
播种—拔节期重旱	6554.17	4172.0	9.38	1.571	2.41
拔节—抽穗期轻旱	6607.50	3552.6	22.83	1.860	21.25
拔节—抽穗期重旱	6187.50	3484.5	24.31	1.776	15.78
抽穗—灌浆期轻旱	6381.25	3698.6	19.66	1.725	12.45
抽穗—灌浆期重旱	6050.00	3424.7	25.61	1.767	15.19
灌浆—成熟期轻旱	6231.25	3714.3	19.32	1.678	9.39
灌浆—成熟期重旱	5387.50	3604.2	21.71	1.495	-2.54

(1)不同干旱处理条件下冬小麦产量和耗水量的关系。图 3-26 表明，与适宜水分处理相比，其他 8 个干旱处理的产量均较低，其中在灌浆-成熟期遭遇重旱时，产量最低，为 5387.50 kg/hm²，产量相对较高的是播种—拔节期轻旱，为 6794.17 kg/hm²。就整体而言，在冬小麦整个生育期受旱，受旱时期越靠前，相对减少的产量越少。这表明，在实际生产中，应避免在冬小麦中后期受旱，尤其遭受重旱。

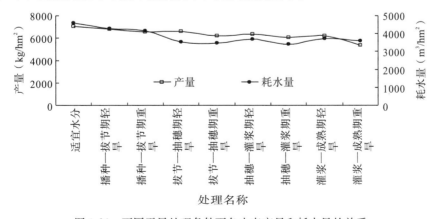

图 3-26　不同干旱处理条件下冬小麦产量和耗水量的关系

　　研究进一步表明，在冬小麦各个生育期受旱，受旱时期越靠后，消耗的水量就越少，如抽穗-灌浆期重旱时，其消耗水量为 3424.7m³/hm²，属 8 个干旱处理中消耗水量最低的。总体来看，在冬小麦不同生育期受旱，其产量和消耗水量的变化趋势基本一致。

　　(2)不同干旱处理条件下冬小麦产量和水分利用效率的关系。由图 3-27 可以看出，与适宜水分处理相比，不同干旱处理条件下，仅有灌浆-成熟期受旱处理的冬小麦水分利用效率较之低，其他均较之高。其中，拔节-抽穗期轻旱最高，为 1.860 kg/m³；其次为拔节-抽穗期重旱，为 1.776 kg/m³；相对较低的为播种-拔节期重旱，为 1.571 kg/m³；其他处理则在 1.584~1.767 kg/m³。总体来看，抽穗期之前遭遇旱灾，冬小麦水分利用效率相对较低；抽穗期之后受旱，冬小麦水分利用效率则相对较高。

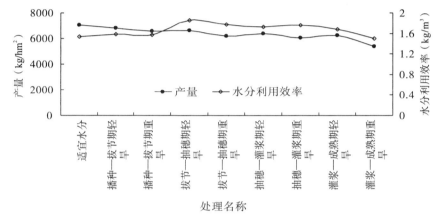

图 3-27　不同干旱处理条件下冬小麦产量和水分利用效率的关系

　　图 3-27 进一步表明，冬小麦产量较高的，其水分利用效率未必较高。例如，适宜水分条件，冬小麦产量为 7062.50 kg/hm²，属 9 个处理中产量最高的，而其水分利用效率则为 1.534kg/m³，在 9 个处理中居倒数第二位。冬小麦产量较低的，其水分利用效率未必就低。例如，拔节-抽穗期轻旱时，冬小麦产量为 6607.50 kg/hm²，在 9 个处理中排名第三位，而其水分利用效率则为 1.860kg/m³，是 9 个处理中最高的。就整体来看，自拔节期以后受旱，冬小麦产量和其水分利用效率均呈下降趋势，而在拔节期以前受旱，则是水分利用效率增高，而冬小麦产量降低。

　　(3)不同干旱处理条件下冬小麦耗水量和水分利用效率的关系。图 3-28 表明，在冬小麦的各生育阶段，其耗水量与水分利用效率的变化趋势正好相反，即在抽穗期之前，耗水量基本呈直线下降趋势，而水分利用效率则呈上升趋势；在冬小麦抽穗期之后，其水分利用效率呈下降趋势，而耗水量则总体上呈上升趋势，即二者基本成反比关系。

　　综上，在冬小麦不同生育期受旱时，冬小麦水分利用效率、产量、耗水量之间并不是相互独立的，即冬小麦水分利用效率的高低不仅取决于其产量，更与其生育期的耗水量有极大的关系。在研究时，必须综合考虑，即尽量避免以下两种情况出现：一是仅从获取高产的角度出发，最终却过多地增大了冬小麦整个生育期的耗水量等；二是仅从节水的角度考虑，最终却影响了冬小麦获取高产的可能。

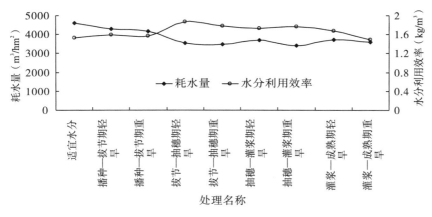

图 3-28　不同干旱处理条件下冬小麦耗水量和水分利用效率的关系

2. 不同灌水组合对冬小麦水分利用效率的影响

在防雨棚下测坑中不同灌水次数组合的试验结果显示(表 3-12)，随着灌水次数的减少，耗水量呈减少趋势，水分利用效率呈增加趋势；以灌溉 3 次水的水分利用效率最低，为 1.660 kg/m³，灌溉 1 次水的最高，为 1.918 kg/m³，比灌溉 3 次水的提高 15.54%；在灌水次数相同时，灌水时期分布的差异也会造成水分利用效率的差异，灌溉 2 次水处理的以孕穗水、灌浆水的水分利用效率最高，拔节水、孕穗水次之，拔节水、灌浆水最低。从产量、节水和提高水分利用效率的效果来看，采用拔节水、孕穗水的组合最好，减产 6.44%，可节水 14.28%，水分利用效率提高 9.16%。

表 3-12　冬小麦不同灌水次数处理下的水分利用效率(WUE)

灌水时期	产量(kg/hm²)	耗水量(m³/hm²)	耗水减少(%)	WUE(kg/m³)	ΔWUE(%)
拔节水、孕穗水、灌浆水	6700.00	4035.6	0	1.660	0
孕穗水、灌浆水	6012.50	3232.5	19.90	1.860	12.05
拔节水、灌浆水	5696.88	3426.9	15.08	1.662	0.12
拔节水、孕穗水	6268.75	3459.5	14.28	1.812	9.16
孕穗水	5402.50	2816.2	30.22	1.918	15.54

(1)不同灌水组合条件下冬小麦产量和耗水量的关系。图 3-29 表明，5 个灌水组合中，在拔节期、孕穗期、灌浆期进行灌水，冬小麦产量最高，为 6700.00 kg/hm²；其次为在拔节、孕穗期灌水，产量为 6268.75 kg/hm²；而仅在孕穗期灌水，产量最低，为 5402.50 kg/hm²。从整体来看，在冬小麦整个生育期，灌水次数越多的，产量相对就越高，如在拔节期、孕穗期、灌浆期进行灌水，产量最高；灌水次数少的，则对应的产量也低，如仅在冬小麦孕穗期灌水，其产量属 5 个灌水组合中最低的；而从冬小麦整个生育期进行两次灌水的 3 个灌水组合看，在拔节期、孕穗期间灌水，产量要比在拔节期、灌浆期灌水和在孕穗期、灌浆期灌水高 10.04% 和 4.26%。除要在拔节期、孕穗期灌水以外，若再在灌浆期灌水，即第一种处理，则冬小麦的产量可以提高 6.88%。

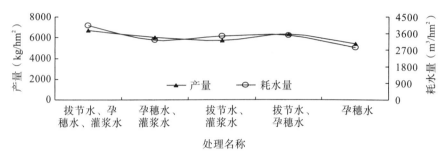

图 3-29　不同灌水组合条件下冬小麦产量和耗水量的关系

　　研究进一步表明，采用不同灌水次数对冬小麦灌水，其消耗水量有所差别。当然，灌水次数多，消耗的水就多，如拔节期、孕穗期、灌浆期进行灌水，其消耗水量最高，为 4035.6 m³/hm²；灌水次数少，消耗的水也少，如仅在孕穗期灌水，消耗水量最低，为 2816.2 m³/hm²；值得关注的是，在 3 个 2 次灌水组合中，属拔节期、孕穗期灌水最高，略低的则是拔节期、灌浆期灌水，消耗水最少的是孕穗期、灌浆期灌水，为 3232.5 m³/hm²，这比前两者分别少消耗了 6.56% 和 5.67%，但对应的产量也不低，在 5 个处理中，其产量介于中间。如果从节水和产量角度综合考虑，该组合还属于较为理想的情况。

　　从整体来看，采用不同灌水次数对冬小麦灌水时，其产量和消耗水量的变化趋势大体一致。

　　(2)不同灌水组合条件下冬小麦产量和水分利用效率的关系。由图 3-30 可以看出，5 个灌水组合中，1 次灌水组合的冬小麦水分利用效率最高，为 1.918 kg/m³；其次为 2 次灌水组合中的孕穗期、灌浆期灌水，为 1.860 kg/m³；再次为拔节期、孕穗期灌水，为 1.812 kg/m³；最低的是 3 次灌水组合，为 1.660 kg/m³。总体来看，灌水次数越多的，水分利用效率越低；灌水次数越少的，水分利用效率越高。

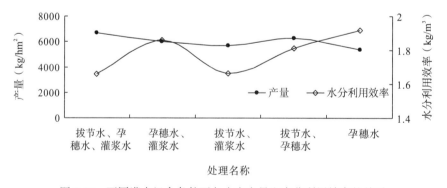

图 3-30　不同灌水组合条件下冬小麦产量和水分利用效率的关系

　　研究进一步表明，冬小麦产量较高的，其水分利用效率未必较高。例如，3 次灌水组合，冬小麦产量为 6700.00kg/hm²，属 5 个处理中产量最高的，而其水分利用效率则为 1.660kg/m³，在 5 个处理中属最低的。或冬小麦产量较低的，其水分利用效率未必就低。例如，仅有 1 次灌水的孕穗水，冬小麦产量为 5402.50 kg/hm²，属 5 个处理产量最低的，而其水分利用效率则为 1.918 kg/m³，是 5 个处理中最高的；而其他 3 组两次灌水组合中，孕穗期、灌浆期灌水和拔节期、孕穗期灌水，虽然其产量不及 3 次灌水组合的高、水分利用效率不及 1 次灌水组合的大，但就整体而言，其组合效果要好于 3 次灌水组合和 1 次灌水组合。

（3）不同灌水组合处理条件下冬小麦耗水量和水分利用效率的关系。图 3-31 表明，冬小麦整个生育期耗水量高的，其水分利用效率相对就低，如 3 次灌水组合的消耗水量为 4035.6m³/hm²，属 5 个处理中耗水量最多的，但其水分利用效率为 1.660kg/m³，属 5 个处理中最小的，从上述内容可知，该处理中冬小麦产量最高，为 6700.00kg/hm²，这说明，仅为了获取高产而大量灌水是不经济的。而图 3-31 同样反映了冬小麦整个生育期消耗水量最少，其水分利用效率相对就高，如 1 次灌水组合的耗水量为 2816.2 m³/hm²，属 5 个处理中消耗水量最少的，但其水分利用效率为 1.918kg/m³，属 5 个处理中最高的，从前述内容同样可知，该处理中冬小麦产量最低，为 5402.50kg/hm²，这说明，仅为了获取高的水分利用效率而降低了冬小麦的产量是不合理的。

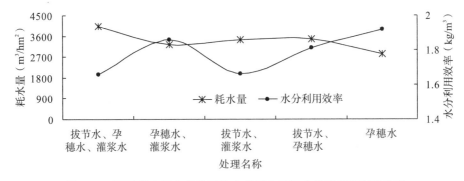

图 3-31　不同灌水组合条件下冬小麦耗水量和水分利用效率的关系

所以，通过上述 5 个灌水组合试验结果可知，冬小麦水分利用效率、产量、耗水量之间是相互依存的。在研究过程中，必须要多方面考虑，即尽量避免以下两种情况出现：一是只从节水角度考虑而忽略了产量，最终可能会影响冬小麦的丰产丰收，如 1 次灌水组合；二是只从获取高产的角度出发，最终却过多地增大了冬小麦整个生育期的耗水量，使冬小麦水分利用效率最低，如 3 次灌水组合。

综上，对于不同生育期干旱处理和不同灌水组合对冬小麦水分利用效率的影响效果，后者冬小麦水分利用效率要大，而前者的产量要高些，整个生育期消耗的水量还是不同生育期干旱处理的为高，所以若为获取冬小麦的最大收益，建议采用第二种水分亏缺方式。

二、水分生产函数

本次研究中水分生产函数的确定主要从作物产量与全生育期耗水量的关系，以及作物产量与阶段耗水量的关系两个方面展开，具体如下。

（一）作物产量与全生育期耗水量的关系

通过多组试验结果发现，冬小麦的产量（Y）与耗水量（ET）有着良好的二次曲线关系

（图 3-32），其关系式为

$$Y = -0.0565ET^2 + 48.594ET - 3002.9 \quad (R = 0.9563) \tag{3-1}$$

式中，Y 为产量，kg/hm^2；ET 为耗水量，mm。

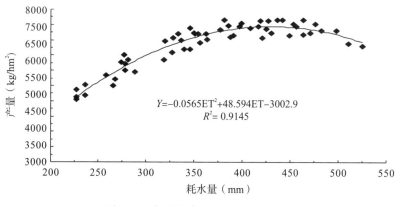

图 3-32 冬小麦产量与耗水量的关系

从图 3-32 可以看出，冬小麦的产量均随着耗水量的加大而逐渐提高，当耗水量达到 430.0 mm 时，产量就达到最大值，此后若耗水量再继续增加，产量则呈现降低的趋势。由式（3-1）最终计算出的经济耗水量为 230.54 mm。

（二）作物产量与阶段耗水量的关系

反映作物产量与阶段耗水量关系的方法有两种：第一种方法是在确保作物其他阶段需水量基本上都能得到满足的条件下，仅就作物产量与某一阶段耗水量的关系进行分析，用产量反映系数 K_y 反映相对产量下降数 $(1 - Y_i/Y_m)$ 与相对耗水量亏缺 $(1 - ET_i/ET_m)$ 之间的关系。第二种方法是建立作物相对产量与生育期各阶段相对耗水量之间的某种函数关系。在这方面，国内外已有较多的研究，模型的形式也很多。归纳起来大致可以分为相加模型和相乘模型两类。从两类模型的形式上来看，相加模型考虑了各生育阶段耗水量对产量的影响，比用单一阶段模型分析更进了一步，但它把各生育阶段出现的水分亏缺对产量的影响孤立开来，认为是相互独立的，所以一旦出现某一阶段因缺水而导致作物死亡、产量为零的极端情况，相加模型的结果就会与此矛盾。而相乘模型不仅可以表示不同阶段缺水时对产量影响的不同，而且可以表示各阶段缺水不是孤立的，而是互相联系地影响最终产量的这一客观现象，尤其是能利用非严格控制条件下的灌溉试验资料，用一般的回归分析统计法求出模型参数，所以其有求解与应用方便的双重优点。在相乘模型中，最为著名是 1968 年由 Jensen 提出的模型，其模型形式如下：

$$\frac{Y}{Y_m} = \prod_{i=1}^{n} \left(\frac{ET_i}{ET_{mi}} \right)^{\lambda_i} \tag{3-2}$$

式中，Y 和 Y_m 分别为非充分供水和充分供水条件下的作物产量，kg/hm^2；ET_i 和 ET_{mi} 分别为与 Y 和 Y_m 对应的阶段耗水量，mm；$i = 1, 2, \cdots, n$；n 为划分的作物生育阶段数；λ_i 为作物第 i 阶段的缺水敏感指数。

λ_i 反映了作物第 i 阶段因缺水而影响产量的敏感程度。λ_i 越大，表示该阶段缺水对作物的影响越大，产量降低得也就越多，反之亦然。根据试验资料，分析得出冬小麦和夏玉米不同生育阶段的缺水敏感指数，见表 3-13。

表 3-13 冬小麦不同生育阶段的缺水敏感指数

生育阶段	播种—越冬	越冬—返青	返青—拔节	拔节—抽穗	抽穗—灌浆	灌浆—成熟
λ_i	0.1092	0.04920	0.1235	0.2471	0.2637	0.1807

三、冬小麦节水灌溉制度

(一)不同水文年冬小麦的需水量

1. 不同水文年冬小麦的参考作物需水量

目前，有许多种方法可用于计算参考作物的蒸散量或蒸发蒸腾量，如 Penman 法、辐射法、温度法、蒸发皿法、Penman-Monteith 法、Blaney-Criddle 法等。选用哪种方法主要取决于可利用的气象资料的种类、精度、时期长度和一年内蒸散的自然模式，以及蒸散估算值的用途。相关研究表明，采用联合国粮食及农业组织(Food and Agriculture Organization of the United Nations，FAO)最新修正并推荐的 Penman-Monteith 公式估算的 ET_0 可取得较为理想的结果。计算参考作物需水量 ET_0 的 Penman-Monteith 公式为

$$ET_0 = \frac{0.408\Delta(R_n - G) + \gamma\frac{900}{T+273}U_2(e_s - e_a)}{\Delta + \gamma(1 + 0.34U_2)} \tag{3-3}$$

式中，ET_0 为参考作物蒸发蒸腾量，mm/d；Δ 为温度-饱和水汽压关系曲线上在 T 处的切线斜率，kPa/℃；R_n 为净辐射，MJ/(m²·d)。

$$\Delta = \frac{4098 \times e_a}{(T + 237.3)^2} \tag{3-4}$$

式中，T 为平均气温，℃；e_a 为饱和水汽压，kPa。

$$e_a = 0.611 \times \exp\left(\frac{17.27 \times T}{T + 237.3}\right) \tag{3-5}$$

$$R_n = R_{ns} - R_{nl} \tag{3-6}$$

式中，R_{ns} 为净短波辐射，MJ/(m²·d)；R_{nl} 为净长波辐射，MJ/(m²·d)。

$$R_{ns} = 0.77 \times (0.25 + 0.5 \times n/N) \times R_a \tag{3-7}$$

式中，n 为实际日照时数，h；N 为最大可能日照时数，h。

$$N = 7.46 \times W_s \tag{3-8}$$

式中，W_s 为日照时数角，rad。

$$W_s = \arccos(-\tan\varphi \times \tan\delta) \tag{3-9}$$

式中，φ 为地理纬度，rad；δ 为日倾角(太阳磁偏角)，rad。

$$\delta = 0.409 \times \sin(0.0172 \times J - 1.39) \tag{3-10}$$

式中，J 为日序数(1月1日为1日，逐日累加)。

$$R_a = 37.6 \times d_r \times (W_s \times \sin\varphi \times \sin\delta + \cos\varphi \times \cos\delta \times \sin W_s) \tag{3-11}$$

式中，R_a 为大气边缘太阳辐射，MJ/(m²·d)；d_r 为日地相对距离。

$$d_r = 1 + 0.033 \times \cos(0.0172 \times J) \tag{3-12}$$

$$R_{nl} = 2.45 \times 10^{-9} \times (0.9 \times n/N + 0.1) \times (0.34 - 0.14 \times \sqrt{e_d}) \times (T_{kx}^4 + T_{kn}^4) \tag{3-13}$$

式中，e_d 为实际水汽压，kPa；T_{kx} 为最高热力学温度，K；T_{kn} 为最低热力学温度，K。

$$e_d = \frac{e_d(T_{\min}) + e_d(T_{\max})}{2} = \frac{1}{2} \times e_a(T_{\min}) \times \frac{RH_{\max}}{100} + \frac{1}{2} \times e_a(T_{\max}) \times \frac{RH_{\min}}{100} \tag{3-14}$$

式中，$RH_{\max}$ 为日最大相对湿度，%；$T_{\min}$ 为日最低气温，℃；$e_a(T_{\min})$ 为 $T_{\min}$ 时饱和水汽压，kPa，可将 $T_{\min}$ 代入式(3-5)求得；$e_d(T_{\min})$ 为 $T_{\min}$ 时实际水汽压，kPa；$RH_{\min}$ 为日最小相对湿度，%；$T_{\max}$ 为日最高气温，℃；$e_a(T_{\max})$ 为 $T_{\max}$ 时饱和水汽压，kPa，可将 $T_{\max}$ 代入式(3-5)求得；$e_d(T_{\max})$ 为 $T_{\max}$ 时实际水汽压，kPa。

若资料不符合式(3-14)的要求或计算较长时段 ET_0，也可采用式(3-15)计算 e_d，即

$$e_d = \frac{RH_{mean}}{100} \times \left[\frac{e_a(T_{\min}) + e_a(T_{\max})}{2} \right] \tag{3-15}$$

式中，RH_{mean} 为平均相对湿度，%。

$$RH_{mean} = \frac{RH_{\max} + RH_{\min}}{2} \tag{3-16}$$

在最低气温等于或十分接近露点温度时，也可采用式(3-17)计算 e_d，即

$$e_d = 0.611 \times \exp\left(\frac{17.27 \times T_{\min}}{T_{\min} + 237.3} \right) \tag{3-17}$$

值得指出的是，国内外许多学者认为，采用式(3-14)逐日计算 e_d 最佳，而采用其他方法计算 e_d 均出现较大误差。

$$T_{kn} = T_{\min} + 273 \tag{3-18}$$

若逐日估算 ET_0，则第 d 日土壤热通量为

$$G = 0.38 \times (T_d - T_{d-1}) \tag{3-19}$$

式中，T_d、T_{d-1} 分别为第 d 日、第 $d-1$ 日的气温，℃；G 为土壤热通量，MJ/(m² · d)。

对于分月估算 ET_0，则第 m 月土壤热通量为

$$G = 0.14 \times (T_m - T_{m-1}) \tag{3-20}$$

式中，T_m、T_{m-1} 分别为第 m 月、第 $m-1$ 月的平均气温，℃。

$$\gamma = 0.00163 \times P/\lambda \tag{3-21}$$

式中，P 为气压，kPa；γ 为湿度表常数，kPa/℃。

$$P = 101.3 \times \left(\frac{293 - 0.0065 \times Z}{293} \right)^{5.26} \tag{3-22}$$

式中，Z 为计算地点海拔，m。

$$\lambda = 2.501 - (2.361 \times 10^{-3}) \times T \tag{3-23}$$

式中，λ 为潜热，MJ/kg。

$$u_2 = 4.87 \times u_h / \ln(67.8 \times h - 5.42) \tag{3-24}$$

式中，u_2 为 2m 高处风速，m/s；h 为风标高度，m；u_h 为实际风速，m/s。

若无 2m 高处风速资料，可利用表 3-14 订正系数对实际测量高度的风速订正求得。

表 3-14　不同高度测量风速的修正系数表

测量高度 H(m)	0.5	1.0	1.5	2.0	3.0	4.0	5.0	6.0
订正系数	1.35	1.15	1.06	1.00	0.93	0.88	0.85	0.83

拟合公式　$C = 1.1675 - 0.205 \ln H$　（$n = 8$, $r = 0.99$; $S = 0.027$）

注：C 值引自联合国粮食及农业组织，作物需水量预测指南，1997 年修订本。

华北水利水电大学试验场近十年的平均降水量为 647 mm，平均气温为 14.5 ℃，平均日照时数为 5.6 h。根据多年气象资料和 Penman-Monteith 模式可计算得出试验场多年平均 ET_0 为 3.24 mm/d，逐旬 ET_0 值见表 3-15 和图 3-33。

表 3-15　2000～2009 年试验场逐旬 ET_0 值

月份	旬	试验场 ET_0 值									
		2000 年	2001 年	2002 年	2003 年	2004 年	2005 年	2006 年	2007 年	2008 年	2009 年
1	上旬	11.9	11.2	25.2	13.1	18.7	11.5	9.5	11.2	17.5	14.6
	中旬	7.0	7.3	12.7	18.8	12.6	13.7	14.1	14.2	8.5	17.6
	下旬	9.7	7.3	17.9	18.9	19.4	14.4	8.4	24.5	7.5	25.8
2	上旬	14.7	11.3	24.3	18.1	26.6	16.2	10.3	25.3	13.0	11.7
	中旬	17.4	13.9	25.7	13.1	36.5	8.5	20.6	21.1	18.6	18.5
	下旬	20.7	12.1	18.0	10.8	24.4	16.5	20.7	17.8	21.6	12.9
3	上旬	30.6	31.9	22.4	18.6	33.1	31.4	23.0	16.1	35.6	16.1
	中旬	32.9	33.9	32.6	18.1	36.7	32.4	33.7	19.9	37.9	37.8
	下旬	58.9	48.4	38.9	37.9	25.8	34.7	48.3	42.2	45.7	36.0
4	上旬	38.0	32.2	44.7	31.6	47.8	42.2	41.3	45.3	31.4	35.4
	中旬	50.7	43.1	50.5	46.2	53.4	44.7	37.6	42.4	30.3	38.3
	下旬	63.8	38.1	33.6	34.9	51.8	57.6	46.5	58.6	41.4	40.4
5	上旬	65.4	50.0	24.8	46.3	49.2	58.2	49.7	64.4	50.9	53.3
	中旬	65.8	61.7	33.7	37.3	57.1	38.5	48.7	73.7	48.2	32.9
	下旬	72.1	76.4	56.0	56.3	66.6	51.8	54.6	69.3	55.6	46.4
6	上旬	57.6	62.2	70.9	57.1	49.5	55.1	65.6	48.9	60.4	58.8
	中旬	64.7	50.3	67.8	64.9	52.4	62.1	76.8	48.8	37.0	59.7
	下旬	46.4	55.9	39.5	49.4	59.1	61.7	53.1	44.9	42.0	67.7
7	上旬	39.3	55.9	41.1	36.5	64.0	33.2	40.8	43.0	40.9	57.0
	中旬	39.5	63.2	66.1	33.6	39.2	42.5	40.8	39.3	36.1	32.8
	下旬	52.2	31.4	45.2	49.6	43.0	37.4	38.9	32.3	38.5	39.1
8	上旬	30.6	40.5	48.2	34.5	37.7	41.9	41.1	30.2	38.2	29.3
	中旬	42.2	38.9	36.4	25.5	28.6	44.9	46.3	44.8	36.1	47.2
	下旬	47.5	45.2	46.8	32.9	35.1	37.2	34.2	40.1	49.5	35.4

续表

月份	旬	试验场 ET$_0$ 值									
		2000 年	2001 年	2002 年	2003 年	2004 年	2005 年	2006 年	2007 年	2008 年	2009 年
9	上旬	33.5	37.7	51.5	23.5	36.4	41.5	31.5	30.4	39.8	25.3
	中旬	38.2	38.2	32.8	33.2	37.9	36.2	35.9	39.1	32.3	21.0
	下旬	22.0	28.0	38.1	31.1	29.0	20.9	29.4	36.7	19.9	26.2
10	上旬	23.3	30.0	51.6	13.9	31.1	20.1	29.9	14.7	24.0	29.8
	中旬	17.9	22.3	42.2	24.1	28.9	30.2	31.9	22.0	29.7	27.2
	下旬	13.3	24.5	17.8	38.3	26.6	24.7	27.8	29.7	28.2	33.8
11	上旬	22.4	21.2	26.7	27.9	27.3	24.5	37.0	24.9	27.1	27.0
	中旬	9.9	20.7	22.6	12.7	16.8	20.5	24.6	17.4	14.6	10.0
	下旬	12.4	20.4	13.5	9.8	18.2	24.5	10.6	24.0	23.0	13.4
12	上旬	12.9	9.9	11.9	8.2	17.3	22.1	11.2	14.3	26.0	13.8
	中旬	11.0	8.2	7.0	10.8	12.0	18.1	19.0	12.1	19.5	10.7
	下旬	17.7	14.4	7.1	21.4	6.8	22.8	13.8	11.1	20.8	18.6

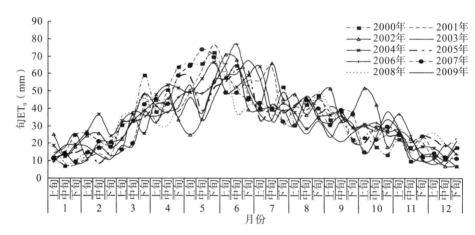

图 3-33　2000~2009 年试验场逐旬 ET$_0$ 变化规律

由图 3-34 可以看出，不同水文年对应的冬小麦各生育期参考作物需水量的变化趋势大体一致，即返青期之前，ET$_0$ 呈增加趋势，且增加幅度相对较小；返青—拔节期，ET$_0$ 呈直线下降趋势，且下降幅度较大；拔节—抽穗期又呈直线增加趋势，且幅度相对较大；抽穗—灌浆期又呈下降趋势，下降幅度相对较小；灌浆—成熟期则又呈增加趋势，且增加幅度较返青期之前的增加幅度大，较拔节—抽穗期的小。

总体来看，保证率为 25% 的水文年所对应的冬小麦各生育期的 ET$_0$ 为 4 个水文年中最小的，尤其是在返青期之前和抽穗—成熟期，分别为 132.03mm、137.07mm 和132.14mm、50.48mm、105.25mm；相对地，保证率 95% 的水文年所对应的冬小麦各生育期的 ET$_0$ 为 4 个水文年中最大的，尤其是在抽穗期前后最为突出，为 162.47mm；而保证率为 50% 和保证率为 75% 的水文年对应的冬小麦各生育期的 ET$_0$ 则介于它们二者之间。若从全生育期的角度看，保证率 95% 的水文年对应的年 ET$_0$ 最高，为 663.05mm；其次为保证率 75% 的水文年对应的年 ET$_0$，为 656.89 mm；再次为保证率 50% 的水文年

对应的年 ET_0，为 612.82 mm；保证率 25％的水文年对应的年 ET_0 最小，为 587.33mm。总体而言，不同保证率的水文年对应的冬小麦各生育期的 ET_0 在生育期各阶段均具有较强的规律性。

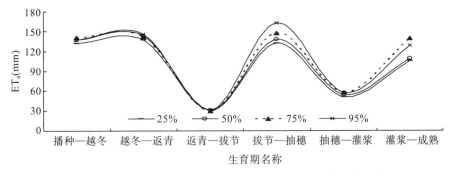

图 3-34　冬小麦不同水文年下各生育时期的参考作物需水量值

利用皮尔逊-Ⅲ型曲线，对 ET_0 计算结果进行了频率分析，确定了冬小麦在几个主要保证率(25％、50％、75％、95％)下的不同生育阶段的 ET_0 值。根据式(3-3)计算得出逐旬 ET_0 值，然后经频率分析后获得的冬小麦不同水文年下各生育时期的参考作物需水量值见表 3-16 和图 3-34。

表 3-16　冬小麦在几个典型水文年下各生育时期的 ET_0 值　　　　　(单位：mm)

不同保证率的水文年	播种—越冬	越冬—返青	返青—拔节	拔节—抽穗	抽穗—灌浆	灌浆—成熟	全生育期
25％	132.03	137.07	30.36	132.14	50.48	105.25	587.33
50％	136.97	144.05	31.48	137.60	54.11	108.61	612.82
75％	140.88	142.41	29.61	147.45	57.45	139.09	656.89
95％	137.25	146.17	31.23	162.47	57.4	128.53	663.05

2. 不同水文年冬小麦的作物需水量

(1)作物系数 K_c。作物系数是计算作物需水量的重要参数，它反映了作物本身的生物学特性、产量水平、土壤耕作条件对作物需水量的影响。作物需水量可用作物系数法计算求得，即

$$ET_c = K_c \cdot ET_0 \tag{3-25}$$

式中，ET_c 为作物潜在腾发量；ET_0、K_c 分别为参考腾发量和作物系数。

ET_0 反映了气象条件对作物需水量的影响，K_c 则反映了不同作物的差别。这些差别主要包括以下几个方面：①由作物高度不同而引起的动量传输和水汽传输糙率的差异；②由作物叶面积、叶龄条件、气孔开度、地面覆盖率和地面湿润程度不同而造成的表面阻力差异；③反射率的差异，这也是由叶面积、叶龄、地面覆盖率和地面湿润程度不同而造成的。

作物系数受土壤、气候、作物生长状况和管理措施等诸多因素影响，因此确定作物系

数的主要方法是通过当地的田间试验，在能够控制或监测进出水量的试验小区内，实测某种作物在水分适宜条件下的腾发量，从而反求作物系数。选用平水年条件下的ET_0值，根据在适宜水分条件下的实测需水量资料计算得到的冬小麦的作物系数见表 3-17 和图 3-35。

表 3-17   冬小麦各生育阶段的作物系数

生育阶段	播种—越冬	越冬—返青	返青—拔节	拔节—抽穗	抽穗—灌浆	灌浆—成熟	全生育期
ET_0(mm)	194.35	76.48	36.10	111.63	50.16	132.44	601.16
ET_c(mm)	89.40	25.24	33.84	135.07	57.68	119.20	460.43
K_c	0.46	0.33	0.94	1.21	1.15	0.90	0.76

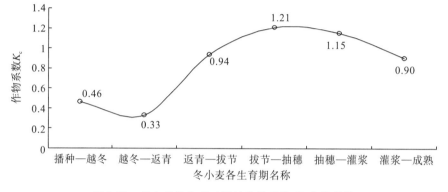

图 3-35   冬小麦各生育时期的作物系数 K_c 变化规律

由表 3-17 和图 3-35 可知，在冬小麦的整个生育期中，拔节—抽穗期阶段的作物系数 K_c 最高，为 1.21；其次为抽穗—灌浆期，为 1.15；作物系数 K_c 最小的阶段是返青期前后，为 0.33；其他阶段则在 0.46~0.90。

(2)冬小麦的作物需水量 ET_c。基于前述不同保证率水文年冬小麦各生育期的参考作物需水量，以及冬小麦作物系数 K_c 的计算结果，可依据作物需水量的计算公式，求得不同保证率水文年冬小麦各生育期的实际需水量(表 3-17 和图 3-36)。

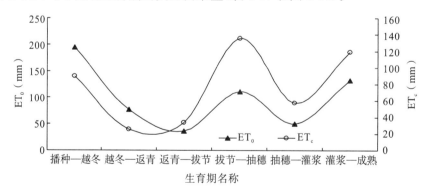

图 3-36   冬小麦各生育时期的 ET_0 和 ET_c 的变化规律

结果表明，在冬小麦各个生育期阶段，其参考作物需水量 ET_0 和实际需水量 ET_c 的变化规律基本一致，即拔节期之前均呈下降趋势；拔节—抽穗期阶段逐渐上升；抽穗—灌浆期则又开始下降，且下降幅度略高于拔节期之前；灌浆—成熟期阶段又呈上升趋势。

从 ET_0 的变化趋势看，播种—越冬期的最高，为 194.35mm；其次为灌浆—成熟期，为 132.44mm；ET_0 取值最小的阶段为返青—拔节期，为 36.10mm；其他阶段的则在 50.16～111.63mm。从 ET_c 的变化规律看，拔节—抽穗期的最高，为 135.07mm；其次为灌浆—成熟期，为 119.20mm；ET_c 最小的阶段为越冬—返青期，为 25.24mm；其他阶段的则在 33.84～89.40mm。

由上可知，冬小麦的 ET_0 和 ET_c 的变化规律虽然基本一致，但出现峰的阶段却有差别。这说明，作物系数 K_c 对冬小麦实际耗水量的影响较大。

(二)不同水文年冬小麦生长期间的有效降水量

利用皮尔逊-Ⅲ型曲线对降水量进行了频率分析，确定了几个主要保证率(25%、50%、75%、95%)下的年降水量。然后，以与不同水文年的年降水量数值相近年份的降水资料的平均值为基础，将计算得到的各保证率下的年降水量值按月、旬进行分配，计算确定了几个主要保证率下(25%，50%、75%、95%)的逐月、逐旬降水量值和冬小麦各生育期间的有效降水量(表 3-18)。

表 3-18　冬小麦生育期内不同典型水文年下的有效降水量　　　　(单位：mm)

不同保证率的水文年	降水量						
	播种—越冬	越冬—返青	返青—拔节	拔节—抽穗	抽穗—灌浆	灌浆—成熟	全生育期
25%	80.99	51.37	11.25	62.79	39.57	77.63	323.60
50%	75.52	30.00	5.57	48.94	21.02	61.22	242.27
75%	50.94	42.74	14.33	46.38	21.44	56.60	232.43
95%	38.21	37.14	7.83	43.69	25.45	25.74	178.06

由表 3-18 和图 3-37 可以看出，保证率为 25%、50%、75% 和 95% 的水文年，冬小麦各生育期降水量的变化规律大体一致，即返青—拔节期以前均呈下降趋势；拔节—抽穗期阶段开始逐渐上升；抽穗—灌浆期则又开始下降，且下降幅度略低于拔节期之前；灌浆—成熟期阶段又呈上升趋势。这与前述冬小麦的 ET_0 和 ET_c 的变化规律相似。

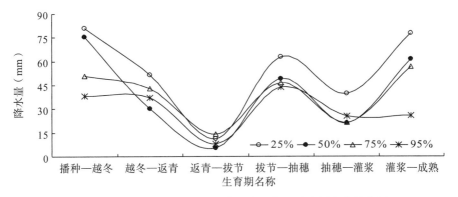

图 3-37　冬小麦不同水文年下各生育时期的降水量变化趋势图

总体来看，各水文年中，保证率为 25% 对应的冬小麦各生育阶段的降水量最高。其他 3 个则相对较小。各保证率对应的水文年中，在拔节期之前差别相对较大；拔节—抽穗期差异相对较小；抽穗—成熟期则主要是保证率为 25％ 对应的降水量，和其他 3 个差别较大，而 50％、75％ 和 95％ 间的降水量差别较小。

(三)不同水文年冬小麦的净灌溉需水量

1. 不同水文年冬小麦灌溉需水量

根据式(3-3)计算得到不同水文年冬小麦各生育时期的参考作物需水量 ET_0，再利用求得的冬小麦不同生育时期的作物系数 K_c，计算不同典型水文年下冬小麦不同生育阶段的需水量及全生长期需水总量(表 3-19)。

表 3-19　不同典型水文年冬小麦各生育时期的需水量　　　　　(单位：mm)

不同保证率的水文年	需水量						
	播种—越冬	越冬—返青	返青—拔节	拔节—抽穗	抽穗—灌浆	灌浆—成熟	全生育期
25％	60.73	45.23	28.54	159.89	58.05	94.73	447.17
50％	63.01	47.54	29.59	166.50	62.23	97.75	466.62
75％	64.80	47.00	27.83	178.41	66.07	125.18	509.29
95％	63.14	48.24	29.36	196.59	66.01	115.68	519.02

由表 3-19 和图 3-38 可知，在不同保证率对应的水文年，冬小麦在不同生育阶段的变化规律大体相似，即返青—拔节期以前缓慢下降；拔节—抽穗期逐渐上升；抽穗—灌浆期则又开始下降，且下降幅度大于返青—拔节期之前；而灌浆—成熟期又呈上升趋势，且增加幅度小于返青—拔节期。这与前述冬小麦的 ET_0、ET_c、降水量变化规律相似。若从全生育期的角度看，不同保证率对应的水文年中，返青—拔节期之前差别较小，拔节—成熟期差别较大。

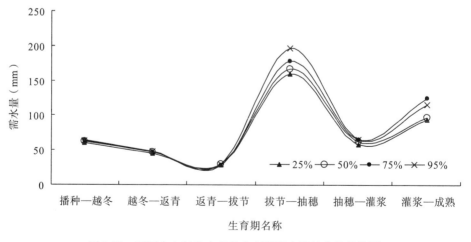

图 3-38　不同水文年冬小麦各生育期需水量的变化趋势图

研究进一步表明，4 个保证率对应的水文年中，保证率 95％ 的水文年所对应的冬小麦各生育期的需水量最大；其次为保证率 75％ 的；再次为保证率 50％ 的；冬小麦各生育期的需水量最小的则就是保证率为 25％ 的水文年，即保证率越高的水文年对应的冬小麦需水量越大。

2. 不同水文年冬小麦净灌溉需水量

作物缺水量是指在自然条件下，天然降水不能满足作物正常生长发育需要的那部分水量，即各生育时段内的作物需水量与有效降水量的差值。它既不考虑为改善作物生长发育环境（如防干热风、洗盐压盐等）所需的那部分水量，也不考虑作物根系吸收利用其主要活动层以下层次的土壤水分。作物净灌溉需水量则是指为了满足作物的正常生长发育要求，在天然条件下，需要通过灌溉补充的作物亏缺水量，以及为了改善作物生长环境条件所需增加的灌溉水量之和，然后再减去作物生育期地下水毛管上升补给量与土壤储水量的变化。根据前述研究成果，可确定出不同典型水文年冬小麦各生育时期的净灌溉需水量的计算结果，具体如下。

表 3-20 和图 3-39 表明，在不同保证率的水文年中，冬小麦净灌溉需水量的变化规律和前述冬小麦灌溉需水量的变化规律大体相似，但也存在差别。尤其是对于保证率为 25％和 95％的水文年，冬小麦净灌溉需水量在抽穗期之前均呈上升趋势，而在拔节期之前则呈下降趋势，拔节—抽穗期呈上升趋势。总体来看，不是保证率越高，冬小麦全生育期的净灌溉需水量就越大。

表 3-20　不同典型水文年冬小麦各生育时期的净灌溉需水量

不同保证率的水文年	净灌溉需水量						
	播种—越冬	越冬—返青	返青—拔节	拔节—抽穗	抽穗—灌浆	灌浆—成熟	全生育期
25％	−20.26	−6.14	17.29	97.1	18.48	17.10	123.57
50％	−12.51	17.54	24.02	117.56	41.21	36.53	224.35
75％	13.86	4.26	13.50	132.03	44.63	68.58	276.86
95％	24.93	11.10	21.53	152.87	40.56	89.94	340.93

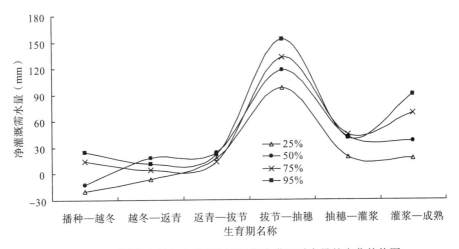

图 3-39　不同水文年冬小麦各生育时期净灌溉需水量的变化趋势图

（四）冬小麦节水高效灌溉制度的制定

根据前面的分析确定了冬小麦产量最高时的耗水量，以及水分利用效率最高时的耗水量。作物需要灌溉的水量为非充分灌溉时的耗水量与生育期内有效降水量的差值。要想获得高产，就要充分满足作物的需水要求，但这在水资源相对较为充足的条件下才能满足，如果遇到连年干旱，或者当地的水资源量有限，可供调用的水量可能满足不了农业灌溉水量的需求。这种情况下，不可能按作物的需求供水，而只能根据当地各个时期可供水量和需要灌溉的作物面积分配水量进行灌溉，即实施非充分灌溉。

在非充分灌溉条件下，作物的减产程度随着不同作物及作物不同生育阶段的缺水程度而异，水分亏缺历时越长，程度越大，对作物产量的影响也越大。因此，研究限额供水的灌溉制度问题，就是要根据作物产量与各阶段耗水量的关系，在弄清作物在不同生长时期缺水减产程度的基础上，对可供水量进行最合理的分配，最终达到单位水量产值最大或区域总产量最大的目标。在这种情况下，遵循的一条主要原则就是要浇好作物增产的关键水。由于采用动态规划方法，可按时间顺序，将某种作物的整个生育期划分为若干个阶段，把作物灌溉制度的优化设计过程看作是一个多阶段决策过程，认为各阶段决策所组成的最优策略可使整个过程的效果达到最优，因此，研究时根据前述产量与阶段耗水量的关系（Jenson 模型），利用动态规划法，对冬小麦的最优灌溉制度进行了分析，结果见表 3-21。

表 3-21　不同典型水文年的冬小麦优化灌溉制度

不同保证率的水文年	灌溉可用水量(mm)	生育阶段与灌水时期						Y/Y_m
		播种—越冬	越冬—返青	返青—拔节	拔节—抽穗	抽穗—灌浆	灌浆—成熟	
25%	0	0	0	0	0	0	0	0.9103
	60	0	0	0	60	0	0	0.9764
50%	60	0	60	0	0	0	0	0.8245
	120	0	0	0	60	60	0	0.9037
	180	0	60	60	0	60	0	0.9725
75%	60	0	0	0	60	0	0	0.7542
	120	0	60	0	0	60	0	0.8729
	180	0	60	0	60	0	60	0.9571
95%	120	0	0	0	60	60	0	0.7825
	180	0	60	0	60	0	60	0.8756
	240	60	60	0	60	0	60	0.9480

第三节　夏玉米节水高效灌溉制度研究

为顺利展开夏玉米高效灌溉制度的研究，本次试验设置了适宜水分处理、苗期轻旱、苗期重旱、拔节期轻旱、拔节期重旱、抽雄期轻旱、抽雄期重旱、灌浆期轻旱、灌浆期重旱和全生育期轻旱 10 个水分处理，并以适宜水分处理条件下的试验结果为基准，将其他水分亏缺条件下的研究结果与其对照，最终确定合适的夏玉米节水高效灌溉制度。本节主要展开了夏玉米对水分亏缺响应的研究和水分生产函数的研究。

一、作物对水分亏缺的响应

夏玉米对水分亏缺响应的研究主要从其株高、产量性状、耗水量和水分利用效率 4 个方面展开，详细内容如下。

(一)水分亏缺对株高的影响

研究表明，在夏玉米生育期的各个阶段，9 个水分亏缺条件下的夏玉米株高大部分都低于适宜水分处理的。这表明，无论在夏玉米的哪个生育阶段遭遇轻旱或重旱及全生育期轻旱，都会使其株高下降。拔节期重旱和抽雄期重旱对夏玉米株高的影响最大。就 10 个水分处理情况而言，夏玉米在整个生育期的变化趋势基本一致，即在夏玉米的整个生育期，其株高一直呈增加趋势，然而，增加的幅度却有一定的差别，即 7 月 22 日之前，增加幅度较高；7 月 22 日之后，增加幅度明显减小。

研究进一步表明，夏玉米生长前期，不同水分处理的株高差异较小；到拔节期、抽雄期，低水分处理对夏玉米株高的影响才明显表现出来(表 3-22，图 3-40)。从夏玉米中后期的生长情况来看，不同水分处理条件下的夏玉米株高均有随着土壤水分的降低而呈下降的趋势。

表 3-22　不同生育期干旱夏玉米株高的变化

处理	株高 cm						
	6 月 22 日	7 月 2 日	7 月 12 日	7 月 22 日	8 月 2 日	8 月 12 日	8 月 22 日
适宜水分	58	105	156	198	207	210	210
苗期轻旱	57	100	145	190	208	213	214
苗期重旱	50	94	140	192	200	211	212
拔节期轻旱	55	98	138	193	195	206	209
拔节期重旱	56	97	130	189	192	204	206
抽雄期轻旱	54	99	140	183	190	210	210
抽雄期重旱	58	100	142	180	189	205	206
灌浆期轻旱	55	101	141	192	200	209	209
灌浆期重旱	57	103	150	194	197	209	210
全生育期轻旱	54	102	152	195	200	210	210

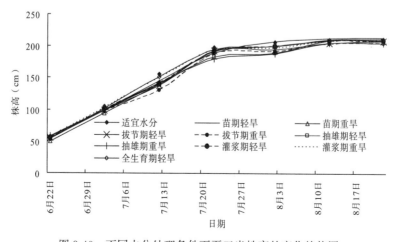

图 3-40　不同水分处理条件下夏玉米株高的变化趋势图

（二）水分亏缺对产量性状的影响

水分调控能调节作物地上和地下部分的生长，并最终表现在产量性状及产量构成上。本次研究中，有关夏玉米的产量性状主要包括果穗长、秃尖长、穗粗、行数、百粒重和产量，具体研究结果如下。

1. 水分亏缺对夏玉米果穗长的影响

果穗长是衡量夏玉米性状的第一项指标，它的大小直接影响夏玉米产量的高低。由表 3-23 和图 3-41 可以看出，9 个水分亏缺条件下的夏玉米果穗长仅灌浆期轻旱、抽雄期轻旱时高于适宜水分条件下的，其他的均低于。其中，在抽雄期发生重旱时，果穗长最小，为 16.43cm。这说明，在夏玉米各生育期遭遇不同程度的干旱均会造成夏玉米果穗长的减少，即致使夏玉米产量减少。

表 3-23　夏玉米不同生育期干旱处理下的产量性状

处理	果穗长（cm）	秃尖长（cm）	穗粗（cm）	行数（行）	百粒重（g）	产量（kg/hm²）
适宜水分	18.11	0.64	5.12	15.2	27.84	7590
苗期轻旱	18.04	0.62	5.05	15.1	27.13	6840
苗期重旱	17.79	0.72	4.83	14.8	26.54	5535
拔节期轻旱	18.04	0.57	4.93	14.9	27.54	6435
拔节期重旱	17.53	0.83	4.75	15.1	26.43	5360
抽雄期轻旱	18.21	0.86	5.09	15.2	27.43	6350
抽雄期重旱	16.43	1.03	4.89	14.7	22.43	5110
灌浆期轻旱	18.14	0.74	5.13	15.4	27.83	6455
灌浆期重旱	17.42	1.12	4.87	14.6	24.82	5885
全生育期轻旱	17.11	0.79	4.81	14.7	23.21	5460

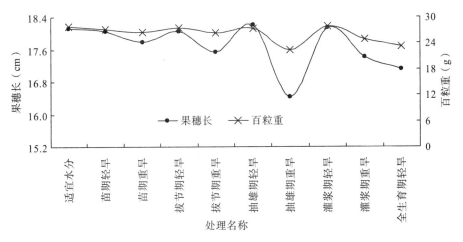

图 3-41　不同生育期干旱夏玉米果穗长与百粒重的关系

2.水分亏缺条件下夏玉米果穗长与百粒重、秃尖长、穗粗及行数的关系

(1)夏玉米果穗与百粒重的关系。百粒重是衡量夏玉米性状的第二项指标，表 3-23 和图 3-41 说明，9 个水分亏缺条件下的夏玉米百粒重均低于适宜水分条件下的。其中，抽雄期重旱时，百粒重最小，为 22.43g。这说明，在夏玉米各生育期遭遇干旱均会致使其百粒重下降，即直接造成夏玉米减产。

研究进一步表明，夏玉米果穗长较长时，其百粒重也相对较高，如抽雄期轻旱、灌浆期轻旱、适宜水分、苗期轻旱时，果穗长分别为 18.21cm、18.14cm、18.11cm 和 18.04cm，属 10 个处理中夏玉米果穗长最长的 4 个，对应的百粒重则分别是 27.43g、27.83g、27.84g 和 27.13g，为 10 个处理中最高的 4 项。对应地，夏玉米较短时，其百粒重也相对较小，如抽雄期重旱、全生育期轻旱时，果穗长分别为 16.43cm 和 17.11cm，属 10 个处理中夏玉米果穗长最短的两个，而对应的百粒重则为 22.43g、23.21g，属 10 个处理中最低的两项。换言之，9 个水分亏缺处理中，抽雄期轻旱、灌浆期轻旱、苗期轻旱时，果穗长相对较长，百粒重也相对较高；而抽雄期重旱、全生育期轻旱时，果穗长相对较短且百粒重较低。

(2)夏玉米果穗与秃尖长的关系。秃尖长是衡量夏玉米性状的第三项指标，试验结果显示，不同水分亏缺条件下的夏玉米秃尖长，除拔节期轻旱时小于适宜水分外，其余的均大于。其中，灌浆期重旱时，秃尖长最长，为 1.12cm(图 3-42)。这说明，在夏玉米不同生育期有不同程度的干旱发生时，秃尖长基本上会增长。

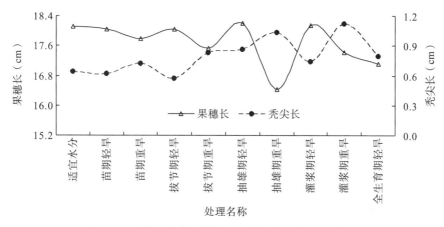

图 3-42　不同生育期干旱夏玉米果穗长与秃尖长的关系

研究进一步表明，夏玉米果穗长较长时，其秃尖长相对较短，如灌浆期轻旱、适宜水分、苗期轻旱时，其夏玉米果穗长就属 10 个处理中相对较长的，而对应的秃尖长则分别为 0.74cm、0.64cm 和 0.62cm，为秃尖长从长到短排序的第 6 位、第 8 位和第 9 位。对应地，夏玉米果穗长较短时，秃尖长就较长，如抽雄期重旱、全生育期轻旱时，夏玉米果穗长属 10 个处理中最短的两个，而对应的秃尖长则为 1.03cm、0.79cm，是秃尖长从长到短排序的第 2 位、第 5 位。这表明，9 个水分亏缺处理中，灌浆期轻旱、苗期轻旱时，果穗长相对较长，秃尖长相对较短；而抽雄期重旱、全生育期轻旱时，果穗长相对

较短、秃尖长相对较长。

(3)夏玉米果穗长与穗粗的关系。穗粗是衡量夏玉米性状的第四项指标，试验结果表明，不同水分亏缺条件下的夏玉米穗粗，除灌浆期轻旱大于适宜水分外，其余均小于。尤其是拔节期重旱时，穗粗最小，为 4.75cm，其他均在 4.81～5.09cm。由此说明，在夏玉米各生育期发生不同程度干旱时，穗粗基本上会减少。

图 3-43 表明，夏玉米果穗长较长时，其穗粗相对就大，以抽雄期轻旱、灌浆期轻旱、适宜水分、苗期轻旱为例，其夏玉米果穗长是 10 个处理中相对较长的 4 个，对应的穗粗则分别是 5.09cm、5.13cm、5.12cm 和 5.05cm，其在 10 个处理中属穗粗较大的 4 项。对应地，夏玉米果穗长较短时，穗粗就较小，如抽雄期重旱、全生育期轻旱时，是 10 个处理中夏玉米果穗长最短的两个，而对应的穗粗则分别为 4.89cm、4.81cm，是穗粗从大到小的排序的第 6 位、第 9 位。由此表明，9 个水分亏缺处理中，灌浆期轻旱、苗期轻旱时，果穗长相对较长、穗粗相对较大；而抽雄期重旱、全生育期轻旱时，果穗长相对较短、穗粗相对较小。

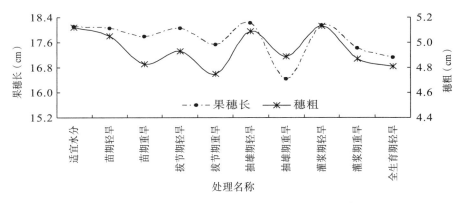

图 3-43   不同生育期干旱夏玉米果穗长与穗粗的关系

(4)夏玉米果穗长与行数的关系。衡量夏玉米性状的第五项指标是行数，试验结果表明，9 个水分亏缺条件下的夏玉米行数，除灌浆期轻旱大于适宜水分外，其余均小于等于，灌浆期重旱尤其明显，行数最少，为 14.6 行，其他均在 14.7～15.1 行。进一步说明，夏玉米不同生育期发生干旱，基本上会造成行数减少。

研究结果还显示，夏玉米果穗长较长时，其行数就较多，以抽雄期轻旱、灌浆期轻旱、适宜水分、苗期轻旱为例，其夏玉米果穗长为 10 个处理中相对较长的，对应的行数则分别是 15.2 行、15.4 行、15.2 行和 15.1 行，是 10 个处理中行数最多的 4 项。对应地，夏玉米果穗长较短时，行数也就较少，如抽雄期重旱、全生育期轻旱时，夏玉米果穗长为 10 个处理中最短的两项，而对应的行数则均为 14.7 行，属 10 个处理中行数最少的(图 3-44)。这说明，9 个水分亏缺处理中，灌浆期轻旱、苗期轻旱时，果穗长相对较长、行数相对较多；而抽雄期重旱、全生育期轻旱时，果穗长相对较短、行数相对较少。

综上，夏玉米果穗长较长时，对应的百粒重相对较高、秃尖长相对较短、穗粗相对较大、行数相对较多。在水分亏缺的条件下，抽雄期轻旱、灌浆期轻旱、苗期轻旱时，果穗长相对较长，百粒重也相对较高、秃尖长相对较短、穗粗相对较大、行数相对较多；

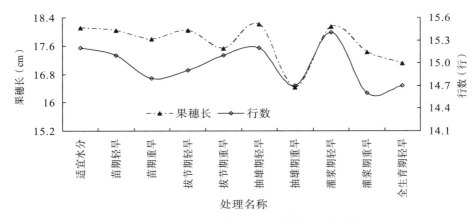

图 3-44　不同生育期干旱夏玉米果穗长与行数的关系

而抽穗期重旱、全生育期轻旱时，果穗长相对较短，百粒重较低、秃尖长较长、穗粗较小、行数较少。

　　3.水分亏缺条件下秃尖长与百粒重、穗粗及行数的关系

　　(1)水分亏缺条件下秃尖长与百粒重的关系。试验结果显示，秃尖长较长的，百粒重就较小，如灌浆期重旱、抽雄期重旱时，前者分别为 1.12cm 和 1.03cm，属 10 个水分处理中秃尖长最长的两项，对应地，后者分别为 24.82g 和 22.43g，在不同水分亏缺处理中居倒数第 3 位和倒数第 1 位。相反地，秃尖长较短，百粒重较大，如苗期重旱和苗期轻旱，前者分别为 0.72cm、0.62cm，是秃尖长从长到短排序的第 7 位、第 9 位，而对应的百粒重则分别为 26.54g 和 27.13g，属百粒重按从高到低排序的第 6 位和第 5 位(图 3-45)。

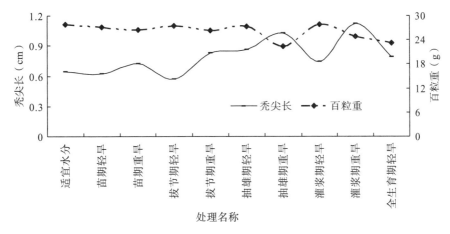

图 3-45　不同生育期干旱夏玉米秃尖长与百粒重的关系

　　(2)水分亏缺条件下秃尖长与穗粗的关系。研究表明，秃尖长较长的，穗粗就较小；秃尖长较短的，穗粗就较大。例如，灌浆期重旱、抽雄期重旱时，前者分别为 1.12cm 和 1.03cm，为不同水分处理中秃尖长最长的两项，对应地，后者分别是 4.87cm 和 4.89cm，为穗粗按大到小排序的第 7 位和第 6 位。相反地，苗期轻旱和苗期重旱时，秃尖长是按从长到短排序的第 9 位、第 7 位，而对应的穗粗则分别为 5.05cm 和 4.83cm，

属穗粗按从大到小排序的第 4 位和第 8 位(图 3-46)。总体看,二者呈反方向变化。

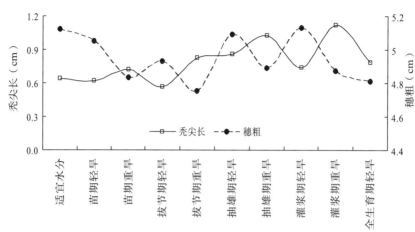

图 3-46　不同生育期干旱夏玉米秃尖长与穗粗的关系

(3)水分亏缺条件下秃尖长与行数的关系。图 3-47 表明,秃尖长较长的,行数就较少;秃尖长较短的,行数就较多。以灌浆期重旱、抽雄期重旱为例,它们是不同水分处理中秃尖长最长的两项,而后者分别为 14.6 行和 14.7 行,属行数中最少的两项。相反地,苗期轻旱和苗期重旱时,秃尖长是按从长到短排序的第 9 位、第 7 位,而对应的行数则分别为 15.1 行和 14.8 行,为行数按从多到少排序的第 3 位和第 5 位。

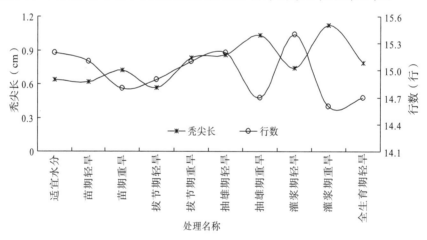

图 3-47　不同生育期干旱夏玉米秃尖长与行数的关系

由此可知,秃尖长较长的,百粒重、穗粗就较小,行数就较少;秃尖长较短的,百粒重、穗粗就较大,行数就较多。总体看,不同水分亏缺条件下,秃尖长与百粒重、穗粗和行数的变化规律呈反方向。与适宜水分条件下的结果比,不同水分亏缺处理时,均会出现一些不良影响。

4.水分亏缺条件下穗粗与百粒重及行数的关系

(1)水分亏缺条件下穗粗与百粒重的关系。研究结果表明,穗粗较大时,百粒重较高；穗粗较小时，百粒重较低。例如，灌浆期轻旱、适宜水分、抽雄期轻旱、苗期轻旱时，穗粗分别为5.13cm、5.12cm、5.09cm和5.05cm，属10个处理中夏玉米穗粗最大的4项，对应的百粒重则分别是27.83g、27.84g、27.43g和27.13g，为10个处理中较高的4项。相反地，灌浆期重旱、全生育期轻旱时，分别为4.87cm和4.81cm，为穗粗按从大到小排序的第7位和第9位，对应的百粒重则为24.82g、23.21g，是10个处理中产量按从高到低排序的第8位和第9位。与适宜水分处理相比，各水分亏缺处理的穗粗与百粒重就有不同程度的减少(图3-48)。

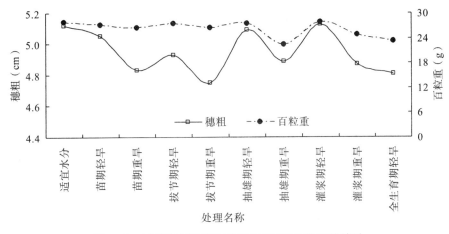

图3-48　不同生育期干旱夏玉米穗粗与百粒重的关系

(2)水分亏缺条件下穗粗与行数的关系。图3-49表明，穗粗较大时，行数较多；穗粗较小时，行数较少。仍以灌浆期轻旱、适宜水分、抽雄期轻旱、苗期轻旱时为例，穗粗属不同水分处理中最大的4项，对应的行数则分别是15.4行、15.2行、15.2行和15.1行，为10个处理中最多的4项。相反地，灌浆期重旱、全生育期轻旱时，为穗粗按从大到小排序的第7位和第9位，对应的行数则为14.6行、14.7行，是行数按从多到少排序的第7位和第6位。与适宜水分处理相比，各水分亏缺处理中，除灌浆期轻旱的穗粗与行数较其高以外，其他的均有不同程度的减少。

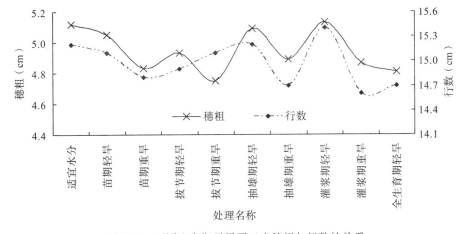

图3-49　不同生育期干旱夏玉米穗粗与行数的关系

总体看，穗粗较大时，百粒重较高、行数较多；穗粗较小时，百粒重较低、行数较少，即穗粗与百粒重和行数的变化规律大体一致。就整体而言，与适宜水分相比，不同水分亏缺处理下，穗粗、行数、百粒重均有不同程度的减少或降低。

5.水分亏缺条件下行数与百粒重的关系

研究进一步表明，行数较多，百粒重较高；行数较少，百粒重较低，具体见表3-23和图3-50。然而，从整体来看，与适宜水分处理相比，9个水分亏缺处理中，行数和百粒重均有不同程度的减少。

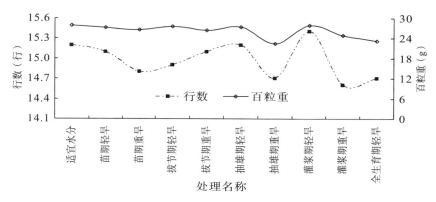

图 3-50　不同生育期干旱夏玉米穗粗与行数的关系

综上，不同生育时期的受旱对夏玉米穗部性状的影响程度不同。不同生育期重度水分胁迫的产量低于轻度水分胁迫。抽雄期重旱的产量最低，表明此阶段缺水对夏玉米产量的影响最大。

（三）水分亏缺对耗水量的影响

夏玉米耗水量多少也受干旱时期和干旱程度的影响，适宜水分处理的最高，为384.08 mm，全生育期连续轻旱的最低，为256.11 mm，从不同生育期干旱来看，苗期重旱处理的耗水量最低，为258.09 mm；任一生育阶段，干旱越重，其阶段耗水量和全期耗水量越少（表3-24）。不同处理日耗水量的变化趋势均为播种出苗后逐渐增加，到抽雄—灌浆期达到高峰，随后逐渐降低；任何生育阶段受旱，其日耗水量均随干旱程度的加重而降低（图3-51）。

表 3-24　不同生育期干旱处理下夏玉米的耗水量

处理	阶段耗水量（mm）				全生长期（mm）
	播种—拔节	拔节—抽雄	抽雄—灌浆	灌浆—成熟	
适宜水分	112.34	92.13	65.28	114.33	384.08
苗期轻旱	96.40	80.39	53.14	89.87	319.80
苗期重旱	60.81	72.65	50.62	74.01	258.09
拔节期轻旱	113.86	71.40	45.09	61.92	292.27
拔节期重旱	111.82	62.46	44.33	61.19	279.80

处理	阶段耗水量(mm)				全生长期(mm)
	播种—拔节	拔节—抽雄	抽雄—灌浆	灌浆—成熟	
抽雄期轻旱	110.05	88.36	46.54	84.05	329.00
抽雄期重旱	109.69	84.43	33.59	64.10	291.81
灌浆期轻旱	107.60	88.03	60.70	64.55	320.87
灌浆期重旱	110.74	87.83	56.75	54.65	309.96
全生育期轻旱	93.91	64.83	45.59	51.78	256.11

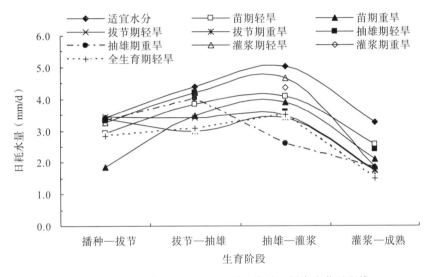

图 3-51　不同生育期干旱处理下夏玉米的日耗水变化过程线

表 3-25 给出了不同灌水次数下夏玉米各生育期的耗水量。夏玉米的阶段耗水量和全期耗水量随着灌水次数的减少呈减少趋势，灌水 4 次的耗水量最高，为 378.93 mm，苗期水、灌浆水处理的最低，为 239.34 mm；灌水 3 次处理的耗水量为 278.61～315.66 mm，同样是灌水 3 次，灌水定额都相同，由于灌水时期组合不同会造成耗水量出现较大差异，凡是在 3 个连续生育阶段灌水的处理(拔节水、抽雄水、灌浆水，苗期水、拔节水、抽雄水)，耗水量均较高，中间出现哪个生育阶段不灌水，就会造成耗水量降低，如苗期水、抽雄水、灌浆水和苗期水、拔节水、灌浆水处理，其中灌水时期早的耗水量就大些。在 2 次灌水的处理中，只要两个连续的生育阶段不灌水，就会造成其耗水量最低，如苗期水、灌浆水的处理。不同灌水次数处理的日耗水量的变化规律与不同生育期干旱处理的相似，哪个生育阶段不灌水均会导致该阶段日耗水量降低，并对以后阶段的日耗水产生一定的后效影响，苗期水、灌浆水处理的日耗水量最低，4 次灌水处理的最高(图 3-52)。

表 3-25　不同灌水次数处理下夏玉米的耗水量

处理	阶段耗水量(mm)				全生长期 (mm)
	播种—拔节	拔节—抽雄	抽雄—灌浆	灌浆—成熟	
苗期水、拔节水、抽雄水、灌浆水	113.01	93.92	64.01	107.99	378.93
拔节水、抽雄水、灌浆水	84.89	85.56	58.65	86.56	315.66
苗期水、抽雄水、灌浆水	100.65	60.48	45.07	72.42	278.61
苗期水、拔节水、灌浆水	106.55	87.76	43.81	61.74	299.86
苗期水、拔节水、抽雄水	108.35	86.59	60.36	59.08	314.38
苗期水、拔节水	106.64	94.82	36.83	46.40	284.68
苗期水、抽雄水	104.76	63.38	46.83	77.62	292.59
苗期水、灌浆水	107.70	46.73	31.13	53.79	239.34

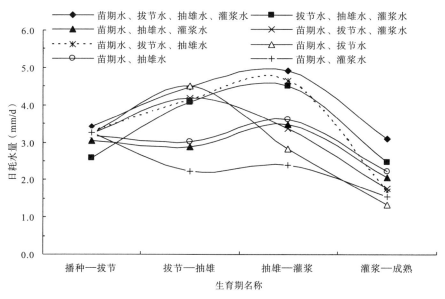

图 3-52　不同灌水次数处理下夏玉米的日耗水量变化过程线

（四）水分亏缺对水分利用效率的影响

由表 3-26 和图 3-53 可知，夏玉米拔节期轻旱处理的水分利用效率最高，为
2.202 kg/m³，比适宜水分处理提高 11.44%，其次是苗期重旱处理，抽雄期重旱处理的
水分利用效率最低，为 1.751 kg/m³，适宜水分处理的居中。可见，在夏玉米的苗期适
当地进行水分胁迫可以提高水分利用效率（8.25%），使产量减少 9.88%、节水 16.73%。

表 3-26　不同生育期干旱处理下夏玉米的水分利用效率（WUE）

项目	处理									
	适宜水分	苗期轻旱	苗期重旱	拔节期轻旱	拔节期重旱	抽雄期轻旱	抽雄期重旱	灌浆期轻旱	灌浆期重旱	全生育期轻旱
产量(kg/hm²)	7590.0	6840.0	5535.0	6435.0	5360.0	6350.0	5110.0	6455.0	5885.8	5460.0

续表

项目	处理									
	适宜水分	苗期轻旱	苗期重旱	拔节期轻旱	拔节期重旱	抽雄期轻旱	抽雄期重旱	灌浆期轻旱	灌浆期重旱	全生育期轻旱
耗水量(m³/ hm²)	3840.6	3198.0	2580.9	2922.7	2798.0	3290.0	2918.1	3208.7	3099.6	2561.1
耗水减少(%)	0.00	16.73	32.80	23.90	27.15	14.34	24.02	16.45	19.29	33.32
WUE(kg/m³)	1.976	2.139	2.145	2.202	1.916	1.930	1.751	2.012	1.899	2.132
ΔWUE (%)	0	8.25	8.55	11.44	−3.04	−2.33	−11.39	1.82	−3.90	7.89

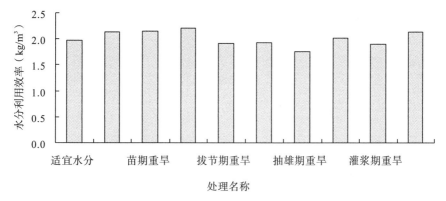

图 3-53　水分亏缺条件下夏玉米水分利用效率的变化趋势

从灌水次数对夏玉米水分利用效率(表 3-27 和图 3-54)的影响可知，随着灌水次数的减少，水分利用效率有由增加到减少的趋势，而产量和耗水量呈降低趋势，4 次灌水的产量最高，水分利用效率居中，为 2.143 kg/m³，苗期水、抽雄水、灌浆水处理的水分利用效率最高，为 2.695 kg/m³，比 4 次灌水提高 25.76%；4 次灌水的水分利用效率与苗期水、拔节水、灌浆水的相当；在 3 次灌水的处理中，耗水量的减少率为 16.70%~26.47%，水分利用效率的增加率为 1.45%~25.76%，其中以灌抽雄水的水分利用效率高，没灌抽雄水的最低，水分利用效率的变化率是耗水量的 2 倍多，可见产量变化大是影响水分利用效率变化的主要原因；2 次灌水处理中以苗期水、拔节水的水分利用效率最低，为 1.769 kg/m³，比 4 次灌水的减少 17.45%，以苗期水、抽雄水的最高，为 2.222 kg/m³，比 4 次灌水的增加 3.69%。不论从产量来看，还是从水分利用效率来看，灌抽雄水比拔节水和灌浆水重要。因此，前期、中期供水是打好高产架子的基础，在水资源不足的情况下，应优先把水资源分配到抽雄期和拔节期。

表 3-27　不同灌水次数处理下夏玉米的水分利用效率(WUE)

灌水时期	产量 (kg/hm²)	耗水量 (m³/ hm²)	耗水减少 (%)	WUE (kg/m³)	ΔWUE (%)
苗期水、拔节水、抽雄水、灌浆水	8120.0	3789.27	0	2.143	0.00
拔节水、抽雄水、灌浆水	7480.0	3156.65	16.70	2.370	10.59
苗期水、抽雄水、灌浆水	7510.0	2786.13	26.47	2.695	25.76
苗期水、拔节水、灌浆水	6520.0	2998.63	20.87	2.174	1.45

续表

灌水时期	产量 （kg/hm²）	耗水量 （m³/hm²）	耗水减少 （%）	WUE （kg/m³）	ΔWUE （%）
苗期水、拔节水、抽雄水	7565.0	3143.85	17.03	2.406	12.27
苗期水、拔节水	5035.0	2846.82	24.87	1.769	−17.45
苗期水、抽雄水	6500.0	2925.90	22.78	2.222	3.69
苗期水、灌浆水	4435.0	2393.44	36.84	1.853	−13.53

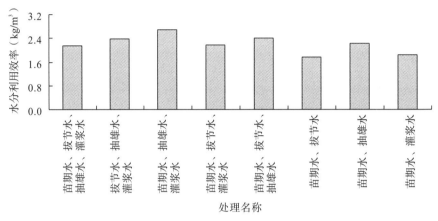

图 3-54　不同灌水组合下夏玉米水分利用效率的变化趋势

二、水分生产函数

（一）作物产量与全生育期耗水量的关系

夏玉米产量与耗水量（ET）有着良好的二次曲线关系（图 3-55），其关系式为

$$Y=-0.1026ET^2+86.308ET-9937.8 \quad (R=0.8531) \tag{3-26}$$

式中，Y 为产量，kg/hm²；ET 为耗水量，mm。

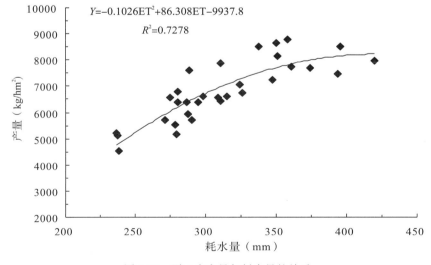

图 3-55　夏玉米产量与耗水量的关系

夏玉米的产量随着耗水量的增大逐渐增加，当耗水量达到 420.6 mm 时，产量达到最大值，此后耗水量再增加，产量出现降低的趋势。由式(3-26)计算出的经济耗水量为311.2 mm，此后耗水量再增加，水分利用效率有逐渐降低的趋势。因此，夏玉米节水高产的非充分灌溉耗水量应为 311.2～420.6 mm。

（二）作物产量与阶段耗水量的关系

采用 Jensen 模型确定夏玉米产量与阶段耗水量关系，求解得出作物水分敏感指数λ_i。研究表明，λ_i 反映了作物第 i 阶段因缺水而影响产量的敏感程度。λ_i 越大，表示该阶段缺水对作物的影响越大，产量降低得也就越多，反之亦然。根据试验资料，分析得出夏玉米不同生育阶段的敏感指数，见表 3-28。

表 3-28　夏玉米不同生育阶段的水分敏感指数

生育阶段	水分敏感指数			
	播种—拔节	拔节—抽雄	抽雄—灌浆	灌浆—成熟
λ_i	0.1207	0.2705	0.3082	0.2518

三、节水高效灌溉制度

（一）不同水文年夏玉米的需水量

以当地多年的逐旬气象资料为基础，利用 FAO 推荐的最新 Penman-Monteith 公式，以旬为基本时间单元，逐年计算出参考作物腾发量(ET_0)，并利用皮尔逊-Ⅲ型曲线，对 ET_0 计算结果进行了频率分析，确定了夏玉米在几个主要保证率(25％、50％、75％、95％)下的不同生育阶段的 ET_0 值(表 3-29 和图 3-56)。选用平水年条件下的 ET_0 值，根据在适宜水分条件下的实测需水量资料计算得到的夏玉米的作物系数见表 3-30 和图 3-57。

表 3-29　夏玉米在几个典型水文年下各生育时期的 ET_0 值

不同保证率的水文年	ET_0 值 （mm）				
	播种—拔节	拔节—抽穗	抽穗—灌浆	灌浆—成熟	全生育期
25％	139.33	106.34	45.83	178.32	476.38
50％	142.97	113.60	54.11	188.61	499.29
75％	140.88	117.45	57.45	189.09	504.87
95％	146.25	119.47	59.74	192.53	510.99

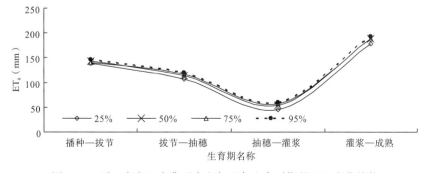

图 3-56　夏玉米在几个典型水文年下各生育时期的 ET_0 变化趋势

表 3-30　夏玉米各生育阶段的作物系数

作物系数	生育阶段				
	播种—拔节	拔节—抽雄	抽雄—灌浆	灌浆—成熟	全生育期
ET_0	234.04	88.59	45.02	108.89	476.54
ET_c	112.34	92.13	65.28	114.33	384.08
K_c	0.48	1.04	1.45	1.05	0.81

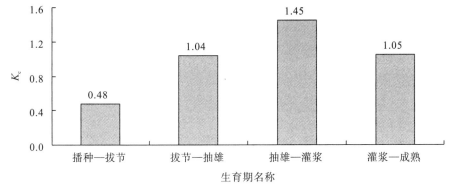

图 3-57　夏玉米各生育阶段的作物系数变化趋势

（二）不同水文年夏玉米生长期间的降水量

根据多年的降水资料，利用皮尔逊-Ⅲ型曲线对降水量进行频率分析，确定了几个主要保证率（25%、50%、75%、95%）下的年降水量值。同时，以不同水文年年降水量相近年份的降水量平均值为基础，将计算得到的各保证率下的年降水量值按月、旬进行分配，进而计算确定了几个主要保证率下（25%、50%、75%、95%）的逐月、逐旬降水量值和夏玉米各生育期间的有效降水量（表 3-31 和图 3-58）。

表 3-31　夏玉米生育期内不同典型水文年下的有效降水量

不同保证率的水文年	有效降水量（mm）				
	播种—拔节	拔节—抽穗	抽穗—灌浆	灌浆—成熟	全生育期
25%	78.52	92.79	89.57	97.63	358.51
50%	65.52	78.94	71.02	81.22	296.70
75%	54.14	66.38	62.44	68.60	251.56
95%	36.24	53.69	50.45	55.74	196.12

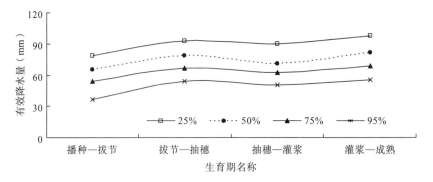

图 3-58　夏玉米生育期内不同典型水文年下的有效降水量变化趋势

研究结果表明，4个保证率对应的水文年，夏玉米整个生育期的有效降水量变化规律基本一致，即播种—抽穗期呈增加趋势；抽穗—灌浆期略有下降；灌浆—成熟期又缓慢上升，且上升幅度低于播种—抽穗期。总体来看，保证率95％对应的水文年，其有效降水量最小，夏玉米整个生育期仅为196.12mm；其次为保证率75％水文年的降水量，为251.56mm；再次为保证率50％的，为296.70mm；夏玉米各生育阶段与整个生育期需要降水量最多的水文年是保证率为25％的。这说明，保证率越低，夏玉米整个生育期所需要的降水量越多；保证率越高，夏玉米整个生育期所需要的降水量越少。

（三）不同水文年夏玉米的净灌溉需水量

结合前述计算得到的，不同水文年夏玉米各生育阶段的参考作物需水量 ET_0 和作物系数 K_c。依据作物需水量的确定方法，可得到不同水文年夏玉米各生育阶段的需水量及全生育期的总需水量，这里又称为不同水文年夏玉米各生育阶段的净灌溉需水量和全生育期的总净灌溉需水量，具体结果见表3-32和图3-59。

表3-32 不同典型水文年夏玉米各生育时期的净灌溉需水量

不同保证率的水文年	净灌溉需水量（mm）				
	播种—拔节	拔节—抽穗	抽穗—灌浆	灌浆—成熟	全生育期
25％	30.21	0	28.48	0	58.69
50％	40.51	10.34	51.21	0	102.06
75％	56.86	22.03	72.63	12.58	164.10
95％	70.93	42.87	108.56	29.94	252.30

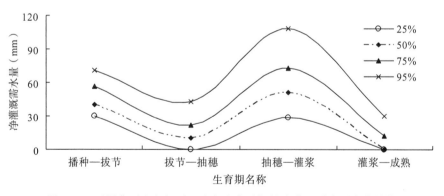

图3-59 不同典型水文年夏玉米各生育时期的净灌溉需水量变化趋势

研究结果表明，4个保证率对应的水文年，夏玉米整个生育期的净灌溉需水量的变化规律大体相似，即播种—抽穗期呈下降趋势；抽穗—灌浆期开始上升；灌浆—成熟期又缓慢下降。总体来看，保证率95％对应的水文年，其净灌溉需水量最高，在夏玉米全生育期为252.30mm；其次为保证率75％水文年的净灌溉需水量，为164.10mm；再次为保证率50％的净灌溉需水量，为102.06mm。夏玉米各生育阶段与整个生育期净灌溉需水量最大的水文年是保证率为95％的水文年。这说明，保证率越高，夏玉米整个生育期的净灌溉需水量越大；保证率越低，夏玉米整个生育期的净灌溉需水量越少。与前述夏玉米整个生育期有效降水量的变化规律相比,夏玉米整个生育期净灌溉需水量的变化方向正好与其相反。

(四)夏玉米节水高效灌溉制度的制定

由于采用动态规划方法,可按时间顺序,将某种作物的整个生育期划分为若干个阶段,把作物灌溉制度的优化设计过程看作是一个多阶段决策过程,认为各阶段决策所组成的最优策略可使整个过程的整体效果达到最优,因此,研究时根据前述产量与阶段耗水量的关系(Jenson 模型),利用动态规划法,对夏玉米的最优灌溉制度进行了分析,结果见表 3-33。

表 3-33　不同典型水文年的夏玉米优化灌溉制度

不同保证率的水文年	灌溉可用水量(mm)	生育阶段与灌水时期				Y/Y_m
		播种—拔节	拔节—抽雄	抽雄—灌浆	灌浆—成熟	
25%	0	0	0	0	0	0.8215
	60	0	60	0	0	0.9316
	120	60	60	0	0	0.9582
50%	60	0	60	0	0	0.9238
	120	0	60	60	0	0.9282
	180	60	60	60	0	0.9824
75%	60	0	60	0	0	0.9076
	120	60	0	60	0	0.8803
	180	60	60	60	0	0.9454
95%	60	60	0	0	0	0.8105
	120	60	60	0	0	0.8553
	180	60	60	60	0	0.8702

研究表明,把灌溉定额分配到夏玉米的各生育阶段,具体的灌水时间应根据当时的土壤水分状况决定,当某一生育阶段的土壤水分分别达到下限指标时,就应对其进行灌水。

第四节　主 要 结 论

一、作物需水规律

(1)冬小麦生育期内的降水仅在个别年份的某个生育期达到需水要求,降水亏缺最高可达 100%,冬小麦平均降水满足率为 58.50%;冬小麦需水量最多的时期是抽穗—成熟期,需水量占整个生育期总需水量的 33.20%。

(2)夏玉米平均降水满足率为 70.9%,需水量、耗水量最多的阶段均是拔节—抽雄期,分别占整个生育期需水总量的 31.87% 和耗水总量的 37.70%。

(3)一年一熟冬小麦平均耗水量为 318.0 mm，对降水的利用率在 50% 左右；春甘薯耗水量平均达 441.6 mm，对降水的利用率可达 70% 左右。一年两熟种植制度有较高的降水利用效率，但受降水时空分布不均，作物产量在年际间变幅较大。

(4)一年一熟冬小麦实际耗水量占整个生育期降水的 50%～60%，降水的利用率相对较低，而冬小麦花生模式则利用了降水的 80%～90%，正常年份，降水基本可满足要求。冬小麦玉米与冬小麦大豆模式，降水的利用率接近或超过了 100%（与当年降水量有关），降水的消耗最大，种植风险也较大，土壤水分的恢复最难。

二、冬小麦非充分灌溉制度

(1)土壤水分状况是影响冬小麦生长发育最重要的生态因子之一，水分亏缺会对其生长产生不良影响，表现在其叶面积、株高、干物质积累及产量构成因素等性状明显低于适宜水分处理，受旱越重，叶面积越小，株高越低，干物质累积量越小。有效穗数、穗长、穗粒数随土壤水分的降低而减少。

(2)冬小麦的耗水量随土壤水分的降低而减少，随灌水量的增加而增加。不同生育阶段的耗水量和日耗水量都有随土壤水分降低而下降的趋势，受旱越重，受到的影响越大。根据冬小麦的阶段耗水量和日耗水量变化规律，其拔节—抽穗期和抽穗—灌浆期为需水临界期。

(3)根据实测的田间试验资料，建立了冬小麦产量与全生育期耗水量之间的二次抛物线关系，其回归方程式为 $Y=-0.0565ET^2+48.594ET-3002.9$。

用 Jensen 模型分析建立了冬小麦产量与各生育阶段耗水量关系的水分生产函数模型，λ 值的大小可较好地反映作物各生育阶段对水分的敏感程度。结果显示，冬小麦各生育阶段对缺水的敏感程度由大到小依次为抽穗—灌浆期>拔节—抽穗期>灌浆—成熟期>返青—拔节期>播种—越冬期>越冬—返青期。

(4)利用多年气象资料，对冬小麦生育期间的参考作物需水量 ET_0 和降水量进行了频率分析，确定了不同水文年冬小麦的参考作物需水量 ET_0、实际需水量 ET、作物系数 K_c、净灌溉需水量。

(5)根据建立的阶段水分生产函数模型，利用水量平衡方程和动态规划法，对冬小麦在不同典型水文年条件下的有限水量进行了生育期内的最优分配，确定了不同供水量下的优化灌溉制度。

三、夏玉米非充分灌溉制度

(1)土壤水分状况是影响夏玉米生长发育最重要的生态因子之一，水分亏缺会对其生长产生不良影响，表现在其株高及产量构成因素等性状明显低于适宜水分处理。

(2)根据实测的田间试验资料，建立了夏玉米产量与全生育期耗水量之间的二次抛物线关系，其回归方程式为 $Y=-0.1026ET^2+86.308ET-9937.8$。

用 Jensen 模型分析建立了夏玉米产量与各生育阶段耗水量关系的水分生产函数模型，λ 值的大小可较好地反映作物各生育阶段对水分的敏感程度。

(3)利用多年气象资料，对夏玉米生育期间的参考作物需水量 ET_0 和降水量进行了频率分析，确定了不同水文年夏玉米的参考作物需水量 ET_0、实际需水量 ET、作物系数 K_c、净灌溉需水量。

（4）根据建立的阶段水分生产函数模型，利用水量平衡方程和动态规划法，对夏玉米在不同典型水文年条件下的有限水量进行了生育期内的最优分配，确定了不同供水量下的优化灌溉制度。

第四章　适宜种植模式研究

第一节　河南省粮食主产区种植制度与种植模式

一、复种条件分析

复种能充分利用光能、热量、水资源、地力，提高耕地的年单产，发展多种经营，从而提高经济效益。复种能够多种多收，但必须具备一定的条件，若条件不足，则事与愿违，多种反而减产。生产中是否能够进行复种及复种程度的高低，主要取决于自然条件(热量和降水量)和生产条件(劳力、畜力、机械化程度和肥力条件)。

(一)复种的热量条件

热量是决定当地能否进行复种及复种程度高低的首要条件。

1.热量指标

在热量条件中，与复种有关的指标主要有以下几种。

(1)积温。积温是衡量作物能否复种的重要指标，不同作物对积温的要求不同。复种所要求的积温不仅是复种方式中各种作物本身所需积温(喜凉作物以≥0℃积温计，喜温作物以≥10℃积温计)的相加，而且应在此基础上有所增减。如果在前茬作物收获后再复种后季作物，应加上前、后两茬作物之间农耗期的积温；套种则应减去上、下茬作物共生期的一种作物的积温；如果是移栽，则应减去该作物移栽前的积温。一般情况下，≥10℃积温为3500~3600℃时，一年一熟，如要进行复种则只能复种青饲料作物；≥10℃积温为3600~4000℃时，一年两熟，但要选择生育期短的早熟作物或者采用套种或移栽的方法；≥10℃积温为4000~5000℃时，则可进行多种作物的一年两熟；≥10℃积温为5000~6500℃时，可一年三熟；≥10℃积温为≥6500℃可一年三熟至四熟。积温是简单方便的热量计算指标，但不能绝对的以积温值指导生产。另外，由于温度的年际变化，生产上应用时还必须考虑积温的保证率。一般要求保证率在80％以上，最好能达到90％。要求过高，只能采用较早熟的品种，但产量稳而不高，复种指数偏低，保证率过低，较多年份不稳产。

(2)生长期。各种农作物从播种到开花结实都需要一定的时间及一定的光温条件，表现为一定的生长期。生长期常用大于0℃或10℃的日数表示。在我国，一般大于10℃的日数少于180天的地区复种极少；180~250天，可实行一年两熟；250天以上的可实行一年三熟。华北地区，越冬作物主要有冬小麦，所以也可以把麦收到初霜(或最低气温

2℃)期间日数作为生长期，一般凡 60~75 天的，以冬小麦-糜子为宜；75~89 天的，以冬小麦-早熟大豆或谷子为宜；85 天以上的才可以种植冬小麦-早、中熟玉米。

（3）界限温度。界限温度是指作物各生育期的起点温度、生育关键时期的下限温度，以及作物生长停止的温度等。

2.作物及复种方式对温度的要求

不同作物和品种对温度的要求不同，复种时要根据热量资源和作物、品种的要求，合理安排不同的复种类型和作物组合，使各茬作物都能在适宜的季节播种，在适宜的温度条件下生长发育，并能安全成熟。表 4-1 是一些复种方式对积温的要求。

表 4-1　复种方式对积温的要求　　　　　　　　　　（单位：℃）

作物及复种方式	≥10℃积温	
	早熟种	中熟种
小麦-玉米	≥4100	≥4800
小麦-大豆	≥4600	≥5000
小麦-甘薯		≥5000

3.复种总积温的计算

目前，华北地区熟制主要是一年两熟、两年三熟和一年一熟。一年两熟中，前作物多为麦类，后作物主要是玉米，其次是大豆、谷子、水稻、高粱及甘薯等。两年三熟中，一年多为春玉米、春甘薯，另一年为两熟。计算熟制所需积温时，要在保证主要作物对热量要求的前提下，确定适宜的复种方式和作物品种。一年两熟积温的计算，如冬小麦-夏玉米积温计算见表 4-2。

表 4-2　冬小麦复种夏玉米总积温的计算　　　　　　（单位：℃）

上茬		农耗积温	下茬		农耗积温	越冬前		总积温
作物	返青到成熟所需积温		作物	积温		作物	播种到停止生长所需积温	
冬小麦	1600	100	玉米	2200	100	冬小麦	550	4550

两年三熟积温的计算，以春玉米-冬小麦-夏玉米为例，两年为一个周期，第一年是春玉米积温(与一年一熟春玉米的积温相同)，加上玉米收获到种冬小麦时的农耗积温，再加上冬小麦播种到停止生长所需的积温，即春玉米 2900℃＋农耗 100℃＋冬小麦越冬前 550℃＝3550℃。

第二年所需积温是冬小麦返青至成熟 1600℃，农耗积温 100℃，夏播玉米需要积温 2200℃，总计 3900℃。

（二）复种的水分条件

在热量条件满足复种的地区能否实行复种就要看水分条件，即热量条件是复种可行性的首要条件，水分条件则是复种可行性的关键因素。实行复种使一年内种植作物的次数增多，耗水量增加，但在复种时，上下茬作物有共同使用水分的时期。例如，小麦-玉米一年两熟方式中，小麦的麦黄水可作为夏玉米的底墒水或套种玉米的播种水；玉米的攻粒水可作为小麦的底墒水等。因此，各种多熟制和不同复种方式所耗用的水量一般比一年一熟多，比复种中各季作物所耗水量的累加量少。华北地区一年两熟每公顷需要6900 多立方米的水。高产的小麦-玉米一年两熟每公顷需要水 9000m³ 以上，所以进行复种时必须要有相应的水分保证。从降水量看，我国一般年降水量 600mm 的地区，相应热量可实行一年两熟；但水分不能满足两熟要求，复种时需要进行灌溉。

（三）复种的肥力条件

在光热水条件具备的情况下，肥力水平往往成为复种产量高低的主要矛盾。提高复种指数需要增施肥料，才能保证复种高产增收；肥料少，地力不足，往往出现两茬不如一茬的现象。在提高复种增施化肥的同时，要注意使用有机肥料，走有机与无机肥料相结合的道路，将更有利于土壤肥力的提高。

（四）复种的劳力、畜力、机械条件

复种主要是从时间上充分利用光热和地力，在作物收获、播种的大忙季节，能在短时间内及时并保质保量地完成上茬作物收获、下茬作物播种，以及田间管理工作。所以，有无充足的劳力、畜力和机械化条件是事关复种成败的一个重要问题。

人口多少反映了劳动力的多少，人均耕地与复种程度有着密切的关系。机械化水平的提高也可促进复种面积的扩大。

二、复种的农业技术

复种后，作物种植由一年一季改为一年多季，在季节、茬口、劳动力等方面出现许多新的矛盾，因此需要采取相应的技术措施加以解决。

（一）作物组合技术

选择适宜的作物组合是复种能否成功在技术上要解决的第一个问题。为了确定适宜的作物组合，首先要根据当地的自然条件确定当地的熟制，然后根据熟制与所处地区热量和水肥条件的矛盾，以及对自然条件的适应程度确定作物组合。其具体考虑以下内容：①充分利用休闲季节增种一季作物；②利用短生育期作物替代长生育期作物；③种植一些填闲作物；④发展再生稻。

（二）品种搭配技术

选择适宜的品种是在作物组合确定后，进一步协调复种与热量条件紧张矛盾的重要措施。一般来说，生育期长的品种比生育期短的品种的增产潜力大。但在复种情况下，不能仅考虑一季作物的高产，必须从全年高产、整个复种方式全面增产着眼，使上下茬作物的生长季节彼此协调。例如，华北地区在一年一熟基础上提高复种，不论是两年三熟还是一年两熟,从作物组成上来看,基本上是增种秋播作物(小麦)和夏播作物。所以,突出问题是要根据当地情况,选择好夏播作物的品种,即根据麦收后日平均温度下降到该种作物停止生长的下限温度间的积温情况,选择早熟、中熟或晚熟的高产优质品种。实践证明,选择适期生长的品种比超过季节允许生长范围的品种要增产。

(三)避开不可抗拒的气候灾害

作物的品种熟期安排应有利于避灾保收。

(四)争时技术

在生长期一定的条件下,实施复种后必然导致不同作物占据生长期的矛盾,为了保证复种的作物正常成熟,协调好不同作物争夺生育季节的矛盾,应充分利用生长期,复种必须采取相应的争时技术。例如,育苗移栽(作物在苗期集中生长,缩短了本田期)、套作(套作的共生期,弥补了生长季节的不足)、地膜覆盖(地膜覆盖可提高低温,抑制水分蒸发,促进作物快发早熟)。

三、河南省粮食主产区降水条件对种植制度的影响分析

郑州市属于河南省粮食主产区。对郑州市 1951~2000 年 50 年统计资料分析后发现,郑州市年均降水量为 688.78 mm,其间欠水年共有 14 年,频率为 28%;正常年出现 23 年,频率为 46%;丰水年出现 13 年,频率为 26%。郑州市 10 年平均降水量以 20 世纪 60 年代最高,之后呈下降趋势,20 世纪 90 年代(1991~2000 年)年均降水量比 60 年代减少 75.5mm。洛阳市气候呈干旱化趋势,农业生产存在的问题是水资源缺乏、种植结构与水资源不匹配、农业产量不稳、水分利用效益低下。

作物生育期与降水资源的吻合性不但表现在全生育期水分的满足,而且表现在各生育阶段水分的满足,这是旱地作物高产的基础。郑州地区小麦生长期各站有效降水量普遍小于需水量,为小麦需水量的 31%~62%。高产小麦全生育期需自然降水 500mm 左右,而多数地区同期不足 300mm,特别是返青—拔节期、拔节—抽穗期降水量普遍不足,说明依靠自然降水只能维持中、低产水平,若要高产还需灌溉补充。从图 4-1 中可以看出,降水峰值出现时间为 7 月,雨季包括 6~9 月 4 个月。在本区夏作物中,冬小麦于雨季结束前的 10 月初播种,此时土壤墒情充足,利于冬小麦发芽出苗,11 月至翌年 3 月的冬春季节,虽然降水较少,但土壤处于冻结状态,冬小麦处于越冬期,所以水分消耗量也较少,只要播前秋墒适宜,即可安全越冬。在 4~5 月的春末夏初,随着冬小麦返青、拔节,生长速率加快,需水量迅速增加,但该时期仍属枯雨季节,易导致干旱胁迫。5 月为抽穗、开花和灌浆等需水的关键期,冬小麦需水量较大,缺水量也较多。所以,冬小麦生育期需水与降水吻合度较差。对于夏玉米、夏大豆等夏季作物来说,在 6 月播种对水分需求相对较小,7~9 月本区进入多雨季节,降水峰值位于 7 月,这一阶段月平均降水量正常年为 146.3m,即使在干旱年也可达到 70m,此时丰足的降水对夏作物而言具有明显的促进作用,进入拔节、开花和抽雄盛期,需水量显著增加,与降水季节分布吻合性良好。

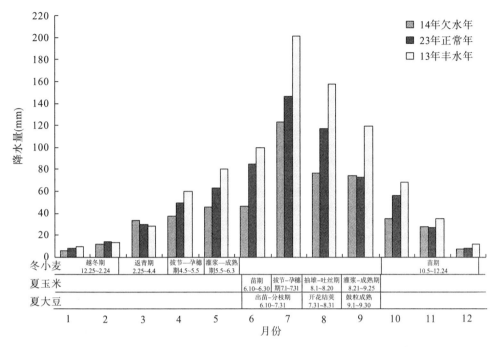

图 4-1 郑州市冬小麦、夏玉米及大豆生育期降水气候运行时序图

在郑州旱作区，不同作物生育期与降水分布的吻合性存在明显差别(图 4-1)。总体而言，秋熟作物生长发育与降水分布基本保持同步，因而对旱区气候条件具有较好的适应性。夏熟作物，特别是冬小麦，生育期需水与降水吻合度较差。一年一熟(冬小麦)种植制度下，年均亏水量为 168.5mm，降水满足率为 30.39%~57.30%，农田水分满足率为 59.5%~73.3%，平均水分利用效率为 1.5 kg/m³。一年两熟(冬小麦-夏玉米)种植制度下，整个生育期水分亏缺额为 214.8 mm，降水满足率为 65.1%，农田水分满足率为 72.4%，平均水分利用效率为 1.89kg/m³。不同种植模式下作物都存在缺水，干旱缺水是制约该区旱地农业生产持续发展的主要因素，必须采取农田水分调控技术协调自然供水和作物需水之间的矛盾。

四、不同种植制度间需水与耗水情况

选用合适的种植制度，合理调配不同作物的搭配，依据不同作物间需水与耗水差异，充分发挥生物自身的节水潜力，利用不同作物的耗水特点，一方面可协调年度间土壤水分，另一方面也可提高水分生产效率。依据多年研究结果，分析了不同种植制度下耗水与需水的关系(表 4-3)。

表 4-3　豫西地区主要种植制度下作物需水耗水情况(年降水量按 600mm 计)

作物	需水量/耗水量	一年一熟		一年两熟			两年三熟		
		冬小麦	春甘薯	小麦玉米	冬小麦花生	冬小麦大豆	春甘薯冬小麦夏玉米	春甘薯冬小麦花生	春甘薯冬小麦大豆
冬小麦	420.5/318.0	√		√	√	√	√	√	√

作物	需水量/耗水量	一年一熟		一年两熟			两年三熟		
		冬小麦	春甘薯	小麦玉米	冬小麦花生	冬小麦大豆	春甘薯冬小麦夏玉米	春甘薯冬小麦花生	春甘薯冬小麦大豆
夏玉米	369.0/293.3			√			√		
春甘薯	614.3/441.6		√				√	√	√
大豆	/390.7					√			√
花生	/259.4				√			√	
合计		420.5/318.0	614.3/441.6	789.5/611.3	/577.4	/708.7	1403.8/1052.9	/1019.0	/1150.3

由表 4-3 中的结果可以看出，一年一熟冬小麦平均耗水量为 318.0mm，对降水的利用率在 50% 左右，有近一半的降水损失了；春甘薯耗水量平均达 441.6mm，对降水的利用率可达 70% 左右，仍有近 30% 的降水损失。一年两熟种植制度有着较高的降水利用效率，但受降水量及其分布不均的影响，作物产量年际间变幅较大，如果采用技术合理，作物搭配得当，成功协调水分的分配，则可以减少缺水的影响，降低生产的风险。两年三熟种植模式对于协调降水年际间的变化有一定作用，其对降水的利用率超过 80%，且对小麦产量影响较大。

五、不同种植模式间水分利用情况

表 4-4 的试验结果是不同年份的平均值，因作物的不同不能以水分利用效率进行模式间的评价，但从每个模式的耗水总量与常年降水量的关系可以看出，一年一熟冬小麦实际耗水仅占降水的 50%~60%；降水的利用率是较低的，而小麦花生模式下利用了降水的 80%~90%，常年降水基本可满足要求；小麦玉米与小麦大豆模式下对降水的利用率接近或超过了 100%（与当年降水量有关），对降水的消耗最大，种植风险也较大，对土壤水分的恢复也是最难的。

表 4-4　不同种植模式间水分利用情况

种植模式	作物	平均耗水量（mm）	水分利用效率[kg/(mm·亩)]	总耗水量（mm）	降水利用率（%）
小麦-玉米	小麦	290.8	0.836	584.1	97.35
	玉米	293.3	0.859		
小麦-花生	小麦	258.0	0.923	517.4	86.23
	花生	259.4	0.642		
小麦-大豆	小麦	243.1	0.969	633.8	105.63
	大豆	390.7	0.350		
单作小麦	小麦	318.0	0.881	318.0	53.00

本书在试验区设置小麦-玉米连作、小麦-大豆连作和小麦-玉米＋大豆 3 种种植模式，通过对比试验，研究小麦、玉米、大豆等主要粮食作物的光热资源、降水、灌溉水

的利用效率，提出适宜于河南省半干旱区的高效节水型种植模式。因此，下面主要探讨这 3 种种植模式，探索其节水高效的机理与技术。

第二节　适宜灌溉技术种植制度和模式研究

一、种植制度和模式的选定

选用合适的种植制度，依据不同作物间需水与耗水差异，充分发挥生物自身的节水潜力，利用不同作物的耗水特点，一方面可协调年度间土壤水分，另一方面也可提高水分利用效率。

河南省粮食主产区年降水量与作物生长之间的关系是一季有余、两季不足，在实际生产中，存在一年一熟、一年两熟与两年三熟 3 种种植制度。近几年来，随着生产条件的改善、生产力水平的不断提高，以及种植效益的增加，一年两熟种植面积逐年增加，已成为该地区主要的种植模式。一年一熟种植作物主要有冬小麦、春甘薯，一年两熟种植模式主要为小麦-玉米及小麦-秋杂粮种植，两年三熟种植模式主要有小麦＋玉米＋小麦、小麦＋玉米＋春甘薯(春花生)、小麦＋大豆等杂粮＋小麦。

二、河南省粮食主产区灌溉技术的种植模式

本书旨在选用节水优质小麦、玉米、大豆品种的基础上，对河南省粮食主产区不同灌溉方式下的主要粮食作物的高效节水型种植模式进行研究。在试验区设置小麦-玉米连作、小麦-大豆连作和小麦-玉米＋大豆 3 种种植模式，通过对比试验，研究小麦、玉米、大豆等主要粮食作物的光热资源、降水、灌溉水的利用效率，提出适宜于河南省粮食主产区的适宜灌溉技术的种植模式。因此，下面主要探讨这 3 种种植模式。

（一）小麦、玉米、大豆单作基本要求

1. 小麦单作基本要求

节水小麦主要依靠多穗增产，力争穗数达到 675 万穗/hm² 以上，由于晚播和前期控水，分蘖成穗少，穗数靠基本苗保证。一般在适宜播期(10 月上旬至 10 中旬末)范围内，基本苗穗数为 350 万～750 万穗/hm²。播种深度要求一致，一般播深为 3～4 cm，下种均匀。播种方式多采用等行距平播，行距为 15～20cm。节水小麦由于苗多，苗间分布均匀非常重要，应缩小行距(15cm 左右)。

2. 玉米单作基本要求

玉米紧凑型中晚熟品种的适宜种植密度为 64500～72750 株/hm²。各地研究结果表明，从种植密度和种植方式来看，密度起主导作用。在密度加大时，配合适当的种植方式，更能发挥密植增产效果。所以，在确定合理密度的同时，应考虑适宜的种植方式，玉米种植方式包括等行距和宽窄行。

等行距种植，行距一般采用 60～70cm，株距依密度而定。其特点是在封行前，植株

在田间均匀分布，较充分地利用养分和阳光，便于机械化作业。但在密度大、肥水足的条件下，封行后行间郁闭，光照条件差，光合作用效率低，群体个体矛盾尖锐。据测定，等行距玉米穗部的光照强度相当于自然光的18.8%，植株反光相当于自然反光的3.7%，植株下部风速为0.05m/s，中上部风速为0.17m/s。

宽窄行种植，行距一宽一窄，一般采用(70~85)cm+(45~50)cm模式，株距根据密度确定。其特点是植株在田间分布不均，前期漏光损失多，但能调节玉米后期个体与群体间的矛盾。据测定，在大密度、高肥水条件下，宽窄行种植的玉米的穗部光照强度相当于自然光的62.5%，植株反光相当于自然反光的60%，植株下部风速为0.39m/s，中上部为0.27m/s。宽窄行种植改善了后期行间光照条件，充分发挥边行优势，使"棒三叶"处于良好的光照条件之下，有利于高产。白天宽窄行比等行距气温高，晚上气温低，温差较大，有利于干物质积累，产量较高。但在密度小、光照矛盾不突出的条件下，宽窄行就无明显的增产效果，有时反而减产。

3. 夏大豆单作基本要求

夏大豆是一年两作制中主要的后茬作物，一般是在冬小麦收获后播种，9月下旬至10月初收获。由于受麦收期和初霜期之间时间长短的制约，生长期短，需采用中熟或早熟品种。早播是夏大豆获得高产的关键措施。影响夏大豆播期早晚的主要因素是前茬作物收获期的迟早。前茬作物收获后能否按时早播则决定于土壤墒情。若土壤墒情不好，即使茬口已腾了出来，也只好延迟播期。温度对于夏大豆播种不是限制因素；但播期早晚却影响夏大豆全生育期积温总量，从而影响产量。

早播可避免夏大豆生育前期雨涝和后期低温或干旱的危害。在北方，前茬收获和后茬播种都集中在6月下旬或7月上旬，播种迟了正赶上雨季。播后若遇雨，土壤板结，影响出苗。出苗后若连续降水，土壤过湿，又会出现"芽涝"，幼苗纤弱。早播可使幼苗健壮生长，抵抗雨涝的危害。9月中、下旬，正值大豆鼓粒期，气温开始下降，雨量也逐渐减少。当气温下降到18℃以下时，对养分积累和运转不利，使百粒重下降，青荚和秕荚增多。早播可缓解低温和干旱的危害。

早播可保证麦豆双丰收。早播可早收早腾茬，不耽误下茬冬小麦适期播种。冬小麦早收又为夏大豆早播创造条件。如此良性循环，达到连年季季增产。

夏大豆播种时，可根据土壤墒情，采取不同的播种方法。麦收后墒情较好，多采用浅耕灭茬播种，播前不必耕翻地，只需耙地灭茬，随耙地随播种。该方法在黄淮海流域得到普遍应用。

在时间紧迫、墒情很好的情况下，为了抢时抢墒，也可以留茬(或称板茬)播种，即在小麦收获后不进行整地，在麦茬行间直接播种夏大豆，播后耙地保墒。第一次中耕时，将麦茬刨除，将杂草清除。该方法还能防止跑墒。

当时间充裕、墒情好，或者有灌水条件时，也可以进行耕地播种，即在冬小麦收获后，随耕随种。耕地时还可结合施肥。这种种法有利于蓄水保墒，还利于大豆出苗和幼苗生长。但是，如果墒情不好，或者整地质量差，反而会造成减产。在时间紧或干旱条件下，不宜采用。

为了保证适期早播，必须做好播前准备工作。可提倡麦前深耕，结合深耕，有计划地增施基肥，使后作大豆利用深耕和基肥的后效，做到一次施肥两茬用。也可于小麦收获前多灌一次"麦黄水"（或称"送老水"），使大豆播种时有足够的水分，一般在麦收前 10～15 天内灌水。这样，既可促进小麦正常成熟，籽粒饱满，又可为夏大豆抢时早播创造良好的水分条件。

夏大豆植株生长发育快，植株矮小，所以加大种植密度至关重要。确定夏大豆种植密度的原则是，"晚熟品种宜稀，早熟品种宜密；早播宜稀，晚播宜密；肥地宜稀，薄地宜密"。

大豆需水较多。灌溉方法因各地气候条件、栽培方式、水利设施等情况而定。喷灌效果优于沟灌，能节水 40％～50％。沟灌又优于畦灌。

（二）适宜灌溉技术条件下种植模式

1. 冬小麦-夏玉米种植模式

小麦玉米连作是一种高产、互补效益好的复种形式。黄淮海地区既是小麦高产带，又是玉米适宜的气候带，两种作物都有较好的气候生态适应性，在播期上有较好的互补效应。小麦对播期要求不严格，夏玉米对播期要求严格，早播增产显著，尤其是生育期长的品种较生育期短的品种增产显著。小麦-玉米组合成两熟形式，能较好地利用全年的热量，水分不足可灌溉补充。种植技术上也有互补性，小麦要求精细播种；施足底肥有利于壮苗，玉米播种要求不那么细，可免耕播种，追肥增产作用大，与麦收季节紧、种麦季节较松相适应。

适宜本区小麦复种玉米节水高产种植模式：小麦 10 月上旬 20cm 等行距播种，小麦选用节水性能好、中早熟、矮秆、抗病、抗寒、优质的高产品种，基本苗 210 万～270 万株/hm²。小麦收获后 2～3 天内采用等行距或宽窄行（80cm+40cm）及时人工或机播玉米，一般必须在 6 月 10 日前播种完毕，玉米选用紧凑型品种，基本苗 52500～67500 株/hm²。田间管理要点如下：小麦冬前根据土壤墒情灌好冬水；春季根据麦苗进行分类管理，如底肥充足，麦苗长势良好，可不施肥、不浇水，只进行中耕保墒，到拔节后再灌水追肥。对越冬未形成壮苗的麦田，应适当追肥、浇水，并及时中耕保墒，提高地温，巩固冬前分蘖；早浇灌浆水。麦收后及时条播或穴播玉米，若小麦秸秆全部还田，则在小麦秸秆腐烂过程中，微生物会吸收土壤中的氮，从而与玉米产生争氮现象，因此玉米苗期需补充氮肥，施尿素 75～150kg/hm²，培育壮苗。根据天气状况及时浇水。大喇叭口时期，及时追肥，施用尿素 450～600kg/hm²。该种植模式可节水 450～600m³/hm²，水分利用效率比传统种植方法提高 15％～20％。

2. 小麦-大豆种植模式

小麦 10 月上旬 20cm 等行距播种，小麦选用节水性能好、中早熟、矮秆、抗病、抗寒、优质的高产品种，基本苗 210 万～270 万株/hm²。大豆配套栽培技术的首要因素是种植密度。群体产量达到最高时，栽培密度为品种适宜密度。大豆有一个相对较宽的适宜密度范围，在这个密度范围内均可获得高产。在确定的种植密度中，适宜的行距和株距是调节大豆合理分布的重要措施。宽行或宽窄行种植有利于改善后期通风透光条件并便于田间管理，使大豆植株上、中、下层始终处于良好的光照条件下，实现了群体光合面积与个体发育的有机结合，使群体产量较高。

（1）处理设置。试验采取裂区设计，主处理 A 为种植方式，设置 3 个处理：A1 为宽行种植，行距为 40cm；A2 为宽窄行种植，行距分别为 40cm 和 20cm；A3 为等行种植，行距为 20cm。副处理 B 为播种密度，从 12 万株/hm^2 开始，每隔 3 万株/hm^2 设置 1 个处理，共 7 个处理，顺序排列，重复 1 次。主处理间隔 50cm，副处理间隔 30cm，小区面积为 12m^2（2.4m×5m）。试验区土壤肥力中等，前茬小麦。人工开沟条点播，每穴播种 2~3 粒，三叶期定苗，每穴留苗 l 株（个别穴留 2 株），按处理留足行苗数。苗期浅锄中耕 1 遍，除草 3 遍，初花期遇雨撒施尿素 5kg/hm^2，进入花荚期后防治蚜虫、豆天蛾、卷叶螟等，喷药 3 次。其他田间管理同一般大田。于 9 月 25 日收获脱粒。

（2）结果分析。大豆的种植方式和密度对大豆高产、稳产影响极大。从表 4-5 可以看出，不同种植方式、不同密度之间籽粒产量有一定差异。不同种植方式间产量：宽行＞宽窄行＞窄行。方差分析（表 4-5）表明，宽行、宽窄行与窄行之间产量差异显著；18 万～27 万株/hm^2 处理间产量差异未达显著水平，而 12 万株/hm^2、15 万株/hm^2 和 30 万株/hm^2 处理的产量低于 24 万株/hm^2 和 21 万株/hm^2 处理的产量，说明适宜密度为 18 万～27 万株/hm^2。进一步分析表明，大豆籽粒产量（Y）随密度（X）的增加呈二次抛物线变化，达显著或极显著水平，最佳密度为 22.5 万株/hm^2 左右，对应的产量约为 2996 kg/hm^2（图 4-2）。

表 4-5　产量差异显著性测验

密度 （万株/hm^2）	种植方式			平均
	宽行	宽窄行	窄行	
12	2014.5	2014.5	1969.5	1999.5cC
15	2187.0	2386.5	2326.5	2300.0bcBC
18	2625.0	2652.0	2344.5	2540.5abAB
21	2983.5	3129.0	2464.5	2859.0aA
24	3247.5	2928.0	2524.5	2867.0aA
27	2824.5	2652.0	2386.5	2621.0abAB
30	2518.5	2422.5	2286.0	2409.0bABC
平均	2628.6aA	2583.6aA	2328.9bB	2513.7

注：小写字母表示 0.05 水平差异显著，大写字母表示 0.01 水平差异显著。

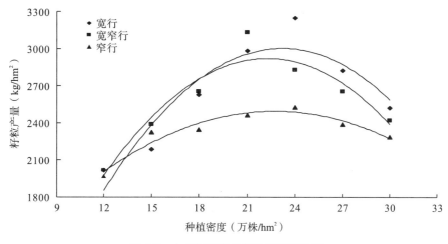

图 4-2 大豆籽粒产量与种植密度关系

从图 4-2 和表 4-6 还可以看出，从田间配置方式来看，在各种种植密度下，窄行模式的籽粒产量都低于其他两种模式。最佳种植密度以下，宽行模式和宽窄行模式二者无明显差异，而在最佳种植密度以上，宽行模式的产量要稍高于宽窄行。因此，最佳田间配置方式为行距 40 cm，株距 11 cm；或 40cm、20cm 宽窄行种植，株距 14.8 cm。

表 4-6 种植方式和种植密度对大豆产量的影响

种植方式	密度 （万株/hm²）	籽粒产量 （kg/hm²）	回归方程	F	最佳密度 （万株/hm²）
宽行种植 （行距 40 cm）	12	2015.2	$Y=-1912.93+423.17x-9.11x^2$ $R^2=0.8653$	24.3588	23.2
	15	2187.5			
	18	2625.0			
	21	2983.0			
	24	3248.2			
	27	2823.9			
	30	2519.0			
宽窄行 （40 cm+20 cm）	12	2015.2	$Y=-1528.29+399.33x-8.96x^2$ $R^2=0.8989$	17.8525	22.3
	15	2386.4			
	18	2651.6			
	21	3128.8			
	24	2828.3			
	27	2651.6			
	30	2421.8			
窄行 （20cm）	12	1969.5	$Y=308.89+191.96x-4.22x^2$ $R^2=0.9241$	24.3588	22.8
	15	2326.5			
	18	2344.5			
	21	2464.5			
	24	2524.5			
	27	2386.5			
	30	2286.0			

辛俊锋进行了种植密度对大豆产量和主要农艺性状影响试验的研究，结果也表明，随着种植密度的增加，生育期长，株高、节间长度增加，主茎节数减少，茎秆变细，单株有效分枝数、单株结荚数、单株粒数、单株粒重逐渐下降，产量呈抛物线变化，最适种植密度为 25.00 万株/hm²，产量达 2600kg/hm²。曹金锋等（2008）研究指出，以下 3 种因素对夏大豆产量及农艺性状的影响强度顺序为品种＞密度＞种植方式，在试验区生态条件下，获得夏大豆最高产量的理论组合如下：密度为 24 万株/hm²、种植方式为 40cm 行距，这与本试验的结果较为接近。

综上所述，本区生态条件下获得夏大豆最高产量的理论组合如下：密度为 22.5 万株/hm²，种植方式为 40 cm（行距），11 cm（株距），其次为 40cm、20cm（宽窄行），14.8 cm（株距）。

3. 玉米间作大豆

玉米与大豆间作组成的复合群体具有较大的生产潜力，有明显的间作优势。玉米属禾本科，须根系、株高、叶窄长，为需肥多的 C4 植物。而大豆属豆科，直根系、株矮、叶小而平展，为需磷较多的 C4 植物，较耐阴。两种作物共处，除密植效应外，兼有营养异质效应、边行优势、补偿效应、正对应效应，能全面体现间作复合群体的各种互补关系，增产增收效益好。其田间配置，过去多采用窄行比，如 1∶1、2∶1。随着生产条件的改善和玉米单产的提高，为减少玉米对大豆的不良影响，以提高全田总产量，已向宽行比发展。

以玉米为主时，理论模式是玉米密度不减，增种大豆。这样玉米行数不超过玉米可以发挥边行优势的范围。玉米的行距应比单作缩小。如何确定？根据玉米大部分根系向四周伸展的宽度一般为 17～23cm，而且已有试验结果表明，距玉米植株水平距离 0～23cm 内的根系可吸收的磷量占玉米总吸收量的 90％以上；在 10～20cm 处为最主要的吸收养分区域，所以行距适宜在 40cm 左右。行数少，宜偏小；行数多，可偏大。玉米的株距可缩小，但以不妨碍地上部植株生长为度，据生产上当前推广的紧凑型与松散型两类玉米种，株距可缩小到 13～20cm。大豆若为两行，行距应比单作略小，以利于加大两种作物的间距，减少玉米对其的不良影响；若为 3 行，行距与单作相同，间距一般为 33～50cm。为使玉米、大豆间作农田能全面实现养分的良性循环，玉米和大豆都应按株定施肥。以大豆为主时，要求在保证大豆丰产的基础上增种玉米。其关键技术如下：第一，因地制宜，掌握间作玉米的密度。至少要在大于玉米株高的大豆地面宽度处种植玉米；或种植两行，窄行（30～40cm）密株；或种植行密株玉米。玉米株距依肥水条件而定，水肥条件有保证时，株距可缩小到 13～20cm，水肥条件较差时，株距可加大到 30cm 左右。另外，种植玉米也可采用穴多株的方式。第二，必须保证玉米所需要的水肥，做到以株定施肥量。

1）处理设置

玉米大豆间作处理设置见表 2-9。

2）结果分析

（1）玉米产量。从表 4-7 可以看出，玉米单作时产量最高，达 9573kg/hm²。随着玉米行距的增加,玉米的实播面积减少,播种密度降低,玉米的产量也随之下降。当玉米与大豆的间作比例为2:2和2:4时,玉米产量分别占玉米净种时的90.8%和73.0%。在玉米的行距增大时,虽然玉米行距和株距缩小,相应地增加了玉米的密度,但由于实播面积减少,边际效应带来的增产效果和增加的株数仍不足以弥补大豆占用的面积所造成的产量损失。

表4-7 不同种植方式下玉米和大豆的产量 （单位：kg/hm²）

种植方式	重复Ⅰ		重复Ⅱ		重复Ⅲ		平均		总产量
	玉米	大豆	玉米	大豆	玉米	大豆	玉米	大豆	
玉米单作	9330	—	9810	—	9580	—	9573	—	9573
大豆单作	—	2530	—	2440	—	2340	—	2437	2437
玉米/大豆 2:2间作	8469	1483	8901	1368	8701	1434	8690	1428	10118
玉米/大豆 2:4间作	6936	1899	7120	1828	6913	1980	6990	1902	8892

(2)大豆产量。大豆产量的变化趋势与玉米相同。从表4-8可以看出,大豆净种时其产量是最高的,达2437 kg/hm²。当玉米与大豆的间作比例为2:2和2:4时,大豆产量分别占大豆净种时的58.6%和78.0%,说明小比例间作和混作高秆作物过多,对大豆生产不利。当大豆与高秆作物玉米间作时,由于高秆作物的遮阴作用,减弱了光照度,使大豆产量下降。

(3)玉米大豆复合产量。由表4-7可以看出,总产量最高的为玉米/大豆2:2间作,其次是玉米净种,再次是玉米/大豆2:4间作,大豆净种的总产量最低。当玉米与大豆2:2间作时,玉米大豆复合产量比玉米净种时增产5.7%,2:4间作时,玉米大豆复合产量比玉米净种时减产7.1%,说明在玉米大豆间作复合体系中,通过复合群体结构的合理布局与调整,实施适宜的间作比例和种植密度,可以提高复合群体的总产量。玉米与大豆间作时复合产量的高低主要受玉米产量的影响。当玉米与大豆的间作比例分别为2:2和2:4时,玉米平均净重占复合产量的比例分别为85.9%和78.6%,说明在这个间作体系中,玉米是优势作物,大豆在与玉米共处期间处于不利地位。

合理的种植方式是发挥复合群体充分利用资源和协调矛盾的重要措施。密度是合理种植方式的基础。玉米复合种植密度高于单作水平。以玉米生产为主大豆生产为副地区,可采用4:2或2:2的间作方式。在以大豆生产为主的地区采用2:4的间作方式。

张正翼等(2008)对小麦-玉米/大豆模式间作中大豆的部分形态生理特性及产量品质的影响进行了研究,结果表明,不同密度下,大豆产量先随密度的增加而增加,当密度继续增加时,产量开始下降。而不同田间配置下,当行距缩小时,产量随之下降。

产量构成因素比较。合理的间作比例和种植密度是间作复合体系获得高产的前提。显然,用产量作为衡量指标具有很大的优势。在本试验条件下,较窄分带和较小株距有利于合理密植,达到玉米与大豆高产所要求的最佳群体结构。试验的结果表明,玉米与大豆2:2间作时,即玉米大行距为145 cm,小行距为35 cm,株距为22 cm时,其复合群体的总产量是最高的。玉米145 cm的带宽有利于复合体系产量的提高,其原因是这样的带宽在能够保证玉米满足其最佳群体结构要求的同时，也具有较其他分带规格较为合理的密植规格(株距)，因为在增加大豆的行比时，要保持相同的玉米密度要求，玉米株距必然要小于 22 cm。玉米合理的群体结构应因其株型、地力水平、光照等条件而异。从表 4-8 可以看出，在玉米与大豆 2∶2 间作时，玉米的明显变化是植株茎粗增大，双穗率增加，行粒数、千粒重、出籽率提高，而秃尖减少。在扩大大豆行比后，增大了玉米的幅宽，缩小了玉米的株距，玉米株间生长竞争激烈，表现为植株茎粗减小，双穗率下降，果穗秃尖增加，而行粒数、出籽率、千粒重等随之降低。说明，种植密度过高不利于玉米高产，玉米幅宽增大后产生的边际效应不足以抵消株距变小对株间生长竞争加剧造成的负面影响。

表 4-8　不同种植方式玉米产量构成因素测定结果

种植方式	实收株数	折合密度 (株/667m²)	叶片 (片/株)	株高 (cm)	穗位高 (cm)	茎粗 (cm)	双穗率 (%)
玉米净种	68	4530	21	269.4	96.5	2.26	23.6
玉米大豆 2∶2 间作	76	4198	21	270.8	102.2	2.34	27.4
玉米大豆 2∶4 间作	84	3281	21	271.2	97.8	2.16	16.8

种植方式	秃尖 (cm)	穗长 (cm)	穗粗 (cm)	行粒数 (粒)	出籽率 (%)	千粒重 (g)	穗粒重 (g)
玉米净种	2.78	18.54	4.54	34.3	84.5	257.8	142.3
玉米大豆 2∶2 间作	2.05	18.36	4.63	35.8	85.2	260.2	143.6
玉米大豆 2∶4 间作	3.56	18.43	4.47	32.5	83.8	252.7	140.8

从表 4-9 可以看出，无论是采用 2∶2 还是 2∶4 的行比，玉米与大豆间作后大豆的产量性状均受到不同程度的影响，表现为有效分枝、有效荚数、单株粒数、单株粒重和百粒重均有所降低，又以玉米与大豆 2∶2 间作时影响最大，说明间作比例过小和与高秆作物混作对大豆生产不利。虽然玉米大豆间作与大多数豆科和其他作物的间作一样，具有明显的间作产量优势，但这种间作优势是以牺牲大豆的产量为代价的。首先，在玉米大豆间作体系中，玉米的植株高度是大豆的 5 倍多，对大豆产生荫蔽作用，影响大豆的光合作用，这种后果表现为大豆植株徒长，结荚少，百粒重下降。其次，两作物共生期长达 114 天，在共同生长期间作物养分吸收必然发生相互影响，在这个复合体系中，玉米由于竞争养分能力强，处于优势地位，间作大豆竞争养分的能力弱，在整个生长过程中处于劣势。当然，在玉米大豆间作体系中，种间促进作用也是存在的。例如，大豆根系分泌物或残留的某些含氮物质对玉米的氮吸收会有促进作用，而玉米对氮的大量吸收造成大豆根区氮浓度迅速下降，从而刺激了大豆根瘤菌的共生固氮作用。

表 4-9　不同种植方式大豆产量构成因素测定结果

种植方式	实收 株数	折合密度 (株/667m²)	株高 (cm)	有效 分枝	有效 荚数	单株粒数 (粒)	单株粒重 (g)	百粒重 (g)
大豆净种	224	14932	45.2	2.37	37.8	86.3	18.2	22.47

续表

种植方式	实收株数	折合密度（株/667m²）	株高（cm）	有效分枝	有效荚数	单株粒数（粒）	单株粒重（g）	百粒重（g）
玉米大豆2：2间作	112	6187	48.4	2.22	35.7	80.4	16.8	21.22
玉米大豆2：4间作	224	8750	46.6	2.24	37.1	85.5	17.5	21.63

4. 小麦-玉米垄作一体化

小麦、玉米一体化栽培是指在一个栽培周期内，把小麦、玉米两熟生产作为一个有机整体，品种、措施统筹安排，以缓解上、下茬的矛盾，确保两茬都能高产、稳产。在单一作物单一个生长季节中，垄作栽培的研究比较普遍，但全年一体化垄作的研究尚处于萌芽状态，要实现可持续农业的发展，不仅要实现某单一作物的发展，还要从全年一体化的角度来研究才更具有现实意义。

（1）试验处理设置。试验设置2个处理，3次重复，分别为垄作和平作，小区面积为13m×4m。小麦播种前采用起垄机起垄，垄幅为75cm，垄面为50cm，垄沟为25cm，垄高为10cm(图4-3)，用垄作播种机播种小麦，垄上种4行小麦，宽窄行为14cm+22cm，平作小麦等行距播种，行距为20cm。小麦收获后在垄上直接播种玉米，垄作和平作播种玉米均采用宽窄行种植，宽行为50cm，窄行为25cm，株距为30.6cm，密度为78750株/hm²，三角定株。每个处理重复3次。管理同超高产田。

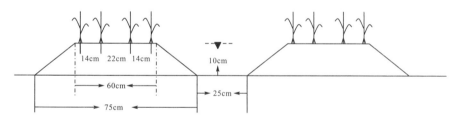

图4-3　冬小麦垄作种植图

（2）一体化垄作对冬小麦、夏玉米灌水量的影响。垄作灌水在垄沟内进行，灌水速度大大提高，且灌水量减小。由表4-10和表4-11可以看出，两年间，小麦生育季节每次灌水量平作都大于垄作，平作比垄作分别多灌水45.86%和55.01%；在玉米生育的整个季节，平作比垄作分别多灌水46.74%和64.73%，年总灌水量平作比垄作分别多51.51%和52.74%(表4-12)。可见，冬小麦夏玉米一体化垄作具有明显的节水效应。

表4-10　冬小麦生育期灌水量

年份	栽培方式	第一次（mm）	第二次（mm）	第三次（mm）	总灌水量（mm）	平作比垄作多（%）
2009	平作	86.67	63.59	73.13	223.39	45.86
	垄作	59.33	45.81	48.01	153.15	—
2010	平作	65.29	72.28	70.9	208.47	55.01
	垄作	36.66	43.19	54.64	134.49	—

表 4-11　夏玉米生育期灌水量

年份	栽培方式	第一次（mm）	第二次（mm）	总灌水量（mm）	平作比垄作多（%）
2009	平作	71.97	72.55	144.52	64.73
	垄作	52.28	35.45	87.73	—
2010	平作	68.65	76.08	144.73	46.74
	垄作	55.8	42.83	98.63	—

表 4-12　垄作和平作年总灌水量比较

年份	栽培方式	年总灌水量（mm）	平作比垄作多（%）
2009	平作	367.91	52.74
	垄作	240.88	—
2010	平作	353.20	51.51
	垄作	233.12	—

（3）全年耗水量、产量和水分利用效率比较。冬小麦生育季节，垄作平均耗水量为375.67 mm，平作为424.96 mm，垄作冬小麦耗水量比平作减少49.29 mm，产量平均增加376.37 kg/hm²，水分利用效率提高12.99%～23.44%；夏玉米生育季节，垄作平均耗水量为381.90 mm，平作为444.83 mm，产量增加863.63 kg/hm²，水分利用效率提高10.02%～24.64%。实行冬小麦、夏玉米一体化垄作与平作相比，全年耗水量减少112.22 mm，产量增加8.47%～14.03%，全年水分利用效率提高11.50%～24.04%。

5. 小麦套种玉米

（1）套种节水增产机制。夏收之前在麦行间套种玉米，同常规的在麦收后再复种秋作物种植习惯相比，具有以下突出优势。

减少水分的无效消耗。套播的秋作物同前茬小麦有一段时间的共生期，在共生期内，秋作物幼苗行间的裸露地表由早已封行的小麦群体所取代，上下茬作物互相利用棵间水分。由于麦行的遮光和挡风作用，使得秋作物苗期的棵间蒸发量大为减少。据测试结果，套种玉米可节水 28.9～34.7mm。

秋作物播期提前，生育期延长。同夏秋作物轮作，麦收后再播种的秋作物相比，夏玉米播期提前 10～15 天，生育期延长 7～8 天。

增加光照和积温。在间套种植下，由于播种期的提早和生长期的延长，秋作物生育期内的光照时间可增加 76～163h，≥10℃的积温提高幅度达 137～285℃。

缓解夏收夏种争抢时间的矛盾。复种的秋作物需要在麦收后短时间内抢种，抢种的同时还要打麦，收、打、种时间难以妥善安排；而套种的不同秋作物可在小麦扬花后陆续播种，从而缓解夏收夏种争抢时间的矛盾。

促进秋作物增收。试验统计表明，秋作物每提前 1 天播种，产量增长幅度可达0.6%～1.1%。

（2）小麦玉米套种优化模式。适宜的种植结构是提高光合效率，高效利用水、肥等因子的重要途径。套作具有充分利用时间和空间的双重意义，在生产中，套作比间作有着更明显的增产作用。在夏秋作物间套种植的条件下，根据玉米适宜种植时间、株行距、生长特性、需水特点等，将其合理组合、搭配，并按照不同的条带及格式进行种植。通过对不同种植结构下作物水分的消耗状况、产量等方面进行测试、分析、比较，从中优选出一定农业生态条件下的夏秋作物适宜间套组合模式。

小麦玉米套作理论模式。小麦玉米套作依各地≥10℃年积温是否超过 4100℃为标准，可分为窄背晚套和宽背早套两种，洛阳市≥10℃积温为 4673℃，因此适宜模式为窄背晚套。要求在小麦播量、产量不受影响的前提下，通过套种保证玉米所需积温，使玉米稳产和增产。

小麦玉米套作的理论模式如下：玉米按栽培特性确定行距，宽窄行或等行距。小麦播种时依据夏玉米所需行距预留出套种行，套种行的宽度只要能够进行套种作业即可。预留套种行之间的小麦行距依小麦品种丰产要求而定，从而可以决定小麦的行数。小麦收获前 10 天左右套种玉米，使小麦收获时玉米正值三叶期。因为玉米 2～3 片叶时开始形成次生根，在小麦、玉米共处阶段，玉米仅处于种子根生长时，受小麦的抑制作用很小。

适宜间套作模式的产量与水分生产效益。小麦玉米套种种植模式见表 4-13。

表 4-13　小麦、玉米套种种植模式

处理	组合作物	行数比例	说明
1	小麦、玉米	2∶1	每 2 行小麦套 1 行玉米，玉米行距 60～65cm
2	小麦、玉米	7∶4	2m 宽条带内，套种 4 行(宽窄行)玉米

连续 3 年的研究表明，采用不同的套种种植模式，单位面积上收获的产量及收益有着显著的差异(表 4-14)。小麦、玉米间套种植，与这两种作物轮作复种相比，提早了玉米的播种期，减少了生育周期中水分的总消耗，延长了玉米的生长时间，对于增收玉米无疑是有益的。从小麦、玉米各自的产量来看，两种处理小麦的产量没有差别，均为5991.667 kg/hm^2；而处理 1 的玉米产量却为处理 2 的 125%，说明处理 1 种植模式有利于玉米增产。处理 1 的生产效益为处理 2 的 112.3%，处理 1 的水分利用效益为处理 2 的113.9%。因此，小麦玉米以 2∶1 行数比例套种种植模式明显优于 7∶4 行数比例套种种植模式。

表 4-14　小麦、玉米套种农田生产效益及水分利用效益分析

处理	年份	产量(kg/hm^2)			年耗水量 (m^3/hm^2)	生产效益(元/hm^2)				水分利用效益(元/m^3)	
		小麦	玉米	总产平均		小麦	玉米	合计	平均	合计	平均
1	1997～1998	5765	9329		8796	6341.8	8396.1	14737.6		1.68	
	1998～1999	6324	8735	15022	8524	6956.4	7861.5	14817.9	14718.1	1.74	1.72
	1999～2000	5886	9027		8397	6474.6	8124.3	14598.9		1.74	
2	1997～1998	5765	7298		8872	6341.8	6568.2	12909.7		1.46	
	1998～1999	6324	7134	13228	8756	6956.4	6420.6	13377.0	13103.8	1.53	1.51
	1999～2000	5886	7278		8431	6474.6	6550.2	13024.8		1.54	

（3）小麦、玉米套种周年一体化灌溉技术。作物套种需水特性及合理灌溉的依据。对于小麦、玉米的需水特性，过去已做过较多的试验研究，但大多都局限于单一作物的用水状况。近年来，随着农业种植结构和种植方式的调整和改进，在间套种植条件下，不同的间套种植组合存在着共生期水分分配问题，在生产周年内要实施合理灌水，必须考虑不同作物的需水特性和共生期水分的合理分配。

从图4-4可以看出，冬季由于气温低，处于苗期的小麦耗水强度很小，平均日耗水不超过1.2mm，从3月初起耗水速率开始加快，4月中旬至5月上旬、7月下旬至8月初出现两个耗水高峰。

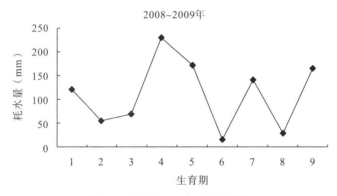

图4-4　小麦/玉米农田耗水规律

1. 小麦苗期；2. 小麦越冬期；3. 小麦返青期；4. 小麦拔节期；5. 小麦灌浆期；

6. 小麦玉米共生期；7. 玉米拔节期；8. 玉米抽雄期；9. 玉米灌浆期

本区年降水量少，季节性分配不均，不能满足夏秋两季作物生长的需要。正常情况下，缺水时间一般是在小麦生长中、后期和秋作物生长中期，按照本地区多年平均降水量值（550～640mm），即便全部都是有效降水量，同夏秋两季作物间套种植的需水量相比，还有220mm左右的缺口；实际上，有相当一部分降水同作物需水的时期不一致，况且降水量太大或太小都不能被作物有效利用。因此，若以实际有效降水量为对照，水量缺口为350mm以上。对照间套种植周年内的缺水季节，3～5月缺水最多，约需200mm；7～8月正是秋作物生长旺盛的时期，耗水强度最大，达6mm/d。雨水若不及时，就得靠灌水补充，否则将对秋作物造成严重危害（表4-15）。

表4-15　小麦/玉米水分盈亏分析　　　　　　　　　　（单位：mm）

月份	10	11	12	1	2	3	4
降水量	33.4	26.9	5.7	4.2	10.4	19.8	35.8
需水量	19.6	23.5	17.6	20.2	38.3	76.3	123.6
盈亏	13.8	3.4	−11.9	−16.0	−27.9	−56.5	−87.8

月份	5	6	7	8	9	合计	
降水量	43.3	77.1	158.8	175.8	61.3	652.5	
需水量	123.5	94.7	126.8	144.2	71.9	880.2	
盈亏	−80.2	−17.6	32.0	31.6	−10.6	−227.7	

小麦/玉米周年一体化灌溉技术。小麦/玉米两种作物可当成一个节水有机整体，采用一体化的灌水措施，冬小麦生育期内灌水 2 次左右，即拔节水和灌浆水，后期的灌浆水掌握的时间原则是既可促进小麦灌浆，又可作为夏玉米的底墒水，一水两用。而对于套种秋作物，根据生育期内的降水情况，于苗期和生长盛期共灌水 2 次左右。这样，总灌水量得到有效控制，耗水量明显减少。与传统灌溉制度相比，农田水分生产率一般提高 0.2kg/m³。

小麦/玉米是夏秋粮一年两熟的一种生产方式，其种植方法是在小麦收割前两周左右，将玉米种子播种在麦垄间。待玉米株体长到 10～15cm 高时，进行灭茬作业。与收完小麦后再耕翻、种植玉米的传统方式相比，这种种植方式玉米播种早，出苗早，特别是在同小麦共生期间，一水两用，水量损耗少，可减少大量的棵间蒸发。小麦-玉米一体化种植下，各阶段的需水强度见表 4-16。

表 4-16 小麦/玉米阶段需水状况

作物生育期	小麦				共生期	玉米				全生育期
	苗期	返青	拔节	抽雄		苗期	拔节	抽雄	灌浆	
需水量(mm)	87.7	55.8	107.1	151.0	46.0	103	102.4	87.8	114.3	855.1
需水强度(mm/d)	0.73	1.54	2.81	3.69	2.55	2.52	4.07	4.26	3.20	2.62

根据小麦、玉米的需水量和需水规律，结合本地区的降水量及农业生态状况，在偏旱至一般年份，按水量平衡法，确定其灌溉制度见表 4-17。

表 4-17 小麦/玉米一体化灌溉制度

作物生育期	小麦-玉米									全生育期
	小麦玉米	播前	越冬	返青	拔节	抽穗苗期	拔节	抽雄	灌浆	
灌水定额(mm)	小麦		75		75	90				240
	玉米						70	80		150
灌水次数(次)			1		1	1	1	1		5

夏秋作物间套种植下，实施一体化的灌溉制度及配套管理措施后，节水增产效果明显：间套小麦、玉米一体化管理可节水 21.2%，增产 6.5%～11.2%，水分利用率由 1.32kg/m³ 提高为 1.63kg/m³。

小麦、玉米套作周年一体化农田耕作措施的改进与优化。农田耕作措施关系到土壤结构改良、提高土壤蓄水保墒能力、促进作物根系下扎等与农业增收关系密切的问题。改进耕作措施的目的就是要改善作物生长的环境条件，以求得节水增收。深耕与免耕配合，调控"土壤水库"调蓄能力，控制无效耗水损失，提高作物产量及水分利用效率，是我国改进耕作措施中关键的技术问题。

深耕技术措施的作用如下。

深耕提高土壤蓄水保墒能力。对土壤进行深耕(20～30cm)，可加厚活土层，疏松的土层增加了土壤孔隙度，使土壤结构得到改善，土壤纳水能力得到提高。

深耕措施对控制农田无效耗水的作用。冬小麦拔节之前时段内的测试结果表明，常规耕作处理下的群体叶面积指数小于 3.5，地表裸露面积较大，棵间蒸发量（平均）超过总耗水量的 40%；而深耕后的小麦叶面积指数可达 3.5～4.0，因此棵间蒸发损失低于常耕，无效耗水平均只有 36.4%；若在深耕的基础上配以增施有机肥料，会有更显著的增收效果。

深耕措施对冬小麦产量的影响。深耕改变了对作物根系水、肥、气、热的供给方式，创造了良好的土体结构，形成了深厚的耕作层，增加了水分存储量，扩大了根系吸收营养的范围，同时也为根系生长创造了良好的生态条件，从而诱导了根系下扎，根量增加，冬小麦分蘖早、株体壮、分蘖多，平均株高增加，叶面积增加，后期成熟度好，产量平均提高 10% 左右。

深耕措施对农田水利利用效率的影响。试验表明，深耕措施下无效耗水降低，用于作物蒸腾的耗水量增加，即无效耗水转变为有效耗水，从而可使农田水分生产效率提高 10% 左右。

冬小麦播前深耕处理后，对于套种秋作物进行全程免耕，并对上、下茬作物的供水进行一体化管理，不仅减少了多项农事活动，而且可以使一水两用，具有一定的节水效果。本节重点探讨间套种植周年内采用一体化耕作技术对控制无效耗水、耗能，提高水分利用效率的影响，以及与免耕措施相配套的除草技术、节水灌溉技术。

套种夏玉米免耕农田的除草措施。对于套播的夏玉米，宜选用玉米田专用高效除草剂（28% 乙阿合剂），每公顷该除草剂的用量为 3.0～4.5kg，兑水 600kg 喷洒。在玉米幼苗期，把除草剂均匀地喷洒在株间的地表，进行土壤封闭除草。

免耕措施对降低农田无效耗水的作用。在冬小麦播前进行深耕的基础上，对套种夏玉米进行全程免耕的间套种植模式中，玉米行间有小麦茎基茬留在地面，在一定程度上增加了棵间地面的覆盖度。根据土壤-作物-大气连续体水分传输原理，形成了表层土壤水分向大气蒸发的屏障，可阻挡风蚀、水蚀，抑制蒸发损失。试验表明，免耕控制农田无效耗水的作用在玉米生育前期表现得尤为突出，全生育期无效耗水可降低 18.6%，耗水量降低 9.5%；灭茬免耕无效耗水降低 13.4%，耗水量降低 5.5%。上茬作物收获后正好进入多雨高温季节，在秋作物生长的中、后期，小麦茎基茬及根系在丰厚的活土层中被微生物分解后腐烂，土壤中便形成了细管状的孔隙，有利于降水和灌溉水的下渗；同时，土壤中残存的根系经微生物分解形成腐殖质，进而将土粒胶结在一起，形成了较稳定的团粒结构，这都有利于提高土壤"水库"的蓄水保墒能力。

免耕的增产效果。多年试验表明，玉米免耕仍能保持高产稳产，玉米产量增加 8.5%～9.2%。

免耕措施对农田水分利用效率的影响。小麦播前深耕配以玉米全生育期免耕，保证了较高的农田水分利用效率，并使其提高了 15% 左右。

免耕省工节能效果。夏玉米在免耕条件下，减少了灌溉定额，因而具有良好的省工节能效果，平均每公顷可节省用工 75～120 个，全程免耕的耕作费用比灭茬免耕节省 49.7%，比常规耕作省 78.3%。由此可见，降低能耗是免耕措施最大的优点。

小麦套作玉米主要存在的问题如下：①作物共处期间，套种玉米在光、水、肥等方面受小麦抑制，黏虫危害易加重，往往造成缺苗断垄，不易保证全苗，并易形成弱苗及大小苗；②对比麦后复播操作较费工，机械化较困难。因此，采用时要注意选用低秆、早熟的高产小麦品种，共处期间田间管理狠抓一个"早"字，促苗壮、保全苗，特别是对早套小麦要施用基肥、种肥，适期进行苗期管理；麦收后，狠抓"抢"字，抢时间进行各项田间管理，促弱苗向壮苗迅速转化。从适用地区看，在生长季较长、机械化程度较高的单位，复播与套种搭配应用时，复播的比重可增大，反之，套种的比重宜加大。

提高套播功效的关键技术如下：①加宽麦播行距。将麦播行距在原来的基础上适当加宽，同时可适当地加大播幅，改善小麦后期通风透光状况，增强边行优势。试验和实践表明，改进后的种植格式不仅不影响小麦高产，而且还大大方便秋作物的种植及管理。②采用专用机播耧。引用间套种植的专用机播耧比人工点种功效提高 10 倍以上。

三、田间管理技术

间(混)、套作的增产效果已为科学试验和生产实践所验证。但是，如果复合群体中的种间和种内关系处理不当，竞争激化，结果会适得其反。如何择选好作物组合，配置好田间结构，协调好群体矛盾，成为间(混)、套作技术特点的主要内容。

(一)作物及其品种选配

各种作物或品种均要求有相应的生活环境。在复合群体中，作物间的相互关系极为复杂，为了发挥间(混)作复合群体内作物的互补作用，缓和其竞争矛盾，需要根据生态适应性来选择作物及其品种。在品种选择上要注意互相适应、互相照顾，以进一步加强组配作物生态位的有利差异。间(混)作时，矮位作物光照条件差，发育延迟，要选择耐阴性强、适当早熟的品种，如玉米和大豆间、混作，大豆宜选用分枝少或不分枝的亚有限结荚习性的较早熟品种，与玉米的高度差要适宜。玉米要选择株型紧凑，不太高，叶片较窄、短，叶倾斜角大，最好果穗以上的叶片分布较稀疏、抗倒伏的品种。

(二)田间结构配置

1. 密度

提高种植密度、增加叶面积指数和照光叶面积指数是间(混)作增产的中心环节。间作时，一般高位作物在所种植的单位面积上的密度要高于单作，以充分利用改善了的通风透光条件，发挥密度的增产潜力，最大限度地提高产量。其增加的程度应视肥力情况、行数多少和株型的松散与紧凑而定。水肥条件好，密度较大。不耐阴的矮位作物由于光照条件差，水肥条件也较差，一般在所种植单位面积上的密度较单作时略低一些或与单作时相同。

生产中，为了达到高位作物的密植增产和发挥边行优势，并能增加副作物的种植密度、提高总产量，经验是高位作物采用宽窄行、带状条播、宽行密株和一穴多株等种植形式，做到"挤中间，空两边"，即以缩小高位作物的窄行距和株距(或较宽播幅)保证要求的密度，以发挥密度的增产效应；用大行距创造良好的通风透光条件，充分发挥高位作物的边行优势，并减少矮位作物的边行劣势。

生产运用中，各种作物密度还要结合生产目的、土壤肥力等条件具体考虑。当作物有主次之分时，一般是主作物(高位作物或矮位作物)的密度和田间结构不变，以基本上不影响主作物的产量为原则；副作物的多少根据水肥条件而定，水肥条件好，副作物可多一些，反之，就少一些。从土壤肥力看，如甘肃等地小麦、扁豆或大麦、豌豆混作，水肥条件较好的地上，小麦、大麦比例较大；相反，扁豆或豌豆比例加大。

2. 行数、行株距的幅宽

行距和株距实际上也是密度问题，其配合的好坏，对于各作物的产量和品质有重要影响。间作作物的行数要根据计划作物产量(需有一定的播种面积予以保证)和边际效应来确定，一般高位作物不可多于、矮位作物不可少于边际效应所影响行数的两倍。这个原则在实际运用时可根据具体情况相应增减。

矮位作物的行数还与作物的耐阴程度、主次地位有关。耐阴性强时，行数可少；耐阴性差时，行数宜多些。矮位作物为主要作物时，行数宜较多；矮位作物为次要作物时，行数可少。例如，玉米与大豆间作，大豆较耐遮阴，配置2~3行，可获得一定产量。但在以大豆为主的情况下，行数则可增加到10行以上，这样有利于保证大豆获得较高产量。

幅宽是指间作中每种作物的两个边行相距的宽度。幅宽一般与作物行数呈正相关关系。高位作物带内的行距一般都比单作时窄，所以在与单作相同行数的情况下，幅宽要小于相同行数行距的总和。矮位作物的行数较少，如2~3行情况下，矮位作物带内的行距宜小于单作的行距，即幅宽较小，密度可通过缩小株距加以保证，这样的好处是可以加大高位作物的间距，减轻边行劣势。

3. 间距

间距是相邻两作物边行的距离，这里是间作中作物边行争夺生活条件最大的地方；间距过大，减少作物行数，浪费土地；过小，则加剧作物间矛盾。在水肥条件不足的情况下，两边行矛盾激化，甚至达到你死我活的地步。在光照条件差或都达到旺盛生长期时，间作物互相争光，严重影响处于矮位的作物的生长发育和产量。

各种组合的间距在生产中一般都容易过小，很少过大。在充分利用土地的前提下，主要照顾到矮位作物，以不过多影响其生长发育为原则。具体确定间距时，一般可根据两个作物行距一半之和进行调整。在水肥和光照充足的情况下，可适当窄些。相反，在差的情况下可宽些，以保证作物的正常生长。

4. 带宽

带宽是间作的各种作物顺序种植一遍所占地面的宽度。它包括各个作物的幅宽和行距。以 W 表示带宽，S 表示行距，N 表示行数，n 表示作物数目，D 表示间距，即

$$W = \sum_{i=1}^{n} \left[S_i (N_i - 1) + D_i \right] \tag{4-1}$$

带宽是间作的基本单元，一方面各种作物的行数、行距、幅宽和间距决定带宽，另

一方面式(4-1)各项又都是在带宽以内进行调整，彼此互相制约。

在不同条件下，各种类型的间作都要有一个相对适宜的带宽，以更好地发挥其增产作用。安排得过窄，间作作物互相影响，特别是造成矮秆作物减产；安排得过宽，减少了高秆作物的边行，增产不明显，或矮秆作物过多往往又影响总产。间作作物的带宽适宜与否由多种因素决定，一般可根据作物品种、土壤肥力，以及农机具进行调整。高位作物占种植计划的比例大而矮秆作物又不耐阴，两者都需要大的幅宽时，采用宽带种植。高秆作物比例小且矮秆作物又耐阴可以窄带种植。株型高大的作物品种或肥力高的土地的行距和间距都大，带宽要加宽；反之，缩小。此外，机械化程度高的地区一般采用宽带状间作。中型农机具作业，带宽要宽，小型农机具作业可窄些。

第三节　主要结论

(1)小麦复播大豆的最佳密度为 22.5 万株/hm^2 左右，对应的产量约为 2996 kg/hm^2。最佳田间配置方式为行距 40 cm，株距 11cm；或 40cm、20cm 宽窄行种植，株距 14.8cm。

(2)玉米与大豆 2：2 间作时，即玉米大行距为 145 cm，小行距为 35 cm，株距为 22 cm时，其复合群体的总产量是最高的。玉米 145 cm 的带宽有利于复合体系产量的提高，其原因是这样的带宽在保证玉米满足其最佳群体结构要求的同时，也具有较其他分带规格较为合理的密植规格(株距)。

(3)小麦生育季节，垄作平均耗水量为 375.67 mm，平作为 424.96 mm，垄作冬小麦耗水量比平作减少 49.29 mm，产量平均增加 376.37 kg/hm^2，水分利用效率提高 12.99%～23.44%；夏玉米生育季节，垄作平均耗水量为 381.90 mm，平作为 444.83 mm，产量增加 863.63 kg/hm^2，水分利用效率提高 10.02%～24.64%。实行冬小麦、夏玉米一体化垄作与平作相比，全年耗水量减少 112.22 mm，产量增加 8.47%～14.03%，全年水分利用效率提高 11.50%～24.04%。

第五章 小麦-玉米连作适宜灌溉
方式与配套技术研究

第一节 冬小麦喷灌技术试验研究

本次试验中，关于冬小麦喷灌技术的研究主要从喷灌对田间环境与土壤水分的影响、喷灌条件下不同处理的耗水情况、喷灌条件下分蘖动态研究及大田喷灌作物水分生产率研究4个方面展开。

一、喷灌对田间环境与土壤水分的影响

(一)喷灌条件下地温和湿度的变化研究

在测水量的同时，每间隔20分钟分别用地温计(精确度为0.5℃)和湿度计测量土壤温度和相对湿度。本书地温计所测试的土壤深度分别取5 cm、10 cm、15 cm、20 cm。具体观测结果见表5-1。

表 5-1 喷灌过程中地温和湿度的变化表

时刻	地温(℃)				相对湿度
	5cm	10cm	15cm	20cm	
初始时刻	20.5	19.5	18.5	15.5	0.52
第20分钟	20.0	18.0	17.0	15.0	0.68
第40分钟	19.5	18.0	16.5	15.0	0.84
第60分钟	18.5	17.5	16.0	15.0	0.96
第80分钟	18.0	17.5	16.5	15.5	0.90
第100分钟	17.5	17.0	16.0	15.0	0.90
第120分钟	17.0	16.5	15.0	15.0	0.94

1. 喷灌条件下各土壤层地温的变化规律

试验结果显示，从喷灌的初始时刻到终止时刻，5cm土壤层、10cm土壤层、15cm土壤层和20cm土壤层的地温均随着时间的推移呈下降趋势。土壤深度越小，地温就越高；土壤深度越大，地温就越低。从整体来看，灌水的初始时刻到灌水的第80分钟，各土层的地温差别较大；但从第80分钟至喷灌终止时刻，即第120分钟，各土层地温的差别相对减小且基本稳定不变(表5-1和图5-1)。

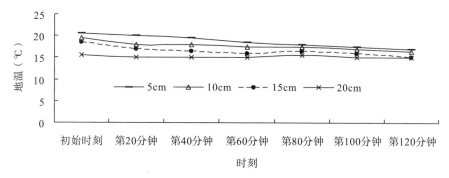

图 5-1　喷灌条件下不同土壤层地温随时间变化的规律

研究进一步表明，在喷灌的初始时刻、第 20 分钟、第 40 分钟、第 60 分钟、第 80 分钟、第 100 分钟和第 120 分钟，从 5cm 土壤层至 20cm 土壤层，地温均呈下降趋势，且下降幅度高于从喷灌初始时刻至终止时刻各土壤层地温的变化幅度(图 5-2)。这说明，土壤层越深，本身的地温就越低，当实施喷灌时，各层的地温虽然随着时间的推移受到了一定的影响，但变化较小。

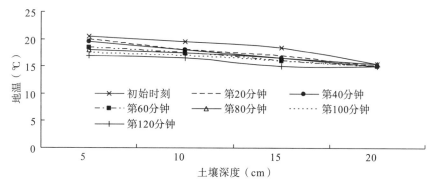

图 5-2　喷灌初始时刻至终止时刻不同土壤层地温的变化规律

2.喷灌条件下各土壤层相对湿度的变化规律

从图 5-3 可以看出，从喷灌的初始时刻到第 60 分钟，相对湿度从 0.52 增至 0.96，且增加幅度较高，为 0.44；从第 60 分钟至第 80 分钟，相对湿度开始下降；从第 80 分钟至喷灌终止时刻，则又呈上升趋势。这说明，在喷灌的前 60 分钟，田间的相对湿度受喷灌的影响较大，进一步证明了，研究区域——河南省半干旱区的田间环境相对湿度较低。然而，在喷灌后期，由于田间相对湿度已经达到较高水平，相对湿度要持续增加已经很难实现，所以在一定时间内，相对湿度会维持在某一较高的水平且保持稳定不变。

综上可知，喷灌可以改善农田小气候是有理论根据的。这是由于在实施喷灌时，水滴在飞行过程中到达冠层或地面后，水汽会迅速扩散到周围空气中，使得空气湿度增大。水分进入土壤以后，改变了土壤的热导率和比热容，从而也改变了土壤的热特性，使得土壤温度分布发生了变化。

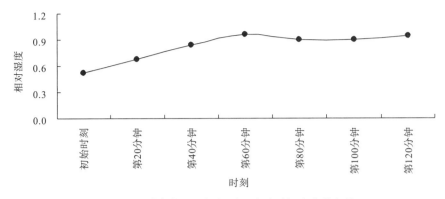

图 5-3　喷灌条件下田间相对湿度随时间变化的规律

（二）全生育期不同处理土壤水分动态

冬小麦生长期间的土壤水分状况主要受降水、灌水、地下水补充及作物蒸发蒸腾量的影响。由于试验区的地下水位较低，埋深一般大于 3.0 m，所以地下水对土壤水分状况的影响可以忽略不计。图 5-4 和图 5-5 分别展示了喷灌大田冬小麦全生育期降水量和喷灌条件下不同处理土壤水分变化（表层下 60 cm）情况。

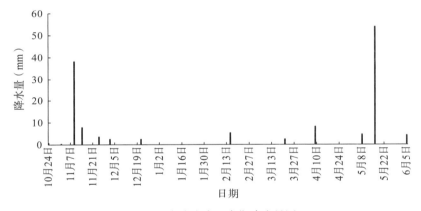

图 5-4　冬小麦全生育期降水量图

试验结果表明，播种—越冬期，各处理土壤水分的变化较大，这主要是因为该段时间气温较高、棵间蒸发较大；越冬—返青期，由于气温最低，蒸发蒸腾量最小，所以各处理对应的土壤水分变化相对较小；返青—收割期，因冬小麦进入营养生长和生殖生长阶段，且该阶段气温达到峰值，棵间蒸发和植株蒸腾均达到最大，所以土壤水分变化最大，或土壤水分变化显著。另外，由图 5-5 也可看出，每次降水后，各处理对应的土壤水分均能达到一个较高的水平，而灌溉处理则使不同处理间的土壤水分在拔节后差异较大。

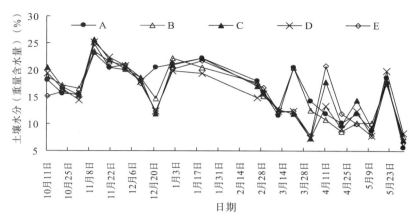

A：在越冬期、拔节期、抽穗扬花期、灌浆成熟期进行灌水 40mm 处理

B：在越冬期、拔节期、拔节期、抽穗扬花期、灌浆成熟期进行灌水 30mm 处理

C：在越冬期、拔节期、抽穗扬花期进行灌水 40mm 处理

D：在返青期、抽穗扬花期、灌浆成熟期进行灌水 40mm 处理

E：在返青期、抽水穗扬花期进行灌水 40mm 处理

图 5-5　全生育期各处理土壤水分变化曲线

二、喷灌条件下不同处理的耗水情况

（一）喷灌条件下不同处理日耗水量

一个地区冬小麦日需水量在全生育期的变化过程是其本身生物学特性与环境条件综合作用的反映，同时也是需水规律的具体表现。图 5-6 展示了喷灌条件下 5 个不同处理时，冬小麦日耗水量的变化过程线，可以看出，尽管各处理日耗水强度高低不同，但变化趋势是一致的，基本上可分为四个阶段：第一，返青期以前，日耗水强度由高变低。播种—越冬这一时段内日耗水强度较高，在此期间植株比较矮小，田间耗水以棵间蒸发为主，这一时段内 C 处理日耗水强度值高达 1.54 mm/d，紧接着越冬—返青时段，由于气温降低到极值，棵间蒸发和植株蒸腾都比较小，所以这段时段内日耗水强度也最低，5 个不同处理大都在 0.5 mm/d 左右；第二，返青—拔节期间为日耗水强度升值期，此间随着气温升高，植株营养体增大，腾发量也增大，因此日耗水强度也升高；第三，拔节—灌浆期为峰值期，植株在这一阶段营养生长和生殖生长同时达到最大值，所以这一阶段五个不同处理日耗水强度达到最大值，由图 5-6 可以看出，D 处理日耗水强度达到 4.25 mm/d；第四，灌浆—成熟期日耗水强度呈下降趋势，在这段时期叶片和茎秆老化，腾发量也降低，所以日耗水强度下降。

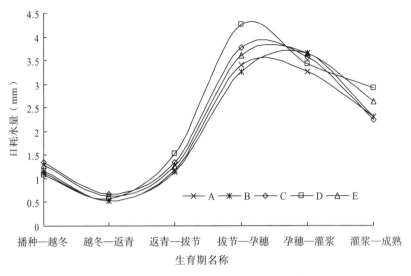

图 5-6　全生育期不同处理日耗水量曲线

（二）喷灌条件下不同处理各生育阶段耗水量及模系数

阶段耗水量是指某一生育阶段的耗水量，而模系数则指某阶段耗水占全生育期耗水量的百分数。喷灌冬小麦由于所设置的处理不同，因而各处理模系数和日耗水强度也不相同，见表5-2。

表 5-2　喷灌条件下不同处理各生育阶段耗水量及模系数

| 处理 | 项目 | 生育阶段 | | | | | | 全生育期 |
		播种—越冬	越冬—返青	返青—拔节	拔节—孕穗	孕穗—灌浆	灌浆—成熟	
A	阶段耗水量(mm)	70.2	39.75	21.33	105.71	58.51	62.38	357.88
	天数(d)	60	75	18	31	18	27	231
	日需水强度(mm/d)	1.17	0.53	1.19	3.41	3.25	2.31	1.55
	模系数(%)	19.62	11.11	5.96	29.54	16.35	17.43	100
B	阶段耗水量(mm)	66.6	39	20.56	99.62	65.55	61.92	353.25
	天数(d)	60	75	18	31	18	27	231
	日需水强度(mm/d)	1.11	0.52	1.14	3.26	3.64	2.29	1.53
	模系数(%)	19.62	11.11	5.96	29.54	16.35	17.43	100
C	阶段耗水量(mm)	80.4	51	24.23	116.46	64	60.23	396.32
	天数(d)	60	75	18	31	18	27	231
	日需水强度(mm/d)	1.34	0.68	1.35	3.76	3.56	2.23	1.72
	模系数(%)	20.29	12.87	6.11	29.39	16.15	15.20	100

续表

处理	项目	生育阶段						全生育期
		播种—越冬	越冬—返青	返青—拔节	拔节—孕穗	孕穗—灌浆	灌浆—成熟	
D	阶段耗水量(mm)	64.2	42	27.4	131.99	61.64	78.51	405.74
	天数(d)	60	75	18	31	18	27	231
	日需水强度(mm/d)	1.07	0.56	1.52	4.25	3.42	2.91	1.76
	模系数(%)	15.82	10.35	6.75	32.53	15.19	19.35	100
E	阶段耗水量(mm)	77.4	48	22.74	111.65	65.68	70.78	396.25
	天数(d)	60	75	18	31	18	27	231
	日需水强度(mm/d)	1.29	0.64	1.26	3.6	3.64	2.62	1.72
	模系数(%)	19.53	12.11	5.74	28.18	16.58	17.86	100

1. 喷灌条件下不同处理各生育阶段耗水量的变化规律

由表 5-2 和图 5-7 可以看出，冬小麦各生育阶段耗水量在 5 个处理中变化规律大体一致，即从播种到拔节期以前，耗水量呈下降趋势；拔节—孕穗期，快速上升；孕穗—灌浆期，又开始下降，且变化幅度大于拔节期以前；灌浆—成熟期，又缓慢增加。研究进一步表明，各处理中，孕穗前后耗水量最大，为 99.62～131.99mm，且波动幅度最大；其次为播种期前后，耗水量为 64.2～80.4mm，波动较小；返青期前后，耗水量最少，为 20.56～27.4mm，波动幅度最小。总体来看，各阶段耗水量的高低顺序为 D>C>E>A>B，这里，D 处理明显最高，C 处理和 E 处理的耗水量近似，A 处理和 B 处理差别不大。

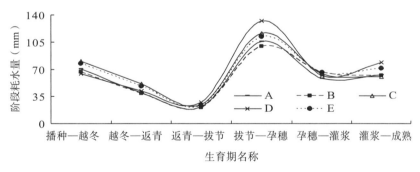

图 5-7　不同处理条件下冬小麦阶段耗水量的变化趋势图

2. 喷灌条件下不同处理各生育阶段模系数的变化规律

研究结果表明，冬小麦各生育阶段模系数在 5 个处理中的变化规律基本相似，即拔节期以前，模系数下降；拔节—孕穗期，快速上升；孕穗—灌浆期，又开始下降，且下降幅度高于拔节期以前；灌浆—成熟期，又缓慢增加。与上述喷灌条件下不同处理各生育期阶段耗水量的变化规律相比，不同处理间的波动幅度相对较小。5 个处理中，D 处理的模系数在各阶段的变化较大，其他 4 个处理的则较小(图 5-8)。

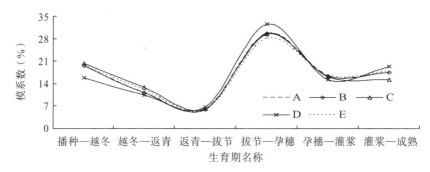

图 5-8　不同处理条件下冬小麦阶段模系数的变化趋势图

综上，喷灌条件不同处理各生育期阶段耗水量和模系数的变化规律基本一致，且各阶段的耗水量变化幅度较大，而模系数的则相对较小。5 个处理中，耗水量最高是 D 处理，整个生育期为 405.74mm；其次为 C 处理和 E 处理，分别为 396.32mm 和 396.25mm；耗水量最小的是 A 处理和 B 处理，各为 357.88mm 和 353.25mm。

(三)喷灌条件下作物系数变化动态

喷灌条件下，5 个不同处理的作物系数如图 5-9 所示。由图 5-9 可以看出，作物系数的变化曲线和作物日耗水量的变化趋势一致；喷灌条件下作物系数整体上小于地面灌溉的作物系数，在拔节—孕穗阶段，地面灌溉冬小麦的作物系数大概为 1.8，而喷灌条件下在此阶段的作物系数为 1.3 左右。这表明，作物系数越小，作物蒸散量越小，作物所需水量也就相应的较少，从而可达到节水的效果。

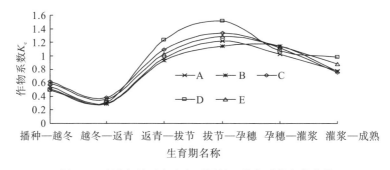

图 5-9　喷灌条件下冬小麦不同处理作物系数变化曲线

三、喷灌条件下分蘖动态研究

有研究表明，小麦的分蘖并不是都能抽穗结实的。凡能抽穗结实的叫有效分蘖，不能抽穗结实的分蘖叫无效分蘖。一般年前发生较早的分蘖属有效分蘖；年后发生的分蘖属无效分蘖。

图 5-10 是喷灌条件下五个不同处理 1 m 行分蘖动态，由图 5-10 可以看出，各处理所对应的行分蘖数变化规律基本一致，大体上都呈"几"字形的变化趋势，即先增大后减小再增加的过程。各处理在灌浆期以前的行分蘖数波动幅度较大，灌浆—成熟期，则相对较小。另外，C 处理的行分蘖数高峰期是 5 个处理中出现最早且增加阶段最短的，其

他处理的行分蘖数高峰期出现的相对较晚，但行分蘖数持续增加的时段相对较长。

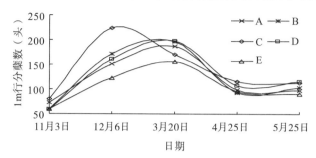

图 5-10　喷灌条件下冬小麦 1m 行分蘖动态曲线图

研究结果还显示，小麦产量高低与有效分蘖有关。图 5-10 中 C 处理在年前分蘖数最多，E 处理分蘖数最少，其余 3 个处理居中。这与试验测得的产量结果刚好一致，C 处理产量最高为 7836.64 kg/hm^2，E 处理产量最低为 6960.63 kg/hm^2，其余 3 个产量居中。

四、大田喷灌作物水分生产率研究

(一)喷灌大田产量与水量关系研究

作物产量是诸多因子共同作用的结果，其中水肥是最主要的因素，试验各处理在播种前施底肥量相同，因此只考虑水这一单因子的影响。表 5-3 是 5 个不同处理的灌水量、耗水量与产量的统计结果。由表 5-3 和图 5-11 可以看出以下内容。

表 5-3　喷灌条件下各生育期灌水量、总耗水量、产量分析

处理	各生育期灌水量(mm)			总耗水量 (mm)	产量 (kg/hm²)
	返青	拔节	抽穗扬花		
A		40	30	357.88	7482.63
B		30	30	353.25	7021.84
C		40	40	396.32	7836.64
D	40		40	405.74	6972.43
E	40		40	396.25	6960.63

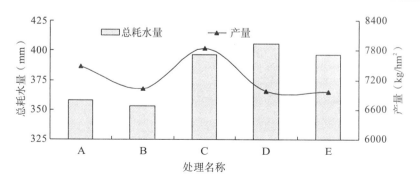

图 5-11　不同处理下冬小麦产量与总耗水量的变化趋势图

第一，从 A、B、C、D 和 E 处理来看，A、B、C 三个处理的产量均高于 D、E 两个处理的产量，而且 A、B 两个处理的喷灌水量还比 D、E 两个处理的喷灌水量少。由此说明，在冬小麦的生长发育过程中，拔节—抽穗期和抽穗—扬花期为冬小麦需水的关键期。

第二，从灌水时间来看，C、D、E 三个处理的灌水量都为 80 mm；C 和 E 处理的耗水量相差不多，D 处理的耗水量最多；而 C 处理的产量最大，达到 7836.64 kg/hm²，D 和 E 处理产量相当。究其原因，D 和 E 处理没有在需水关键期灌水，它们虽然和 C 处理所灌水量相同，但可能存在奢侈性耗水，存在的奢侈性耗水不能转化成产量，从而降低了水分生产函数。

第三，从需水关键期灌水量来看，对比 A、B 两个处理，A 处理在拔节期比 B 处理多灌水 10 mm，提高产量 460.79 kg/hm²；A 处理在抽穗扬花期比 C 处理少灌水 10 mm，减少产量 354.01 kg/hm²；B 处理在拔节期和抽穗扬花期比 C 处理少灌水 20 mm，减少产量 814.8 kg/hm²。在需水关键期灌水，多灌 10 mm 水可提高产量 400 kg/hm²。

以上三点充分说明，在喷灌条件下，需水关键期灌水和灌多少水是影响冬小麦产量的主要原因。

（二）水分生产率

分析各试验处理的总耗水量与产量的关系，列表计算其水分生产率（表 5-4 和图 5-12）。通过分析对比，可以看出以下内容。

表 5-4　不同处理总耗水量、产量及水分生产率分析

试验处理	A	B	C	D	E
总耗水量(mm)	357.88	353.25	396.32	405.74	396.25
产量(kg/hm²)	7482.63	7021.84	7836.64	6972.43	6960.63
水分生产率(kg/m³)	2.09	1.99	1.98	1.72	1.76

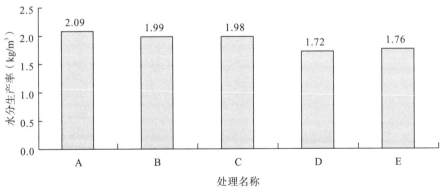

图 5-12　不同处理下冬小麦水分生产率的变化趋势图

第一，从计算结果来看，D 处理的水分生产率最小，为 1.72 kg/m³，A 处理的水分生产率远大于其他试验处理，为 2.09 kg/m³。

第二，再比较 A、B、C 处理和 D、E 处理可以明显看出，A、B、C 处理的水分生产率明显高于 D、E 处理的水分生产率，在灌水量相差不多的情况下，水分生产函数有明显差别，这主要由灌水时期的不同引起的，D、E 两个处理相当于把 A、B、C 处理的拔节水提前灌到返青期，这充分说明在拔节期灌水比返青期灌水更能提高水分利用效率。

第三，从表 5-4 中可以看出，产量最高的 C 处理水分生产率不一定最高（水分生产率最高的处理为 A 处理），从灌水时间看，A 和 C 处理在相同的生育阶段灌水，但灌水量稍有差别，A 处理比 C 处理在抽穗扬花期少灌 10 mm 水，但 A 处理比 C 处理总耗水量少 38.44 mm，产量少 354.01 kg。从最经济的角度考虑，C 处理比 A 处理多的产量价值大于多耗水量的价值，处理 C 比处理 A 经济。

第二节　畦灌技术试验应用研究

一、河南省粮食主产区畦灌现状

（一）河南省粮食主产区畦灌现状

畦灌水方式在河南省粮食主产区十分普及，但灌水技术却不尽合理，往往存在着规格不一、畦块过宽过长、灌水沟较深较长的缺点。

通过对井灌区典型耕地的统计，结果发现，统计区内共有 1000 多个畦块，畦长小于 50 m 的占 9.1%，大于 50m 的占 90.9%，畦、沟长度超过 100 m 的占 45%，150 m 的占 16.8%，200m 的占 7.1%，平均长度为 100 m。畦宽小于 4m 的只有 14%，大于 4m 的占 86%，大于 6 m 的占 34%，大于 8 m 的占 9%，平均为 6 m。自流灌区的畦田规格也存在着过宽过长的现象，平原地区 100 hm² 典型地块调查结果显示，平均畦宽 112 m，畦长大于 80 m 的占 84%，平均畦宽 4.5 m，畦宽大于 3 m 的占 86%；丘陵地区，畦长受梯田宽度的影响，畦长大部分在 30~60 m，畦宽都较宽，大都在 3 m 以上。

畦长过宽过长均会致使灌水定额增大、田间水利用率降低、灌水均匀度下降、土体结构易破坏、深层渗漏等，同时还会导致土壤养分流失、产量降低等情况的出现。表 5-5 表明了中壤土 1/500 比降情况下，畦长与灌水定额、渗漏量和产量的关系。

表 5-5　畦长与灌水定额、渗漏量及产量的关系

	畦长（m）	30	50	100	180
一水	灌水定额（m³/hm²）	487.5	637.5	838.5	1335.0
	深层渗漏量（m³/hm²）	0.0	0.0	210.0	705.0
	渗漏/定额（%）	0.0	0.0	25.0	52.8
二水	灌水定额（m³/hm²）	375.0	585.0	1009.5	1455.0
	深层渗漏量（m³/hm²）	0.0	0.0	180.0	570.0
	渗漏/定额（%）	0.0	0.0	17.8	39.0
	产量（kg/hm²）	4969.5	4995.0	4885.5	4485.0
	增产率（%）	10.8	11.4	9.9	0.0

1.畦长与灌水定额和渗漏量的关系

(1)畦长与灌水定额的关系。由表 5-5 和图 5-13 可以看出,对于灌水定额,当畦长为 30m、50m 时,一水的分别比二水的高 30％和 8.97％;当畦长为 100m、180m 时,则是一水的比二水的低 20.39％和 8.99％。从整体来看,随着畦长的增加,一水和二水时的灌水定额均呈增大趋势。对于各畦长间灌溉定额的上升幅度,一水时分别为 30.77％、31.53％和 59.21％,且随畦长的增加呈增大趋势;二水时分别为 56.00％、72.56％和 44.13％,随畦长的增加先增大后减小,但总体要比一水时高。总体来讲,畦长为 100m 和 180m 时的灌水定额,在一水和二水时均要明显高过 30m 和 50m 的。这说明,畦长越长,所消耗的灌水定额除增加畦长所需要的正常灌溉定额外,还需要一定的灌溉水量才能保证其土壤含水率和短畦时一致,即畦长越长,水浪费现象越容易发生。

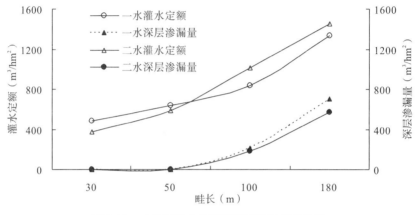

图 5-13　畦长与灌水定额和深层渗漏量的关系

(2)畦长与深层渗漏量的关系。研究进一步表明,无论在一水灌溉还是二水灌溉,短畦时,即 30m、50m 的畦长,几乎没有发生深层渗漏的现象,而 50～180m,深层渗漏量逐渐加大,至 180m 畦长时,二者的渗漏量分别达到了 705.0m^3/hm^2 和 570.0m^3/hm^2。

由以上分析可知,在畦长 100m、180m 时,一水的灌溉定额并没有二水的高,但深层渗漏量却较高,这说明,一水灌溉时,研究区域深层土壤中水分含量较低,所以,尽管总的灌溉定额较小,但灌溉水渗漏的速度较快,所以单位时间的渗漏量较大;而在进行二次灌水时,由于与一水灌溉的间隔时间较短,深层土壤的含水量较一水灌溉前高,渗漏速度降低,所以单位时间的渗漏量也就较低。

总体来看,畦长越长,单位面积上的灌水定额就会增加,渗漏损失也会明显加大,即造成的水浪费现象较严重。

2.畦长与产量及增产率的关系

(1)畦长与产量的关系。研究表明,当畦长小于 50m 时,每公顷的产量呈增加趋势,即 30m 时,为 4969.5kg/hm^2;50m 时,为 4995.0kg/hm^2,比 30m 时高 0.51％。当畦长大于 50m 时,每公顷的产量呈下降趋势,即 100m 时,为 4885.5kg/hm^2,分别比 50m、30m 时低 2.19％和 1.69％;180m 时,为 4485.50kg/hm^2,分别比 100m、50m、

30m 时低 8.20%、10.21% 和 9.75%。总体来看，当畦长到达某一长度时，如 50m，每公顷的产量就达到了最大，如果畦长继续加长，如 100m、180m，每公顷的产量不增反减，这说明，若要获得每公顷作物产量的最大值，需要设定合理的畦长长度(图 5-14)。

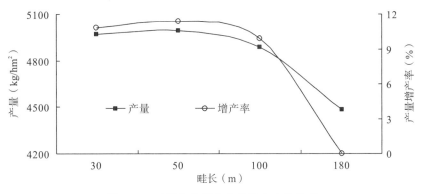

图 5-14　畦长与产量和产量增产率的关系

(2)畦长与增产率的关系。从产量增产率的角度看，4 个畦长中，50m 的畦长增产率最高，为 11.4%；其次为畦长 30m，为 10.8%；再次为畦长 100m，为 9.9%；当畦长至 180m 时，增产率为 0，即没有增产。这表明，畦长较短时，如畦长 30m，每公顷的产量增加值还有提高的空间，当到达某一畦长长度时，如畦长 50m，每公顷产量的增加率达到最高；如果再继续加大畦长的长度，如畦长 100m，每公顷产量的增产率开始下降；至某一畦长时，如 180m，就没有增产。

由以上分析可知，为获得单位产量的最大值和每公顷产量的最高值，既需要设定合理的畦长，还要考虑对应畦长的灌溉定额，以此达到单位水量获取最高产量的目的。

(二)影响畦灌的主要因素

畦灌在水力学中是一个时空非恒定、非均匀流。在空间上，流入畦中的水量随着水流顺向运动而沿途入渗，以补充土壤水分，因而沿流程不同点的流量不同。在时间上，土壤的入渗滤随灌水时间的加长，由初始的最大逐渐变小，最后趋向稳定，在全过程呈现非均匀流。影响畦灌的因素主要有以下几点。

(1)入畦流量，在一般情况下，由灌溉制度和管理决定其大小。

(2)畦的坡度，纵坡影响水流行进速率，边坡影响水流分布。

(3)畦内的糙率，影响流速。

(4)植被对水流产生的水力摩阻，因作物的种类、种植方式、作物生育阶段与长势而不同，与畦、沟地面糙率共同组成对水流的摩阻。

(5)土壤抗蚀能力，决定着允许入畦的最大流量，限制畦内的最大流速，使畦内产生水土流失。

(6)作物的耐冲力，易于倒伏的高秆作物对水流的冲力有一定限制。

(7)引水沟的形状大小，它决定着畦灌的供水能力。

(8)计划的灌水定额。

(9)畦灌的水深。

（10）土壤入渗率，它随土壤的受水历时而变化，因土壤的含水率不同而有差异。

（11）畦中水流的推进长度与达到此长度的历时。

（12）畦中水流的进行流速。

畦灌水流作为一种自然现象，受上述诸多因素的影响，服从地面水动力学规律，在灌溉过程中，还受灌水人员技术水平的影响。尽管影响畦灌的因素多种多样，但从水力学角度来看，仍集中在入畦流量 q、流速 v 和比降 s、地面粗糙和作物阻力产生的水力摩阻 n 及流水水深 d 之间的联系，即 $f(q) = f(v) = g(s，n，d)$ 之间的相互制约关系。在一定的流量下，它们之间形成了一种组合，产生了一种相应的水流流态，并最终反映在水深 d 上。当作物阻力作用增强，或流量加大，或比降降低时，则产生壅水现象，水深逐渐增深到与这些变化相适应，达到增深给水流增加的动力足以抵消这些变化的滞流作用为止。同时，水流服从连续定律，即在水流运动过程中的任意时刻，田面上流动水的总储量与入渗于土壤中的总水量之和等于引入畦内的总水量，这也即符合质量守恒定律，以函数表达的方程式为

$$W_{地上} + W_{入渗} = qt \qquad (5\text{-}1)$$

式中，$W_{地上}$ 为田面上流动水的总储量；$W_{入渗}$ 为入渗于土壤中的总水量；q 为入畦流量；t 为引水历时。

假定灌溉面积为 A，灌水深度为 d，灌溉水量迅速在田面上展开，均匀度为 100% 的理想情况下，又有 $qt = Ad$ 的制约关系。

二、畦灌技术试验应用研究

（一）灌水历时的确定

为达到定额灌水的目的，必须使畦首处放水减少单位时间内渗入土壤的水量大于计划定额。

$$m = H_0 = k_0 t^n$$
$$t = \left(\frac{m}{k_0} \right) \Big/ n \qquad (5\text{-}2)$$

式中，t 为灌水历时，$\min$；$m = H_0$ 为计划灌水定额，由灌溉制度给出；k_0、n 为土壤入渗经验常数，需由土壤入渗试验求得。

土壤入渗率是灌水的一个重要指标，它受地面上水深、水和土壤温度（影响水的黏度，从而影响渗流的渗透系数）、土壤质地和结构（各项均匀或非均匀的程度）、土壤原始含水率（饱和度影响土壤中的过流能力）、灌水方法中有关因素等的影响，在大田中随位置不同而不同，在土壤受水之初其强度较大，随受水历时的增加而趋向于稳渗值，因此在灌水过程中它也随灌水历时而变化，它是一个随时空变化的参数。一般用考斯加可夫公式表示：

$$Y = k_1 t^{-a} + b \quad (t \neq 0，0 \leqslant a \leqslant 1) \qquad (5\text{-}3)$$

令 t 时间内入渗的水量为 H_t

$$H_t = \frac{K_1}{a+b} t^{-a+1} + bt = k_0 t^n + bt \qquad (5\text{-}4)$$

式中，H_t 为 t 时间内入渗的总水量；T 为入渗持续时间，min；k_0、n 为入渗经验常数；b 为土壤的稳定入渗率，cm/min。

根据试验，河南省半干旱区不同的土壤类型的入渗常数见表5-6。

表 5-6　河南省粮食主产区不同土壤类型入渗常数表

土壤类型	k_0	n	b（cm/min）
潮土	1.829	0.461	0.020
褐土	2.481	0.326	0.0168
黄褐土	3.68	0.170	0.0172

灌水历时除满足式(5-2)外，还必须满足灌水周期的要求：

$$T = AMt \tag{5-5}$$

式中，A 为水源控制灌溉面积，hm^2；M 为单位灌溉面积上的畦个数，个；t 为每个畦的灌水历时，min。

灌水周期一般小于或等于7天(10080 min)，如果用式(5-2)计算的灌水历时不能满足式(5-5)的要求，则必须调整灌溉面积或单位面积的畦个数，或改变轮灌的编组。河南省半干旱区主要作物小麦、玉米的灌水定额一般在 $30 \sim 50$ m^3/亩，假定为 40 m^3/亩(60 mm)，则式(5-2)计算出的各土壤的灌水历时见表5-7。

表 5-7　河南省粮食主产区主要土壤畦灌水历时表

土壤类型	潮土	褐土	黄褐土
灌水历时	$13.0 \sim 15.0$	15.0	17.0

(二)畦宽要素的确定

1.畦宽

畦宽受田间供水渠道的供水量和田间耕作机械特性的影响，理论上分析畦灌水流流态时，常假定水流沿畦宽方向是均匀的。但畦田过宽直接影响着灌水量和灌水质量，应考虑各种因素根据试验确定畦宽，原则上畦越窄越好。根据河南省半干旱区的灌溉习惯和已完成的试验资料表明，畦宽 $2 \sim 4$ m为宜，不同的土壤类别均可参考该值。试验资料表明，在地面纵坡、畦长一定或相近的条件下，畦田越宽，推进水流的粗糙表面就越大，流至畦尾的时间就越长，灌水量与畦宽二者呈指数正相关。根据试验资料反映的规律如下：

$$W = 3.86e^{0.14B} \tag{5-6}$$

式中，W 为单位面积灌水量，$m^3/100m^2$；B 为畦宽，m；e为自然对数。

畦宽也直接影响灌水均匀度，畦宽越大，灌水均匀度越小，见表5-8和图5-15。试验结果表明，当畦长一定时，如50m，畦宽越小，灌水均匀度越高；畦宽越大，灌水均匀度越小。当畦宽为2.5m时，灌水均匀度最高，为92.8%；当畦宽为5.3m时，灌水均匀度最低，为66.3%，即灌水均匀度随畦宽的增加而降低。

表 5-8 畦宽与灌水均匀度关系表

畦长(m)	畦宽(m)	灌水均匀度 k(%)	备注
	2.5	92.8	
	3.5	91.1	
50	4.3	86.2	$i=1/100$
	4.4	85.2	$q=8.0(L/s)$
	5.1	79.5	
	5.3	66.3	

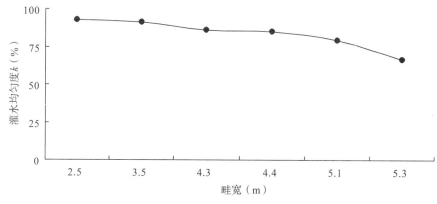

图 5-15 灌水均匀度随畦宽宽度的变化趋势图

2. 畦长

畦长是畦灌技术中最重要的指标,它直接关系到灌水定额和灌水质量,是灌溉试验的主要内容之一。在洛阳市农业科学院试验站进行了畦长的单因子试验(以灌水定额 60 mm 评价),试验结果见表 5-9。

表 5-9 河南粮食主产区主要土壤适宜的畦长

土壤类型	潮土	褐土	黄褐土
适宜畦长(m)	30~40	30~60	30~40

3. 单宽流量

单宽流量也是畦、沟灌溉的重要参数,根据试验结果得出的河南省半干旱区主要土壤适宜单宽流量见表 5-10。

表 5-10 河南粮食主产区主要土壤适宜单宽流量表

土壤类型	潮土	褐土	黄褐土
适宜单宽流量[L/(s·m)]	2.5~3.0	3.0~5.0	4.0~6.0

4.比降及改水成数

关于畦的比降及改水成数，试验资料提供的主要成果如下。
潮土类：合理比降1/1000，合理改水成数八成。
褐土类：合理比降1/1000～1/500，合理改水成数八成。
黄褐土类：合理比降1/1000～1/500，合理改水成数八成。

5.合理灌水技术参数综合成果

综上所述，河南省半干旱区主要土壤畦灌技术合理参数推荐见表5-11。

表5-11　主要土壤畦灌技术试验成果表

灌水参数	潮土	褐土	黄褐土
灌水历时(min)	13～15	15.0左右	17.0左右
畦宽(m)	2～4	2～4	2～4
畦长(m)	30～40	25～60	30～40
单宽流量[L/(s・m)]	2.5～3.0	3.0～5.0	4.0～6.0
比降	1/1000	1/1000～1/500	1/1000～1/500
改水成数	八成	八成	八成

三、畦灌技术要素单因子规律分析

(一)灌水定额与畦沟长度的关系

研究表明，在田间比降和单宽流量一定的情况下，畦越长，需要灌溉水在畦内流动的时间越长、入渗时间越长，入渗水量增加，灌水定额也就越大，即当畦长为30m时，灌水定额为465 m^3/hm^2，是5个处理中灌水定额最小的；当畦长为80m时，灌水定额最高，为1005 m^3/hm^2(表5-12和图5-16)。

表5-12　畦长与灌水定额关系

畦长(m)	30	40	50	60	80
灌水定额(m^3/hm^2)	465	585	645	870	1005

注：轻壤土，比降1/1000，畦宽3.5m，单宽流量2.0L/(s・m)。

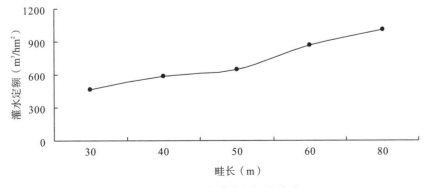

图5-16　畦长与灌水定额的关系

（二）灌水定额与单宽流量的关系

单宽流量与灌水定额的关系，随着土壤质地、畦长、地表疏松程度、灌前土壤含水率的变化而变化。其基本规律是当入渗速度偏大，水流推进速度偏小时，灌水定额随单宽流量的增大而增大；当入渗速度偏小，水流推进速度偏大时，灌水定额随单宽流量的增大而减小。由于各种土质的渗吸过程不同，单宽流量与灌水定额的关系也不尽相同。

（三）灌水定额与改水成数的关系

改水成数应根据田面比降、单宽流量等因素来确定，一般是单宽流量大时改水系数宜小、单宽流量小时改水系数宜大，坡降大时改水系数宜小、坡降小时改水系数宜大。表 5-13 是根据畦尾受水情况及灌水均匀情况得出的改水成数与单宽流量和坡降的关系。结果表明，随着坡降的加大，各单宽流量的改水成数均呈下降趋势。另外，单宽流量越小，改水成数越高；单宽流量越大，改水成数越低，也即随着单宽流量的增加，改水成数逐渐降低（图 5-17）。

表 5-13　改水成数与单宽流量和坡降的关系

坡降（%）	1.5L/(s·m)	3.0L/(s·m)	4.5L/(s·m)	6.0L/(s·m)	7.5L/(s·m)
1.5	99	92	84	78	71
3.0	99	91	84	77	71
4.5	98	90	83	77	70
6.0	98	90	83	76	70
7.5	97	98	82	76	69
9.0	96	89	82	75	69

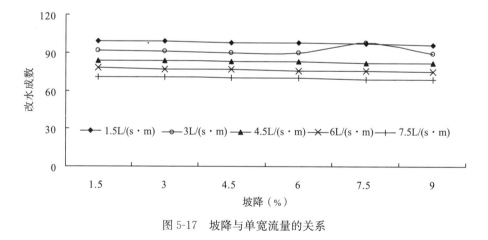

图 5-17　坡降与单宽流量的关系

（四）灌水定额与畦坡降的关系

畦的坡降越大，灌溉水在畦田内的流速就越快，入渗时间就越短。所以，在其他条件一定的情况下，坡度越大，灌水定额越小；坡度越小，灌水定额越大，即随着地面比降的减小，灌水定额呈增加趋势(表 5-14 和图 5-18)。

表 5-14　地面坡度与灌水定额之间的关系

地面比降	1/150	1/300	1/500	1/1000	1/1500
灌水定额(m^3/hm^2)	315	450	540	600	630

注：中壤，畦田规格 80m×3.2m，单宽流量 4L/(s·m)。

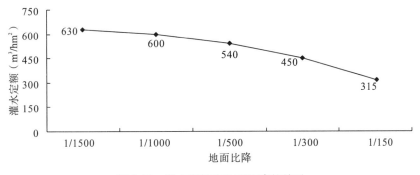

图 5-18　灌水定额和地面比降的关系

(五)灌水定额与灌前土壤含水率之间的关系

在一定范围内，土壤灌前含水率越高，灌水定额越小；灌前含水率越低，灌水定额越大，二者的关系见表 5-15 和图 5-19。此外，灌水定额与灌水次数也有一定的关系，即同一土质各类作物第一次灌水时灌水定额较大，随着灌水次数的增加，表层土的密实，灌水定额有所降低。

表 5-15　灌前土壤含水率对灌水量的影响　　　　　　（单位：m^3/hm^2）

灌前土壤含水率	畦长					
	20m	30m	40m	50m	60m	80m
12.4%	450	555	510	675	885	915
16.4%	360	420	510	525	675	885

注：畦宽 3.5m，坡降 1/2500，单宽流量 2.7L/(s·m)，改水系数 0.9。

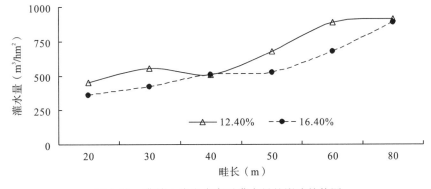

图 5-19　灌前土壤含水率对灌水量的影响趋势图

第三节　小麦-玉米垄作一体化沟灌技术研究

小麦-玉米垄作一体化是近几年从国外引进的一项新的栽培技术措施，其通过对传统平作栽培一系列技术上的改进，产生了良好的生理生态效应，同时有利于最大限度地发挥作物的边行优势。

一、小麦垄作沟灌技术试验研究

（一）垄作沟灌对小麦田间环境的影响

1. 不同处理田间温度和湿度的变化

由图 5-20 和图 5-21 表明，随着生育进程的推进，各个不同处理的小麦群体内部的空气温度有所波动，但变化趋势基本相同。拔节期小麦群体内温度较低，至开花前呈现缓慢上升的趋势；之后开始下降，至灌浆中期降至谷底；其后又迅速上升，到成熟期达到最高。随着温度的变化，不同处理群体内部湿度也发生相应的波动。拔节期至开花期这种波动较为平缓，开花后波动幅度加大。图 5-20 与图 5-21 比较显示，温度较高的处理群体湿度较低，二者呈负相关关系。

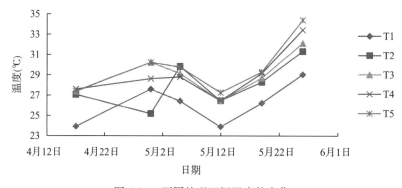

图 5-20　不同处理田间温度的变化

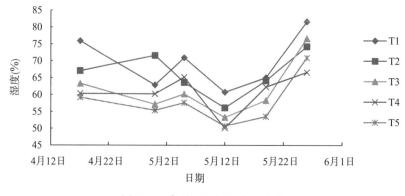

图 5-21　各处理田间湿度的变化

2. 不同处理田间 CO_2 浓度的变化

图 5-22 显示，各处理群体内部的 CO_2 浓度随着生育期的推进有明显变化，且变化趋势基本一致。拔节期各处理群体内部的 CO_2 浓度较高，之后呈现下降趋势，至开花期降至最低，之后又开始上升，临近成熟期上升速度加快。

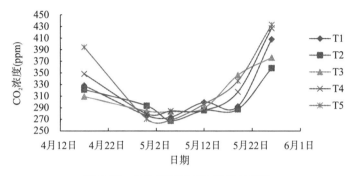

图 5-22　各处理田间 CO_2 浓度的变化

T4 与 T5 处理在小麦刚进入拔节期（4 月 17 日）、群体刚刚形成时，与其他处理相比，群体内部 CO_2 浓度较高，但临近开花期（4 月 30 日）又急剧下降，直至灌浆中期（5 月 12 日）均与其他处理相差不大，在小麦生长发育后期又显示出一定优势。

（二）垄作沟灌对小麦生理生态指标的影响

1. 不同处理小麦群体动态变化

由表 5-16 和图 5-23～图 5-24 可以看出，各处理的边行和内行小麦群体均在起身期达到最大值，进入拔节期之后群体内部开始两极分化，群体规模开始减小，至成熟期减至最小。各处理中群体波动幅度最大的为 T2 处理，最小的为 T4 处理。

表 5-16　各处理不同时期群体动态变化　　　　　　（单位：株/m）

生育期名称	T1		T2		T3		T4		T5	
	边行	内行	边行	内行	边行	内行	边行	内行	边行	内行
起身期	319	289	365	302	401	314	335	243	338	228
拔节前期	256	231	308	179	333	228	285	205	303	192
拔节后期	244	174	259	190	308	205	303	200	310	205
抽穗期	221	167	238	154	297	185	279	192	238	174
成熟期	195	133	200	122	263	174	202	180	218	159

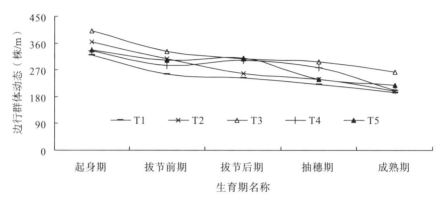

图 5-23　各处理中边行群体动态在冬小麦各生育阶段的变化趋势图

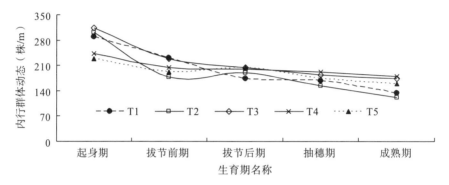

图 5-24　各处理中内行群体动态在冬小麦各生育阶段的变化趋势图

　　研究进一步表明，不同处理，冬小麦边行和内行的群体动态在整个生育阶段均呈下降趋势。其中，内行的群体动态小于边行的。从整体来看，T3 处理对应的边行群体动态最高；T1 处理的最小，且各处理间的差别较大，波动幅度较大。而内行群体动态中，依然是 T3 处理的较高，其他处理的相对较小，且各处理间差别相对较小，波动幅度较小。

　　从整个生育期看，起身期边行和内行的群体动态最高；其次为拔节期；再次为抽穗期；最小的则是在成熟期。这表明，小麦在生长发育前期植株较为矮小，个体之间影响较小；而在拔节期后随着植株的生长，小麦个体之间的竞争逐渐增强。

　　2. 不同处理小麦旗叶 SPAD 值的变化

　　图 5-25 表明，各处理小麦旗叶 SPAD 值在生育期的变化规律基本一致，小麦挑旗初期含量较低，至开花期含量达到最高，之后开始缓慢下降，到灌浆后期下降速度加快，SPAD 值又恢复至开花前水平。

　　不同处理之间小麦旗叶 SPAD 值比较结果显示，大部分时期各处理小麦旗叶 SPAD 值差异不大，只是在灌浆后期差异较为明显，而此时 T4 与 T5 处理的优势较为明显，表明这两种种植模式更有利于延缓小麦旗叶衰老，从而为小麦生长后期的光合作用创造了较好的条件。

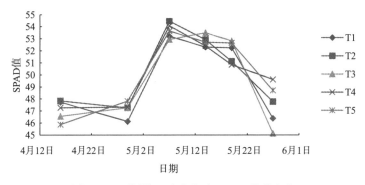

图 5-25 不同处理小麦旗叶 SPAD 值的变化

3.不同处理小麦旗叶光合性状变化

图 5-26 表明,不同处理的小麦旗叶光合速率在旗叶展开初期均较低,随生育期的推进,小麦旗叶光合速率开始上升,至开花期达到最大,之后迅速下降,灌浆中期较为平稳,临近成熟期又迅速下降。各处理之间的比较显示,T5 处理的小麦旗叶光合速率在大多时期都相对较高,尤其到后期,虽然小麦旗叶光合速率下降较为迅速,但仍保持较高的水平,显示了这种种植模式对小麦单叶光合功能的提高有明显的促进作用。

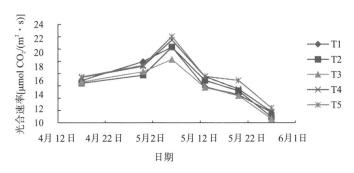

图 5-26 不同处理小麦旗叶净光合速率的变化

图 5-27 则表明,各处理小麦蒸腾速率的变化趋势基本一致,而且仅在开花期和灌浆前期有明显的差异,其余时期差异均较小。只是 T3 和 T4 处理比其余处理的蒸腾速率下降时期略有提前,且变化幅度较大。

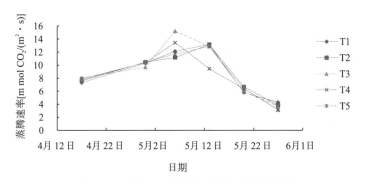

图 5-27 不同处理小麦旗叶蒸腾速率的变化

4. 不同处理小麦植株性状

由表 5-17 知，除 T3 处理外，不同处理的边行小麦株高均低于内行小麦，但其差异均未达到显著水平。从各处理之间的比较情况来看，T5 处理的边行与内行小麦株高均明显高于其他处理的边行与内行，但大多数也未能达到显著水平。

表 5-17　各处理小麦株高与株高构成指数比较

项目	行类	T1	T2	T3	T4	T5
株高(cm)	边行	72.85Aa	71.61Aa	72.50Aa	73.78Aa	75.54Aa
	内行	73.72Aa	73.45Aa	73.55Aa	74.19Aa	76.52Aa
株高构成指数	边行	0.58Aa	0.61Aa	0.60Aa	0.59Aa	0.59Aa
	内行	0.57Aa	0.59Aa	0.57Ab	0.58Aa	0.58Aa

株高构成指数可较好地反映各节间长度从下而上依次递增的程度，株高构成指数较大，植株重心下降，有利于抗倒伏；旗叶与其下叶的间距拉大，旗叶以下的叶间距依次减小，有利于通风透光，减少叶片的相互遮阴，增加光截获量。本次试验中，几个不同处理的边行小麦的株高构成指数均大于内行，除 T3 处理外均未达到显著水平。

本试验中各处理的边行旗叶叶面积均大于内行；T3 处理与 T5 处理的内行倒二叶叶面积大于边行，其余均为边行大于内行；而在倒三叶的比较中，除 T4 处理外，基本上均为内行大于边行。与其他处理相比较，T5 处理边行的旗叶叶面积较小，有利于群体的通风透光，而边行与内行的倒二叶和倒三叶叶面积都较大，有利于减少漏光损失，说明这种栽培模式更有利于构建"松塔"形的理想株型结构。

表 5-18　各处理小麦上三叶叶面积比较　　　　　　　　（单位：cm²）

叶位	行类	T1	T2	T3	T4	T5
旗叶	边行	36.51Aa	36.61Aa	28.42Aa	34.07Aa	30.54Aa
	内行	23.13Bb	20.88Bb	23.97Aa	21.89Bb	27.98Aa
倒二叶	边行	30.62Aa	27.55Aa	25.19Aa	34.54Aa	32.08Aa
	内行	25.90Ab	23.25Ab	26.78Aa	30.30Aa	39.49Bb
倒三叶	边行	22.03Aa	19.28Aa	18.15Aa	25.79Aa	25.01Aa
	内行	23.39Aa	19.96Aa	20.16Aa	24.25Aa	27.32Aa

5. 不同处理灌浆速率比较

(1)不同处理边行与内行千粒重的研究。试验结果表明，各处理中，边行、内行小麦的千粒重均随时间的推移呈上升趋势。对于边行的千粒重，在 5 月 27 日之前，各处理的差别较大，其中 T3 处理对应的千粒重最高；5 月 27 日以后，则差别较小。对于内行的千粒重，5 月 20 日之前，各处理差别较小；5 月 20 日之后，则差别较大，其中 T3、T4处理对应的千粒重较高，T1、T2 相对较小。总体来看，各处理中，边行的千粒重基本上比内行的高(表 5-19，图 5-28 和图 5-29)。

表 5-19　各处理灌浆速率比较

日期	项目	T1		T2		T3		T4		T5	
		边行	内行	边行	内行	边行	内行	边行	内行	边行	内行
5月13日	千粒重(g)	12.50	10.81	13.84	11.75	13.03	11.50	12.73	10.28	13.50	12.95
	灌浆速率(%)	1.79	1.54	1.98	1.68	1.86	1.64	1.82	1.47	1.93	1.85
5月20日	千粒重(g)	20.26	19.84	24.49	16.93	24.79	21.48	21.20	20.25	20.34	20.10
	灌浆速率(%)	1.11	1.29	1.52	0.74	1.68	1.43	1.21	1.42	0.98	1.02
5月27日	千粒重(g)	43.75	34.72	40.34	33.27	44.88	41.44	44.25	41.28	43.52	35.17
	灌浆速率(%)	3.36	2.13	2.26	2.33	2.87	2.85	3.29	3.00	3.31	2.15
6月2日	千粒重(g)	50.23	44.52	47.96	44.96	49.40	46.41	50.80	48.30	52.08	47.08
	灌浆速率(%)	0.93	1.40	1.09	1.67	0.65	0.71	0.94	1.00	1.22	1.70

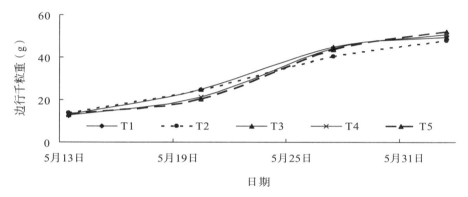

图 5-28　不同处理边行千粒重随时间的变化关系

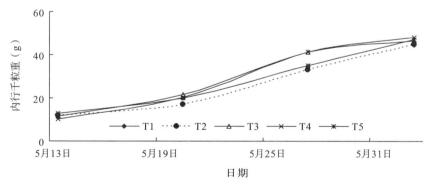

图 5-29　不同处理内行千粒重随时间的变化关系

（2）不同处理边行与内行灌浆速率的研究。研究进一步表明，各处理中，边行和内行随时间的变化呈类正弦曲线型，即先减小后增大再减小的过程。对于外行的灌浆速率，各处理中，T1、T3、T5 处理前后的波动幅度较大，而 T2、T4 处理前后的波动相对较小。对于内行的灌浆速率，各处理中，T3、T4 处理前后的波动较大，而 T1、T2、T5 的波动则相对较小。总体来看，各处理中，边行小麦的灌浆速率在灌浆中前期大多高于内行，但到后期，内行小麦的灌浆速率却高于边行，表明灌浆中前期对于小麦粒重的形成较后期更为重要（表 5-19，图 5-30，图 5-31）。

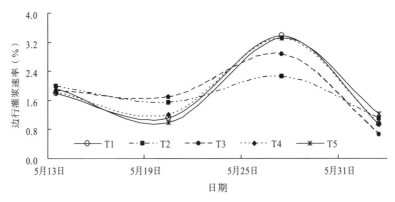

图 5-30　不同处理边行灌浆速率随时间的变化关系

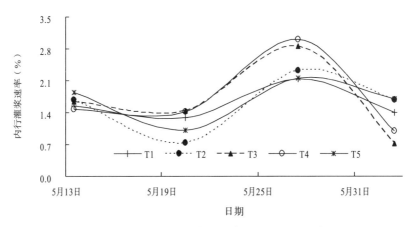

图 5-31　不同处理内行灌浆速率随时间的变化关系

（三）垄作沟灌对小麦产量及其构成因素影响

1. 不同处理产量构成因素

从表 5-20 可以看出，不同处理的各边行小麦其单行穗数、穗粒数和千粒重均较内行有明显优势，其中以单行穗数的优势最为明显。在最大分蘖成穗率的比较中，同样是边行高于内行。由此可见，在垄作模式下，边行小麦较内行增产，单行穗数、穗粒数和粒重都有贡献，其中单行穗数的贡献最大。而边行分蘖成穗率的提高也为单行穗数的增加提供了保障。各不同处理的比较显示，穗粒数最多的是 T4 处理的边行，千粒重最大的是 T5 处理的边行，而单行穗数最多的是 T3 处理的边行。同时，T5 处理的边行和内行小麦产量三要素的总体协调性明显优于其他处理，这为高产潜力的充分发挥创造了良好的条件。

表 5-20　各处理小麦产量构成因素比较

处理	行类	穗粒数 （粒）	千粒重 （g）	单行最大分蘖数 （个/m）	单行穗数 （穗/m）	最大分蘖成穗率 （%）
T1	边行	35	50.23	319	183	57.37
	内行	30	44.52	289	106	36.68

续表

处理	行类	穗粒数 （粒）	千粒重 （g）	单行最大分蘖数 （个/m）	单行穗数 （穗/m）	最大分蘖成穗率 （%）
T2	边行	33	47.96	365	196	53.70
	内行	28	44.96	302	101	33.44
T3	边行	36	49.40	401	201	50.12
	内行	32	46.41	314	98	31.21
T4	边行	41	50.80	335	197	58.81
	内行	31	48.30	243	100	41.15
T5	边行	39	52.08	338	199	58.88
	内行	34	47.08	228	104	45.61

2. 不同处理小麦的产量表现规律

表 5-21 显示，几个不同处理各行小麦产量最高的是 T3 处理的边行，产量最低的是 T3 处理的内行；边行中产量最低的为 T1 处理的边行，与 T3 处理的边行相差 21.65g，而内行中产量最高的是 T5 处理的内行，较 T3 处理的内行多 19.94%。同 T1 处理的边行比较，其他处理的边行产量均有所增长，其中 T3 处理和 T5 处理增幅较大；内行中产量的边行，T2、T3 处理内行产量均较 T1 处理有所降低，播量较小的 T4、T5 处理内行产量却较 T1 处理内行有所增加，表明边行密度过大会对内行小麦的生长发育造成不利影响。

表 5-21　各处理小麦产量

处理	T1		T2		T3		T4		T5	
行类	边行	内行	边行	内行	边行	内行	边行	内行	边行	内行
产量(g)	291.27	137.43	299.80	136.03	312.92	124.30	296.38	138.85	307.33	149.08
合计(g)	428.60		435.80		437.20		435.10		456.30	
边行比内行增产幅度(%)	111.94		120.39		151.75		113.45		106.15	

由表 5-21 可以看出，各个处理的边行较内行均有不同程度的增产效果，增产幅度为 106.15%～151.75%，增幅最高的是 T3 处理，最低的是 T5 处理。T3 处理增幅较大的原因主要是由于边行密度的加大导致内行出现减产，所以其边行和内行的总体产量较 T1 处理并未有明显的提升。而 T5 处理虽然增幅较小，但由于其内行的产量较高，所以其总体产量在 5 个处理中为最高，表明在此种栽培模式下，T5 处理各行的种植密度较为合适。

二、夏玉米沟灌节水效果及技术

2009 年，在华北水利水电大学农业高效用水试验场对玉米进行了沟灌与畦灌的比较试验，结果（表 5-22 和图 5-32）显示，在夏玉米全生育期内降水量为 332.2 mm 的一般水文年，耗水量随着灌水量的增加而增加，畦灌的耗水量大于沟灌处理，为 429.40 mm，沟灌处理的耗水量最小。沟灌与畦灌相比，其水流推进速度快，供水能集中于株行量测，灌水所用的时间短，裸露行间土壤水分蒸发损失少，灌溉用水量少，平均每次灌水量只有 445 m³/hm²，较畦灌少用 33.58%，沟灌全生育期的耗水量比畦灌的少 15.03%。从自耗水量来看，不论哪个灌水处理，抽雄—开花阶段均是耗水强度最大的时期，其次是拔节—抽雄阶段。抽雄期前后也恰是夏玉米由营养生长转向生殖生长的关键时期，水分不足直接阻碍授粉和灌浆过程的进行，增大秃顶程度，造成籽粒秕瘦，对产量影响极大。因此，在生产上，必须首先满足这期间的需水要求，否则会造成严重的减产。

表 5-22　夏玉米不同处理各生育阶段的耗水量

灌水方式		播种—出苗 (5.29~6.5) (7 天)	出苗—拔节 (6.5~7.13) (38 天)	拔节—抽雄 (7.13~7.29) (16 天)	抽雄—开花 (7.29~8.8) (10 天)	灌浆—成熟 (8.8~9.14) (37 天)	全生育期 (5.25~9.14) (108 天)
畦灌	灌水量(m³/hm²)		685	655		670	2010
	耗水量(mm)	10.70	106.20	116.60	75.70	120.20	429.40
	日耗水(mm)	1.53	2.80	7.29	7.57	3.25	3.98
沟灌	灌水量(m³/hm²)		395	420		520	1335
	耗水量(mm)	10.59	77.48	96.31	69.42	111.06	364.86
	日耗水(mm)	1.51	2.04	6.02	6.94	3.00	3.38
少灌	灌水量(m³/hm²)		680			710	1390
	耗水量(mm)	10.82	104.84	72.68	63.27	115.86	367.48
	日耗水(mm)	1.55	2.76	4.54	6.33	3.13	3.40

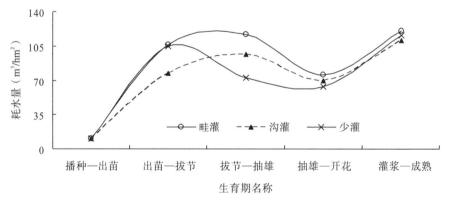

图 5-32　不同处理下夏玉米各生育阶段耗水量变化趋势图

夏玉米的产量由单位面积上的穗粒、每穗平均粒数和粒重所决定。由表 5-23 可知，灌溉方式和灌水量对穗粒重、千粒重、穗芯重及粒占穗重比都有影响。沟灌的穗粒重、千粒重、粒占穗重比都略高于畦灌处理；少灌处理下，苗期的土壤水分平均只有田间持水量的 55.8%，已有碍于玉米的正常生长，该处理下影响产量的主要因素穗粒重、千粒重及产量也为最低，比畦灌减产 24.18%。沟灌玉米产量达 8762.4kg/hm²，接近于畦灌处理，但水分生产率却最高，达 2.40kg/m³；因畦灌耗水多，折算后水分生产率却较低。从节水高产的角度衡量，夏玉米适宜于推广沟灌及其相应的灌溉制度。

表 5-23　夏玉米产量构成及水分生产率

项目	穗粒重 (g)	穗芯重 (g)	粒占穗重比 (%)	千粒重 (g)	产量 (kg/hm²)	产量增减 (%)	耗水量 (mm)	水分生产率 (kg/m³)
畦灌	179.3	45.1	79.9	347.3	9183.9		429.40	2.14
沟灌	180.9	43.9	80.5	352.0	8762.4	−1.47	364.86	2.40
少灌	157.1	39.8	79.8	331.6	6963.3	−13.32	367.48	1.89

沟灌是适用于宽行作物的一种节水灌溉方式，进行沟灌时，在作物行间挖沟即可顺沟灌水，同一般大田畦灌一样，不需要再专门增加设备投资，灌溉水在土沟中行进的速度快，灌溉用水量少，每次灌溉用水量在 45 mm 以内，便于控制，简单易行。沟灌灌水过程中，由于入沟流量小，水在流动中全部渗入根际土壤中，停水后沟中不积存水。同时，采用沟灌方式能保持良好的土壤结构，田面不易板结，灌水后棵间蒸发量也比畦灌、喷灌、喷雾灌等其他灌溉方式少得多。因此，在各种节水灌溉方式中，沟灌有着良好的实用价值。

根据作物各生长阶段的需水状况，把不同灌水方式结合运行是灌溉节水的有效措施。例如，在其非需水高峰期，有喷、滴灌设施的农田采用喷、滴灌，宽行作物用沟灌、隔沟灌，灌水定额保持在 300～525 m³/hm²；而到需水高峰期改用畦灌或软管灌水，不同的作物灌水定额可加大到 675～900 m³/hm²。将不同灌水方式结合运用，不仅节水节能，又能满足作物不同生育阶段的需水要求；同传统的单一畦灌相比，将不同灌水方式结合运用，夏、秋两茬作物在一体化供水条件下，全年可节水 900～1300 m³/hm²；同时，还有利于提高一些作物的产品品质。

第四节　一种基于 PLC 自动控制的田间识别灌溉系统研究

一、土壤墒情监测研究

(一)土壤墒情监测技术方法

土壤墒情监测常用的方法有重量法、张力法、热特性法、中子法、阻抗法、电容法、时域反射法（time domain reflectometry，TDR）、频域反射法（frequency domain reflectometry，FDR）、驻波比法（standing wave ratio，SWR）、微波法、近红外法、光学法、X 射线法、γ 射线法等。

重量法所用的设备很简单，目前仍作为一种新的校定土壤含水量测定仪器精度和可靠性的基准方法使用。在我国，许多基层科研单位仍普遍使用着重量法。但这种方法使用时需要耗费大量的人力物力，消耗时间也很长，无法实现定点连续观测，也不适用于自动控制管理系统使用，因此受到很大限制。

张力计法是目前应用较广的一种点源土壤水分状况监测仪器。它监测的是土壤对水分的吸附能力，测定结果适用于 SPAC 水分运移规律研究，也可配备于自动控制灌溉系统。其存在的问题如下：一是其难于直接测定土壤水分含量；二是土壤较为干燥时适用性较差，特别是不适用于移动多点观测使用，因此在实际应用中受到很大局限。

目前，国际上较为先进的土壤水分信息采集技术和设备多基于土壤介电特性来测定土壤水分状况，如常用的时域反射法、驻波比法和频域反射法等都属于这类方法。这类方法理论基础明确，测定结果精确稳定，受土壤质地和土壤溶质成分的影响较少，因此相比于其他土壤含水量测定方法具有很好的应用前景。

时域反射法是介电测量中的高速测量技术，是根据电磁波在不同介电常数的介质中传播时其传播速度会有不同改变的物理现象而确立的。20 世纪 80 年代以来，时域反射法监测土壤含水量的技术得到了不断改进和广泛应用，不仅检测精度大幅度提高，监测设备也不断趋于完善与配套。

频域反射法是利用矢量电压测量技术，在某一理想测试频率下将土壤的介电常数进行实部和虚部的分解，通过分解出的介电常数虚部可确定土壤的电导率，由分解出的介电常数实部换算出土壤含水率。

驻波比法是基于微波理论中的驻波原理而确立的土壤水分测量方法，它不再利用高速延迟线测量入射－反射时间差 ΔT，而是测量它的驻波比。试验表明，三态混合物介电常数 ε 的改变能够引起传输线上驻波比的显著变化，因此通过测量传输线两端的电压差，即可获得土壤容积含水量信息。

（二）土壤墒情监测点布设方法

土壤墒情监测点的布设是采用 KMO 统计量和 Bartlett's 球形检验，对农田剖面水分信息数据进行相关性检验。根据 KMO 统计量的数值，判断各土层含水量是否适合做主成分分析；根据 Bartlett's 球形检验数值确定各土层含水量间是否存在一定的相关性。如果各土层含水量间存在一定的相关性，则需要通过相关分析和方差分析确定各土层含水量间的相关关系。由于实测的各土层含水量之间存在一定的相关关系，因此可以用数目较少的土层含水量获取存在于各土层中含水量的各类信息，这需要进行主成分分析和因子分析。按照主成分数量的确定原则（特征值>1，累计贡献比例>80%），以能够充分地反映土壤剖面水分信息为目标，确定适宜的主成分数量。确定了主成分数量后，需要计算每个变量与主成分间的相关系数，表明需要进行因子分析。相关系数越大，表明主成分对该变量的代表性越大。通过上述的计算、分析过程，则可确定农田土壤剖面水分探头的布设方案。

（三）土壤墒情监测布设深度的确定

通过主成分分析和因子分析，可确定合适的土层深度，主成分和因子分析分别见表 5-24 和表 5-25。

表 5-24　主成分分析列表

主成分	特征值	比例（%）	累计贡献（%）
第一主成分	11.435	76.235	76.235
第二主成分	1.168	7.790	84.025

主成分	特征值	比例(%)	累计贡献(%)
第三主成分	0.971	6.473	90.498
第四主成分	0.372	2.481	92.979
第五主成分	0.289	1.928	94.907
第六主成分	0.233	1.554	96.461
第七主成分	0.147	0.982	97.443
第八主成分	0.121	0.805	98.248
第九主成分	0.098	0.656	98.904
第十主成分	0.065	0.433	99.337
第十一主成分	0.038	0.251	99.588
第十二主成分	0.026	0.175	99.763
第十三主成分	0.017	0.116	99.879
第十四主成分	0.014	0.092	99.971
第十五主成分	0.004	0.030	100.000

表 5-25　因子分析列表

土层(cm)	第一主成分	第二主成分	第三主成分	第四主成分	第五主成分
10	0.490	0.755	−0.011	0.326	−0.101
20	0.226	0.903	0.292	0.035	0.048
30	0.561	0.756	0.245	0.129	−0.051
40	0.303	0.872	0.295	0.080	0.140
50	0.507	0.696	0.336	0.173	0.090
60	0.801	0.501	0.222	0.063	−0.006
70	0.624	0.596	0.421	0.095	0.158
80	0.720	0.260	0.484	0.331	0.028
90	0.624	0.447	0.428	0.099	0.413
100	0.256	0.201	0.803	0.418	0.166
110	0.781	0.433	0.344	0.106	−0.217
120	0.272	0.317	0.881	−0.047	−0.056
130	0.620	0.239	0.344	0.611	0.013
140	0.859	0.374	0.143	0.232	0.156
150	0.848	0.351	0.276	0.140	0.117

主成分分析列表在表 5-24 中显示，第一、第二主成分的特征值均大于 1，解释了总变异的 84.025%，即 15 个变量中保留 2 个主成分式子就可以表现出 84.025% 的总体特征，后面特征值的贡献越来越少。按照主成分数量的确定原则（特征值大于 1，累计贡献比例>80%），主成分的数量应是 2 个。主成分的数目也说明了参与主成分分析的变量数目。2 个主成分意味着要有 2 个以上的变量参与。为能充分地（94.907%）反映土壤表层

下 1.5 m 范围内的土壤水分含量，选择 5 个土层进行土壤水分测定是合适的。

表 5-25 是对 5 个主成分的因子分析的结果。因子分析可以分析出 5 个主成分各自代表的信息，这个过程是通过指定主成分分析中主成分(因子)的个数后，计算每个变量与主成分(因子)的相关系数。相关系数(绝对值)越大，主成分对该变量的代表性也越大。

第一主成分与作物根区中间土层 60～90 cm 及深土层 130～150 cm 的土壤体积含水率呈中高度相关，第二主成分与表土层 10～50 cm 的土壤体积含水率呈中高度相关，第三主成分与 100 cm、120 cm 土层的土壤体积含水率呈高度相关，第四主成分与 130 cm 土层的土壤体积含水率呈中度相关，而最后的第五主成分和原先的变量就不那么相关了，其作用主要是弥补前 4 个主成分中遗漏的信息。

因子分析证明，考虑到土层之间土壤水分线性相关关系和反映土壤不同深度小麦根系的生长发育状况，选择在 10 cm、30 cm、60 cm、100 cm、130 cm 五个深度埋设土壤水分监测探头是合适的。按照上述计算步骤，通过处理数据可得到玉米生长条件下驻波比法土壤水分传感器的适宜安装位置是地表下 10 cm、30 cm、60 cm、100 cm 和 130 cm 五个深度。

二、一种基于 PLC 自动控制的田间识别灌溉系统总体框架概况

作物精量灌溉控制技术主要包括土壤墒情识别装置、自动控制装置、田间灌水装置。其中，土壤墒情识别装置与土壤墒情数据反馈装置相连，土壤墒情数据反馈装置与自动控制装置相连，通过其中的显示器进行显示，自动控制装置与田间灌水装置相连，田间灌水装置与无线数据采集站相连。其总体框架如图 5-33 所示。

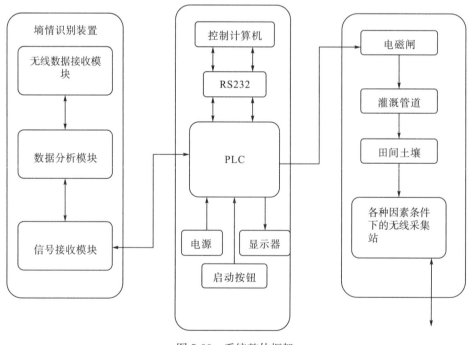

图 5-33　系统整体框架

三、土壤墒情识别装置的构成及用途

土壤墒情识别装置中包括无线数据接收模块、数据分析模块、信号接收模块；数据分析模块获取与土壤墒情有关的数据，并且发送给所述数据分析模块，通过数据分析转换成信号墒情数据，并且发送给信号接收模块，然后通过自动控制装置生成带有区域性的墒情数据。

无线数据采集模块通过无线采集站采取一系列与土壤墒情有关的数据。

数据分析模块根据不同土壤质地和不同灌溉标准，并且根据控制台的输入，把所述的与土壤墒情有关的数据生成统一格式的数据。

不同的土壤质地包括：砂土、砂壤土、壤土、黏土、重黏土。

不同的灌溉标准为灌溉管道、灌溉方式。

控制台中心的输入为权限赋予、土壤含水量的上限和下限、可信环境数据、天气和地震数据。

数据分析模块包括放大单元、数据转换单元、数据判断单元、数据发送单元；放大单元的作用是放大墒情数据、电磁波在介质中的传播频率、土壤的介电常数、其他影响土壤水分的数据，然后通过数据转换单元，利用数据阈值指标，使用式（5-7）进行数据转换后再发送给数据判断单元。

$$\mathrm{smc} = \frac{\sum\limits_{i=1}^{n} x_i y_i}{\left(\sum\limits_{i=1}^{n} x_i^2\right)^{1/2} \left(\sum\limits_{i=1}^{n} y_i^2\right)^{1/2}} \tag{5-7}$$

式中，smc 为数据转换后的值；x_i 为所述数据阈值指标在墒情数据、电磁波在介质中传播频率、土壤介电常数、土壤介电常数和土壤体积含水量之间的经验关系等指标上的值；y_i 为所述数据阈值指标在墒情数据、电磁波在介质中传播频率、土壤介电常数、土壤介电常数和土壤体积含水量之间的经验关系；n 为墒情数据、电磁波在介质中传播频率、土壤介电常数、土壤介电常数和土壤体积含水量之间的经验关系等指标的数目；i 为取值范围是 1～10 的自然数；$x_i = 10 \times i$，$y_i = 10 \times i$；然后将式（5-7）得到的 smc 值传送给数据判断单元。

数据判断单元的激励模块采用数据流和状态帧的方式，根据 smc 值，转换成统一格式的墒情数据，并建立基本模型，根据部分统一格式的墒情数据建立基本模型，预测整体统一格式的墒情数据，计算相应的误差，然后在基本模型的基础上，利用在不同电磁波介质中的传播频率下产生的 smc 值，分析出需要转换成符号的墒情数据并发送给数据发送单元，通过数据发送单元把需要转换成符号的墒情数据发送给信号接收模块，数据分析模块如图 5-34 所示。

信号接收模块根据数据分析模块的输出并根据配置文件和墒情数据库生成具体土壤墒情的状态表，生成的具体土壤墒情状态表是所有区域的土壤墒情实例化对象，是基于PLC 的灌溉自动控制设备、数据传输、墒情数据、电磁波在介质中传播频率、土壤介电常数和土壤体积含水量之间的经验关系等，在允许误差范围之内，根据自相关函数自动

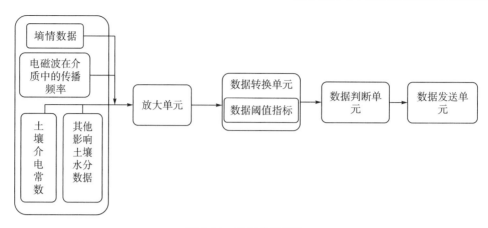

图 5-34　数据分析模块

生成的干旱点的状态序列；由于设备、数据传输、墒情数据、电磁波在介质中传播频率、土壤的介电常数、土壤介电常数和土壤体积含水量之间的经验关系等会产生不同大小的数据包，所以要根据基于 PLC 控制器中输入的设定土壤含水量和基于 PLC 控制系统中专用的数据网特征设定自相关函数 $R(k)$ 进行决定，自相关函数 $R(k) = \dfrac{1}{2} \sum\limits_{j=-\infty}^{+\infty} \{[(k+1)^{2H} - k^{2H}] - [k^{2H} - (k-1)^{2H}]\}$；其中，$k$ 为正整数，与需要转换成墒情符号的干旱数据发送的时间间隔有关；H 为根据延迟信息所设的参数，取值范围为 $0.5\sim1$，从而求得所述自相函数 $R(k)$。

信号接收模块接收具体干旱状态表，提取摘要，滤掉不必要的干旱点的状态，并发送给自动控制装置。

四、自动控制装置和灌水装置构成及用途

自动控制装置包括控制计算机，主要完成系统时间的设定、灌区灌溉时间的设定和实时监视灌区电磁阀的运行状态；RS232，用于与管理机通信，以实现集中化管理；电源，用于控制控制器的工作状态；启动按钮，用于控制整个系统的启闭；外部存储器，用于存储模糊控制表和系统设定值；显示器，显示系统在正常情况下的各种数据，并且在系统出现异常时可显示出红色警报，用于提醒工作人员；控制台中心，用于监视整个控制系统的状态；PLC，用于控制试验田灌溉电磁闸的开启和判断。

将电源打开并打开启动按钮，启动整个灌溉自动控制识别系统，并按控制计算机设定土壤含水率的上限和下限，存储到外部存储器中，控制计算机的作用是设定土壤含水量的上限和下限，以及关于土壤情况的基本数据，并通过 RS232 将数据传送给 PLC，PLC 的作用是控制灌溉的电磁阀的开启时刻和开启时间，并把相关数据存储到外部存储器中，这样可以实现确定干旱的程度和需要灌溉的时间和时段。

田间灌水装置包括电磁闸，其用于控制灌溉与否；灌溉管道，用于输送水流；田间土壤，作为整个自动控系统的控制对象；各种因素条件下的无线采集站，用于采集各种影响土壤水分的数据。

首先将电磁闸启动开始灌溉，水流进入灌溉管道，将灌溉管道的水流输送到田间土

壤，田间土壤通过各种因素条件下的无线采集站，无线采集站采集各种影响土壤水分的数据，并将土壤水分数据传送给无线采集模块，进而循环的自动控制灌溉。

第五节　水肥耦合技术研究

一、旱作测土配方施肥技术研究

测土配方施肥技术（又称平衡施肥技术），主要是根据不同作物对养分的需求状况、土壤肥力及农田水分情况等，有针对性地确定施肥的种类及用量。已有的研究表明，通过增施有机肥，可满足作物生长所需的多种养分，在提高土壤有机质含量和土壤肥力的同时，也可改善土壤结构。尤其在实施配方施肥时，化肥的有效利用率可明显提高、农业生产成本会有所降低、作物产量及品质都会有很大程度的提高。

关于配方施肥技术的相关研究虽然有较长的历史，但在河南省粮食主产区还未系统地展开研究，为了更大程度地提高该区域主要旱作物的单位产量，有必要在此展开该项研究。

以一年两熟模式的小麦-玉米为研究对象，采用传统耕作方式，设置了7种配方施肥方式，即①不施肥：CK；②单施化肥：NP；③单施化肥：NPK；④化肥NP+作物秸秆还田（全部）；⑤化肥NP+有机肥；⑥化肥NP+有机肥+作物秸秆还田；⑦2/3 NPK+有机肥+作物秸秆还田。

（一）不同施肥技术对小麦产量及水分利用效率的影响

1.不同施肥技术对小麦产量的影响

研究表明，7种处理中，第6种，即"化肥NP+有机肥+作物秸秆还田"处理可得到最高的产量，为6426.0 kg/hm²；其次为第7种，即"2/3 NPK+有机肥+作物秸秆还田"处理，为6300.0 kg/hm²；其他处理的则在5866.5～6273.0 kg/hm²，这里产量最低的属第1种处理"不施肥：CK"（图5-35）。

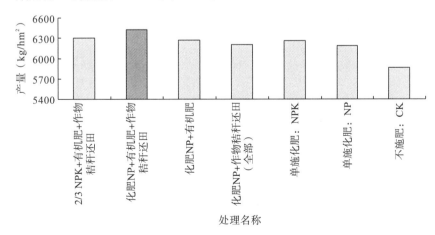

图 5-35　不同施肥技术对小麦产量的影响

整体来看，将作物秸秆还田技术和施肥技术结合的小麦产量较高，尤其是施用两种肥料时效果更为明显；而仅通过施肥处理的产量则相对较低；没有任何施肥处理的产量则最低。以上分析说明，作物秸秆还田的实施促进了小麦生长环境的改善，即起到了保墒、保温、抑制蒸发的作用，增加了作物根系对肥料的有效吸收及腐殖质的生成，进而减少了小麦生育期的耗水量，同时增加了作物的产量，提高了小麦水分利用效率。

2. 不同施肥技术对小麦水分利用效率的影响

研究结果进一步表明，对小麦实施不同施肥技术后，其水分利用效率均较高，平均水平为 1.50kg/m³，即相当于每亩产小麦 1500kg，远高于我国现阶段小麦亩均产量最高值 700kg。这说明，对冬小麦不同程度的施肥均有助于其产量的增加。

由表 5-26 和图 5-36 可知，7 种配方施肥方案中，第 6 种，即"化肥 NP＋有机肥＋作物秸秆还田"技术的水分利用效率最高，为 1.58kg/m³；其次为第 5 种，即"化肥 NP＋有机肥"，为 1.54 kg/m³；第 4 种，即"化肥 NP＋作物秸秆还田（全部）"的最低，为 1.42 kg/m³；其他则为 1.47～1.52 kg/m³。

表 5-26 不同施肥技术对冬小麦水分利用效率的影响（2008～2009 年）

处理	播种时土壤储水量(mm)	收获时土壤储水量(mm)	生育期内降水量(mm)	耗水量(mm)	产量(kg/hm²)	水分利用效率(kg/m³)
7	609.3	454.7	142.9	427.5	6300.0	1.47
6	594.8	462.0	142.9	405.7	6426.0	1.58
5	608.8	473.8	142.9	407.9	6273.0	1.54
4	599.3	434.1	142.9	438.1	6202.5	1.42
3	614.5	472.0	142.9	415.4	6258.0	1.51
2	594.0	459.9	142.9	407.0	6186.0	1.52
1	600.1	473.5	142.9	399.5	5866.5	1.47
平均值	603.0	461.4	142.9	414.4	6216.0	1.50

注：土壤水分测定深度为 0～200 cm，下同。

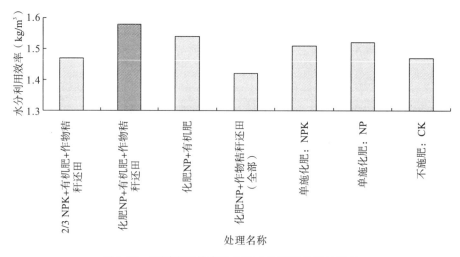

图 5-36 不同施肥技术对小麦水分利用效率的影响

由以上分析可知，第4种处理"化肥NP+作物秸秆还田（全部）"的产量并不是7种处理中最低的，但耗水量最高，所以其水分利用效率最低。这说明，作物秸秆覆盖还田量的多少对作物产量和耗水起到了较大作用，即量多量少均不可取，只有适量时，如第6种处理才能获取高产、低耗水、高水分利用效率。

总体来讲，第6种处理方式"化肥NP+有机肥+作物秸秆还田"产生的亩产量最高，耗水量低于平均水平，是值得在豫西地区推广的一种配方施肥方式。

（二）不同施肥技术对玉米产量及水分利用效率的影响

1. 不同施肥技术对玉米产量的影响

研究表明，7种处理中，第4种配方施肥处理"化肥NP+作物秸秆还田（全部）"产生的产量最高，为8238.0 kg/hm²，但耗水量最低，为314.5mm；其次为第7种，即"2/3 NPK+有机肥+作物秸秆还田"，为8157.0 kg/hm²；再次为第6种，即"化肥NP+有机肥+作物秸秆还田"处理，为8041.5kg/hm²；其他处理的产量则为7618.5～7906.5 kg/hm²，产量最低仍是第1种处理"不施肥：CK"，但其耗水量最高，为372.2mm（表5-27，图5-37）。

表5-27　不同施肥技术对玉米产量及水分利用效率影响（2009年）

处理	播种时土壤储水量(mm)	收获时土壤储水量(mm)	生育期内降水量(mm)	千粒重(g)	耗水量(mm)	产量(kg/hm²)	水分利用效率(kg/m³)
7	454.7	494.5	404.8	318.14	365.0	8157.0	2.23
6	462.0	498.3	404.8	337.07	368.5	8041.5	2.18
5	473.8	521.5	404.8	307.38	357.1	7668.0	2.15
4	434.1	524.4	404.8	326.00	314.5	8238.0	2.62
3	472.0	511.2	404.8	306.60	365.6	7906.5	2.16
2	459.9	533.6	404.8	308.03	331.1	7809.0	2.36
1	473.5	506.1	404.8	312.00	372.2	7618.5	2.05
平均值	461.4	512.8	404.8	316.5	353.4	7919.8	2.25

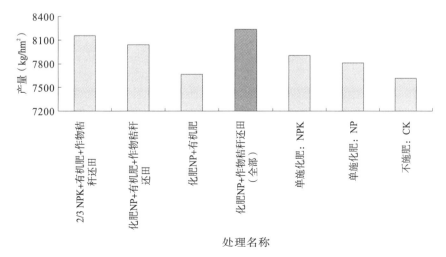

图5-37　不同施肥技术对玉米产量的影响

　　从整体来看，将作物秸秆还田技术和施肥技术结合的玉米产量是 7 种处理中最高的 3 种，尤以作物秸秆还田（全部）最为突出；而仅通过施肥处理的，产量相对较低；没有经过任何施肥处理的，产量最低。以上分析说明，作物秸秆还田的实施促进了玉米生长环境的改善，即起到了保墒、保温、抑制蒸发的作用，增加了作物根系对肥料的有效吸收及腐殖质的生成，尤其是玉米的整个生育期处于一年中降水最为集中的月份，这更为保墒、抑制蒸发、促进腐殖质生成提供了良好的环境，因此减少了玉米生育期的耗水量，同时增加了作物产量，提高了水分利用效率。

　　2. 不同施肥技术对玉米水分利用效率的影响

　　研究结果进一步表明，第 4 种配方施肥处理"化肥 NP＋作物秸秆还田（全部）"的水分利用效率也是 7 种处理中最高的，为 2.62 kg/m³；其次为第 2 种处理"单施化肥：NP"，为 2.36 kg/m³；再次为第 7 种，即"2/3 NPK＋有机肥＋作物秸秆还田"，为 2.23 kg/m³；其他的则为 2.05~2.18 kg/m³，其中仍是不施肥处理的最低。这说明，即使消耗水量最低，一旦实施作物秸秆还田技术，就能更大程度地抑制田间作物的无效蒸发，并使有限的水分尽可能多地储存在土壤中，进而使 NP 肥料更好地被玉米根系吸收（表 5-27，图 5-38）。总体来讲，在夏玉米生长期间，建议使用第 4 种配方施肥处理，以使孟津地区作物产量和水分利用效率最大。

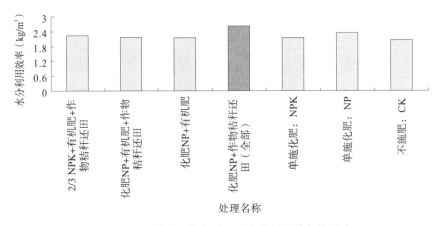

图 5-38　不同施肥技术对玉米水分利用效率的影响

　　综上，在旱作测土配方施肥技术中，当秸秆还田技术和施肥处理结合后，无论是玉米还是小麦，它们的产量和水分利用效率均有不同程度的提高。这里，玉米的产量和水分利用效率明显高于小麦，而且整个生育期的耗水量还低于小麦。

二、水磷耦合试验研究

　　肥料在农艺措施中占有十分重要的位置，肥料的用时、用量组合直接关系到作物的产量及成本高低。长时间以来，从农艺措施角度出发，对施肥问题进行过不少研究，如探索出不同作物、不同产量水平下的氮肥用量。但在对于肥料利用的效益研究及生产实践中，普遍地存在着重氮(肥)轻磷、钾(肥)，忽视微肥的现象，对水、肥措施的协调方面触及的更少。针对现实存在的这种情况，以水、氮(肥)调配方面的研究为基础，着重地开展了水磷耦合的实验研究。

(一)冬小麦水磷耦合效应研究

1. 不同水、磷肥组合处理下小麦的生长状况

水和肥通过不同的机制，都有促进作物株体生长的作用。适宜的水分状况有利于促进作物的光合、代谢等重要过程，从而加快小麦株体的生长；同适宜水分状况相比，减少水分的供应，一般都不利于作物的个体发育；但在保证作物在关键生育时段供水，在非关键需水时段适当地减少供水，能够减轻缺水的不利影响，取得接近充分供水的较高收成。磷素养分在多数作物的生长中有着促进细胞分裂，同时对新根嫩叶的生长、花和种子的形成及禾谷类作物的分蘖都有促进作用。在氮、钾肥正常供应的情况下，水、磷肥的适宜组合不仅能加快作物生长，还能促进其株体健壮，其效益是相当明显的。

表 5-28 为小麦抽穗以后对不同水磷耦合得出的测试结果，小麦生育期降水总量为142.9 mm，从不同灌水处理比较来看，同灌溉水量为 100 mm 的处理相比，凡多灌 1 水处理，生长速率均较快，株体平均高 2.7 cm，叶面积指数平均高 0.29，单株分蘖没有明显差异，生物学干重高出 24.03 kg/hm²；由于磷素养分同水的作用机制不同，不同施磷水平处理间的差异也不一样，不论是在灌 3 水还是在灌 2 水的情况下，随着施磷量的规律性减少，其株体平均高度、叶面积指数与生物学干重也都呈递减趋势。当然，灌水与施肥在促进作物生长方面也有相互弥补的作用，即在减少灌水、增施磷量，或者少施磷肥、增加供水的情况下，也能使得株体保持一定的生长速率。处理 2 与处理 3，处理 4 与处理 5，尽管灌水量及施用磷肥量都不一致，但植株高度、叶面积系数、单株分蘖或生物学干重等都较为一致。比较不同处理总的生长趋势，以小麦全生育期中灌冬水，拔节、抽穗 3 次，施磷(P_2O_5)量为 210 kg/hm² 的处理 1 区的小麦的生长速率最快，抽穗以后生物学干重达到 892.3 kg/hm²；适当减少灌水或肥量的处理 2、处理 3 也是较好的组合，其生物学干重分别为 867.8 kg/hm² 和 855.6 kg/hm²，接近最高的处理组合。

表 5-28 不同水、磷肥组合处理下小麦后期生长状况比较

项目	处理							
	1	2	3	4	5	6	7	8
株高(cm)	87.4	85.1	86.5	83.7	85.9	83.0	84.4	81.5
叶面积指数	6.14	5.78	5.83	5.46	5.35	5.18	5.21	4.94
分蘖(个/株)	2.37	2.48	2.29	2.26	2.31	2.16	2.19	2.23
干重(kg/hm²)	892.3	867.8	855.6	840.1	843.5	822.9	785.3	749.8

2. 小麦不同水、磷肥组合的节水增收效益

在不同水、磷肥因素的组合下，通过对小麦株体各器官的制约，进而影响到小麦产量构成因素，并造成好水状况的差异。灌水量大(150 mm)，施磷肥量多，干物质的积累

总量也多，处理 1 生物学总干重达 1076.5 kg/hm²，产量为 7074.3 kg/hm²；相比之下，少灌 1 水、未施磷肥处理的生物学干重只有 812.5 kg/hm²，产量和千粒重也分别减少 2004.8 kg/hm² 和 2.7 g，其降幅分别为 28.3% 和 6.82%。从表 5-29 的结果来看，处理 1 的千粒重并不是最高的，实际上，处理 1～处理 5 的千粒重都很接近，表明千粒重是多种因素综合作用及株体调节作用的结果。

表 5-29　小麦不同水、磷肥组合的产量与水分利用效率（2008～2009 年）

处理	灌水量 （mm）	施磷量 （kg/hm²）	总干重 （kg/hm²）	千粒重 （g）	产量 （kg/hm²）	耗水量 （mm）	WUE （kg/m³）
1	150	210	1076.5	39.6	7074.3	404.8	1.75
2	100	210	1035.2	40.3	6539.2	370.4	1.77
3	150	165	1017.4	38.8	6736.5	389.0	1.73
4	100	165	997.6	39.5	6277.0	364.6	1.72
5	210	90	1013.3	39.0	6253.5	380.3	1.64
6	140	90	970.8	38.2	5658.0	353.7	1.60
7	210	0	882.1	37.7	5497.0	376.5	1.46
8	140	0	812.5	36.9	5069.5	340.9	1.49

注：小麦生育期内降水量为 142.9 mm。

不同水、磷肥组合处理的耗水量大小主要同生育期间的灌溉水量有关，灌水量大，耗水量也就大，当然，增施磷肥在促使叶面积增大的同时，其耗水量也有所加大。各处理中，耗水最多的是处理 1，耗水量为 404.8 mm；其次是处理 3，耗水量为 389.0 mm；最少的仍是少灌 1 水、未施磷肥的处理 8，耗水量只有 340.9 mm；水分利用效率是用水效益的综合体现，最低的处理 7 灌 3 次水（150 mm）、未施磷肥，其水分利用效率为 1.46 kg/hm²；最高的是少灌 1 水、施磷（P₂O₅）量为 100 kg/hm² 的处理 2，水分利用效率达 1.77 kg/m³，较处理 7 高 21.2%。

（二）夏玉米水磷耦合效应研究

研究表明，水肥之间存在着协同效应，施肥在增加产量的同时可以提高水分生产效率，特别是施磷对提高作物抗旱能力、提高水分利用效率有明显效果，而不同的水分供应水平对矿质养分在土壤和作物体内的运载有重要影响。本试验旨在利用人工防雨棚，在桶栽条件下，探讨不同水、磷组合对夏玉米生长、水分利用效率、矿质营养分配等方面的影响。

1. 玉米苗期水磷协同效应研究

（1）不同处理离体叶的保水效果。从表 5-30 中可以看出，不同水磷组合处理的离体叶片含水量在叶片刚离体时以低磷处理为高；同一磷肥水平中，以高水水平含量较高；但在离体 24～48h，高磷水平处理均大于低磷水平处理。磷在作物体内对水分有一定协调作用，可抑制株体内水分向活的叶片中运输，同时也能抑制水分从叶片中散失，从而起到了提高作物保水能力的作用。

表 5-30　玉米离体叶片的含水率(%)

处理	离体时间(h)		
	0	24	48
GG	80.19	45.36	23.52
GD	79.20	43.91	22.04
DG	80.47	43.72	22.95
DD	79.55	41.58	21.12

注：GG 为高磷高水处理，GD 为高磷低水处理，DG 为低水高磷处理，DD 为低水低磷处理。

(2)不同水、磷组合的玉米株体生长速率。从表 5-31 可以看出，不同水磷处理组合下，其平均生长速率(以株高表示)有明显差异，以高磷高水生长速率最大，高磷低水处理次之；低磷水平的处理均低于高磷处理。同一磷水平中又以高水处理生长速率为高。在作物生育前期，由于需水量较少，磷肥对作物生长所起到的作用程度超过了水。8 月21 日调查的结果表明，低磷低水处理的株高同低磷高水处理没有明显差异，显示出在玉米苗期需水需磷水平都较低的情况下，过多的供水并不能起到促进作物生长的效果。

表 5-31　各处理控水期间玉米的株高和生长速率

处理	株高(cm)		生长速率(cm/d)
	8 月 21 日	9 月 2 日	
GG	62.96	90.5	2.12
GD	60.33	84.02	1.82
DG	46.67	62.57	1.23
DD	47.4	60.04	0.97

(3)不同水磷处理对玉米叶片生长的影响。表 5-32 是玉米控制水分 10 天以后各处理的绿叶片数调查情况，其中高磷高水最多，高磷低水次之，低磷水平的叶片平均少于高磷水平。对不同处理绿叶片数进行方差分析的结果表明，不同处理间的差异达到极显著水平，重复之间无明显差异。控水结束时各处理的单株绿叶面积按大小顺序依次是高磷高水>高磷低水>低磷高水>低磷低水。上述结果还表明，水磷协同有明显效应，各处理玉米生长态势为，高磷高水优于高磷低水，高磷低水又明显优于低磷水平处理。

表 5-32　控水 10 天后调查各处理的绿叶叶片数

处理	绿叶片数				
GG	6	6	6	6	6
GD	6	6	4	5	5
DG	5	5	5	5	6
DD	5	5	5	5	5

（4）不同水磷组合处理干物质分配。干物质的分配状况在一定程度上能够反映栽培措施是否得当、合理，一般来说，氮肥用量大、供水多，作物的地上部分，特别是叶片生长旺盛，地上部分的鲜重和干重都高，根冠比值相对较小；而在一定范围内，施磷较多的处理，则根、茎等器官较为发达，株体较为健壮。从表 5-33 中可以看出，根/冠比值的大小顺序依次是低磷低水＞高磷低水＞低磷高水＞高磷高水；叶/茎的比值除高磷高水较高外，其他处理间的差别不大。

表 5-33　不同水磷处理玉米的干物质分配

| 处理 | 干物质 | | | 叶/茎 | 根/冠 |
	茎(g)	叶(g)	根(g)		
GG	31.71	12.5	22.99	0.39	0.52
GD	24.94	9.02	24.11	0.36	0.71
DG	21.63	7.62	15.8	0.35	0.54
DD	18.55	6.93	18.23	0.37	0.72

（5）植株养分分析。表 5-34 的测试结果表明，氮的分配规律是地上部分叶的含氮量趋势为高磷高水＞高磷低水＞低磷低水＞低磷高水，地上部分茎的含氮量变化趋势为高磷低水＞低磷低水＞低水高磷＞高磷高水。地下部分的含氮量，在低磷水平条件下，低水处理组合＞高水处理组合；在高水处理条件下，低磷处理＞高磷处理；而在低水处理条件下，含氮量的大致规律为高磷处理＞低磷处理。

表 5-34　植株养分分配

| 处理 | | 氮 | | | 磷 | | | 钾 | | |
		茎	叶	根	茎	叶	根	茎	叶	根
GG	含量(%)	1.17	3.98	1.11	0.69	0.72	0.45	5.28	4.89	0.14
	吸收量(g)	54.22	49.75	75.29	21.88	9.0	10.35	167.4	61.13	3.22
	吸收比例(%)	30.25	27.75	42.0	53.07	21.83	25.1	72.2	26.4	1.4
GD	含量(%)	1.67	3.22	1.73	0.69	0.69	0.51	5.52	4.7	0.17
	吸收量(g)	41.65	29.04	41.71	17.21	6.22	12.3	137.7	42.39	4.1
	吸收比例(%)	37.06	25.84	37.1	48.17	28.0	34.43	74.75	23.02	2.23
DG	含量(%)	1.24	2.41	1.46	0.51	0.6	0.42	6.63	3.16	0.39
	吸收量(g)	23.0	16.7	23.07	9.46	4.16	6.64	123.0	21.9	6.16
	吸收比例(%)	36.6	26.6	36.8	46.7	20.5	32.8	81.4	14.5	4.1
DD	含量(%)	1.32	2.65	1.53	0.54	0.57	0.45	5.87	3.77	0.41
	吸收量(g)	28.55	20.19	34.01	11.68	11.68	10.0	127.0	28.73	9.11
	吸收比例(%)	34.5	24.4	41.1	35.0	35.0	30.0	77.0	17.4	5.6

表 5-34 的测试结果表明，在不同处理组合中，含磷量的分配规律是，地下部分的含磷量为高磷高水处理＜高磷低水处理；而在低磷水平下却是高水处理＜低水处理；在保持土壤田间持水量 70％的高水分状况下，地下部分含磷量高磷处理＞低磷处理；而同是

低水水平，却是高磷处理>低磷处理。

对于不同处理组合下钾含量的分配而言，高磷处理地下部分含钾量均小于低磷处理；同一施磷水平下，含钾量多少的排序为高水处理<低水处理；而同一供水水平下，含钾量则是高磷处理>低磷处理。

上述结果表明，磷、水的不同组合对矿质养分元素的分配有一定影响，而且水磷协调作用表现出的这种影响既有一定的规律，相互之间也有交互作用的复杂变化。但单从含量和吸收总量上看，高磷条件下，高水处理能促进养分的吸收，从而有利于作物生长；而低水条件下，磷的效益不易显示出来。

施磷能提高玉米保水能力，特别是在玉米苗期能促进玉米叶片的生长、株高的增加和玉米干物质的积累。水、磷两因素的适宜调配有利于促进玉米对养分的吸收；离体叶片保水能力、株高增加速率、同一时期绿叶片数多少排序为高磷高水>高磷低水>低磷高水>低磷低水；根/冠的比值排序为低磷低水>高磷低水>低磷高水>高磷高水；叶/茎比值的大小顺序为高磷高水>低磷低水>高磷低水>低磷高水；生产单位干物质耗水量（即耗水系数大小）排序为低磷高水>低磷低水>高磷高水>高磷低水，但积累干物质总量却是高磷高水>高磷低水>低磷高水>低磷低水。玉米苗期磷、水对生长的促进作用有累加现象，低磷条件下浇水过多，并不能显著发挥水的作用；但高磷水平条件下，水和磷的作用相辅相成，都能得到提高；如果玉米苗期磷的供应充分，只要水分亏缺不严重，尽管干物质积累略有减少，但水分利用率却能够得以提高；同时，增施一定的磷肥还能促进钾元素的吸收和向地上部分的转输。

2. 供水状况和施磷数量的耦合

（1）叶面积。在拔节和抽穗期两个阶段，施磷处理的叶面积均高于不施磷处理。拔节期低水分处理（田间持水量的50%）中，这种差别更为明显。连续低水分的处理，抽雄期叶面积最低；而前期经过较短时段低水锻炼的处理区，复水后叶面积则有较大的增加（处理1、处理2），说明玉米株体本身有一定的调节补偿作用（表5-35）。

表5-35　不同水磷肥组合的单株叶面积比较　　　　　　　（单位：cm^2）

处理	1	2	3	4	5	6	7	8
拔节期	871	2321	1809	1908	829	3025	2215	2880
抽雄期	3851	4392	3354	4618	1760	2116	4327	5780

（2）干物质。从表5-36中可以看出，同未施磷肥处理相比，拔节期施磷处理的各器官都有较大的干物质积累。对比抽雄期不同处理，在水分状况相同的小区内，凡施磷处理的茎、叶中干物质总积累量均较多；前期连续亏水的处理（处理5、处理6）积累干物质最少，差异明显，说明抽雄期前一直亏水，有碍于玉米生长，施磷也起不到应有的促进生长作用。到成熟期，相同水分条件下，施磷处理干物质积累仍比不施磷处理高出14.26%；处理3、处理4、处理5、处理6穗重都较低，说明拔节—抽雄期缺水不利于后期产量形成，苗期经过干旱锻炼的施磷处理（处理2）产量却是最高的。抽穗以后连续亏水的处理（处理7、处理8）虽然干物质积累仍较多，但穗重及产量却不是太高，由此表

明，后期水分亏缺对产量有较大的抑制作用。

表 5-36　不同水磷肥处理干物质变化　　　　　　（单位：g/株）

处理	拔节期				抽雄期				收获期				
	茎	叶	根	总	茎	叶	根	总	茎	叶	根	穗	总
1	4.9	1.6	1.4	7.9	29.8	18.1	8.3	56.2	16.7	14.6	9.8	40.4	81.5
2	10.8	4.4	3.7	18.9	36.7	21.9	5.9	64.5	16.7	17.6	14.8	50.6	99.7
3	6.4	3.1	2.2	11.7	23.1	16.7	10.2	50.0	20.1	18.5	14.6	30.2	83.4
4	9.8	3.9	3.1	16.68	25.3	16.8	7.5	49.6	23.6	21.9	17.9	32.5	95.9
5	5.8	2.2	2.1	10.1	12.9	9.1	3.1	25.1	16.3	17.1	13.2	33.2	79.8
6	13.0	7.1	4.4	24.5	13.3	9.2	4.4	25.9	17.5	19.0	14.9	39.8	91.2
7	9.0	4.2	3.6	16.8	27.4	18.3	12.9	58.6	18.1	22.4	16.6	44.6	101.7
8	8.9	5.8	3.8	18.9	40.4	25.9	7.3	73.6	27.2	22.1	12.1	46.5	107.9

　　（3）磷素含量的动态变化。由表 5-37 可知，拔节期相同的水处理，施磷后各器官含磷量比不施磷的高得多，且差异明显。抽雄期亏水处理与正常处理相比，根系中磷含量较高，但施磷与不施磷处理相比，除处理 2 外，根系差异不大；茎、叶中含磷量的差异则较大；正常水处理下根系含磷量较多（处理 3、处理 4、处理 5、处理 6），交替供水处理间（处理 1、处理 2、处理 3、处理 4）的茎、叶含磷量的差别比连续供水处理（处理 5、处理 6、处理 7、处理 8）差异大。收获期不同施磷量处理之间仍有明显差异，茎、叶中的含磷量除处理 2 外都有降低；除后期连续亏水处理（处理 7、处理 8）外，茎、叶之间的差异也都缩小了；但根部含磷量基本没有降低，而处理 1、处理 2、处理 7、处理 8 的含量甚至稍有增加。

表 5-37　不同水磷肥组合的磷素含量变化（%）

处理	拔节期			抽雄期			收获期		
	茎	叶	根	茎	叶	根	茎	叶	根
1	0.75	0.56	0.50	0.39	0.62	0.25	0.3	0.36	0.53
2	0.86	0.77	0.75	0.50	0.67	0.58	0.56	0.69	0.58
3	0.71	0.58	0.47	0.36	0.51	0.53	0.28	0.28	0.40
4	0.93	0.72	0.58	0.64	0.75	0.57	0.35	0.35	0.42
5	0.57	0.67	0.41	0.66	0.64	0.56	0.34	0.38	0.47
6	0.64	0.75	0.51	0.78	0.71	0.56	0.42	0.46	0.63
7	0.59	0.56	0.45	0.56	0.73	0.41	0.25	0.45	0.43
8	0.69	0.76	0.56	0.55	0.77	0.47	0.39	0.62	0.62

　　（4）光合生理状况。施磷的处理与不施磷的处理相比，其气孔阻力（R_s）大，蒸腾强度（E）低，其中在低水处理（处理 1、处理 2、处理 7、处理 8）中，施磷区的样株胞间 CO_2 浓度和胞外 CO_2 浓度都低于不施磷处理。光合速率小，可能是受到气孔的限制。高水处理（处理 3、处理 4、处理 5、处理 6）下，其光合速率都是施磷高于不施磷处理；前期供水量高低交替的处理 3 和处理 4，施磷的胞间 CO_2 浓度低，胞外 CO_2 浓度高；而前期持续

低定额供水的处理 5 和处理 6，施磷的胞间 CO_2 浓度较高，胞外 CO_2 浓度则低（表 5-38）。

表 5-38　灌浆期不同水磷肥组合的光合生理状况

处理	P_n	C_o	C_i	R_s	E
1	22.11	1.185	617.8	0.3241	0.017
2	11.27	0.9315	494	0.4124	0.0168
3	13.69	1.117	427.5	0.3439	0.0174
4	13.98	1.229	401.2	0.3141	0.0167
5	16.82	1.501	513.6	0.2567	0.019
6	22.57	1.155	538.3	0.333	0.0174
7	22.46	1.366	517.4	0.2817	0.018
8	19.79	1.144	402.4	0.3366	0.0173

注：P_n 为光合速率；C_o 为胞外 CO_2 浓度；C_i 为胞间 CO_2 浓度。

3. 水磷耦合对夏玉米生长和水分利用效率的影响

除气象因子外，同耗水量关系密切的因素有土壤水分条件及植株群体生长状况。由表 5-39 可以看出，在玉米五叶期前的生长过程中，从总耗水量和阶段耗水量值看，干旱、不施磷处理的植株的耗水量比干旱、施磷处理的植株多 4.7%；干湿交替条件下，不施磷植株同施磷植株耗水量大致相似；湿润条件下，由于增加了"奢侈"耗水，较前两种水分处理耗水量都多，施磷植株的耗水量反而增多。在 6 月 8~17 日，干湿交替处理耗水很少，而以后耗水量增加；干旱处理在各阶段耗水均较少。

表 5-39　不同处理的耗水量　　（单位：mL）

处理	6 月 8~17 日	6 月 18~26 日	6 月 27~7 月 1 日	总耗水量
T1	7.85	143.61	139.84	291.30
T2	4.13	132.38	141.67	278.18
T3	135.03	183.76	164.26	483.05
T4	154.44	166.74	176.18	497.36
T5	8.15	227.33	209.37	444.85
T6	3.72	235.39	206.95	446.06

注：T_1 为干旱不施磷，T_2 为干旱施磷，T_3 为湿润不施磷，T_4 为湿润施磷，T_5 为干湿交替不施磷，T_6 为干湿交替施磷。

水、磷（肥）两因子与夏玉米的生长状况均有密切的相关关系。干旱处理下，施磷（T2）植株的株高、叶面积与不施磷植株相比显示不出优势，叶片数略有增加，说明玉米苗期在缺水的状况下，磷的作用也难以充分发挥出来；湿润水分条件下，施磷（T4）植株的株高、叶面积明显比不施磷植株要高，叶片数相同；在模拟田间干湿交替条件下，施磷小区的玉米株体，在株高、叶面积上的优势比干旱水分状况下大些，但小于湿润条件下施磷与不施磷的差异（表 5-40）。干旱或干湿交替状况下，施磷植株的地上干重、地下干重、根冠比等同不施磷植株相比大都显示不出优势，这主要是因为施肥后磷功能的发挥需要有一定的水分条件，缺乏适宜水分条件的调配，其促进生长的作用就难以实现（表5-41）。

表 5-40　不同水磷组合处理的植株性状调查

处理	株高（cm）			叶面积（cm²/株）				叶片数（个/株）			
	6月8日	6月17日	6月27日	7月4日	6月17日	6月27日	7月4日	6月8日	6月17日	6月27日	7月4日
T1	16.28	37.73	41.53	43.57	29.39	54.77	90.98	1	2	3	4
T2	13.98	33.00	39.33	44.48	29.03	57.61	92.75	1	2.5	3.3	4.5
T3	14.35	31.75	41.13	45.20	26.43	62.14	93.21	1	2	3	4
T4	15.44	37.84	44.42	47.10	28.17	74.89	112.74	1	2	3	4
T5	14.58	36.95	40.40	44.40	24.17	61.98	90.74	1	2	3	4
T6	13.98	37.74	41.74	46.80	24.11	66.80	107.09	1	2	3.2	4

表 5-41　不同处理单株干物质积累与分配

处理	6月27日			7月11日		
	地上干重（g）	地下干重（g）	根/冠	地上干重（g）	地下干重（g）	根/冠
T1	0.1626	0.0927	0.5071	0.3437	0.1514	0.4405
T2	0.1473	0.0837	0.5682	0.3381	0.1542	0.4561
T3	0.1883	0.1066	0.5661	0.4288	0.1971	0.4597
T4	0.2809	0.1296	0.4614	0.4938	0.2571	0.5207
T5	0.2082	0.1044	0.5014	0.4068	0.2411	0.5927
T6	0.2596	0.1185	0.5396	0.4070	0.1819	0.4469

第六节　耕作与覆盖节水及配套技术研究

提高农田水分利用率的耕作技术是农艺节水的主要措施之一。近年来，土壤耕作措施作为综合措施之一，对可持续发展的节水农业的作用越来越受到人们的重视。与传统的耕作措施相比，深耕增加了土壤孔隙度，增厚了土壤活土层，使土壤"水库"蓄水能力得以提高，改善了土壤对作物根系水、肥、气、热的供给方式，创造了良好的土体结构，扩大了营养范围，为根系生长创造了良好的条件。深耕后再进行耙耱合墒处理，可有效地控制土壤蒸发损失。

作物生长初期，棵间蒸发的无效耗水可占总耗水量的80%以上，无效耗水是通过土壤水分变化情况来反映的，农田水分状况受土体结构、降水、灌溉、地下水补给、渗漏和作物蒸发蒸腾等多种因素影响。深耕措施具有长时间保持土壤水分的特点，其增加蓄水的作用已被人们所公认；而在大多数作物播种、出苗到生长的前、中期内，水分消耗主要是表层蒸发损失，实施深耕措施使土壤水分高于常耕，而深层水分通过毛管作用又源源不断地向耕作层供水，从而限制土壤水分散失。深耕措施切断了土壤水分向地表移动的通道，减少了土壤深层水分向地表移动的机会和数量，从而可有效地降低无效耗水。

农田覆盖通过减少作物棵间的无效蒸发来起到保墒的作用，在多数作物生长的中期以前具有突出的节水效果；农田覆盖同时还具有调节地温、抑制杂草及病虫害发生、增产等良好效应，因而在世界各国都得到了广泛应用。农田覆盖条件下的施肥问题是覆盖措施中长期以来未能很好解决的一个难点问题。不论是用秸秆、地膜或化学制剂覆盖，在覆盖的农田上施肥，对覆盖物都会有较大的破坏作用，再者操作起来也相当繁琐；对于覆盖农田，一般都采用"一炮轰"的施肥方式，在作物生育期中，若将所需用的各种肥料在覆盖前(作物幼苗期)一次性地施入田内，则会因肥料在农田中滞留的时间过长而造成养分淋失、挥发、转化，肥料利用效率一般只有30%左右；集中施肥还可以造成烧苗现象。

我国在深耕、精耕细作、改善土壤结构及地膜、秸秆覆盖等方面都做过不少研究工作，但关于深耕与农田覆盖，深耕与节水灌溉技术相结合，农田覆盖条件下的适宜灌水、施肥技术方面的研究相对较少，有待于大力度地进行深入研究。

一、深耕技术及其节水效果

试验地区的农业主要依靠降水来满足作物正常生长所需的水分，考虑到降水分布的时空不均性及不同旱作物对应生育期需水量的要求(主要是冬小麦)，一般在10月初实施深耕，耕翻深度为22~25 cm。

(一)深耕对土壤含水率、降水利用率的影响

结合试验地区实施深耕技术的田间资料，通过对比一次性深耕和传统耕作方式，结果发现，0~200cm土层的平均含水率与平均降水储蓄率，前者较后者分别高出0.5%和0.5%，即与传统耕作相比，一次性深耕使土壤含水率与降水的利用率分别提高了0.5%和0.5%，尤其在作物根系较为集中的30~50cm，分别提高10%和2%(表5-42和图5-39)。

表5-42　深耕与传统耕作条件下土壤含水率与降水储蓄率的变化

土层深度 (cm)	深耕土壤含水率(%)	传统耕作土壤含水率(%)	降水储蓄率提高(%)	深耕土层储水量(mm)	传统耕作土层储水量(mm)	储水量增加(mm)
0~10	17.9	16.9	1.0	21.6	20.4	1.2
10~20	15.0	16.4	−1.4	19.4	21.3	−1.9
20~30	17.6	15.5	2.1	24.2	21.3	2.9
30~40	17.9	16.4	1.5	25.7	23.5	2.2
40~50	17.9	16.2	1.7	27.5	24.9	2.6
50~100	15.6	16.1	−0.5	119.4	123.3	−3.9
100~200	14.5	13.7	0.8	232.9	219.6	13.3
0~200	15.9	15.4	0.5	470.7	454.3	16.4

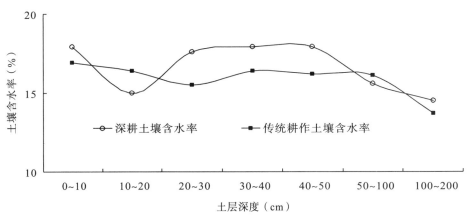

图 5-39　深耕与传统耕作技术下土壤含水率随土层深度的变化规律

（二）深耕对播前土壤水解氮量的影响

研究进一步表明，对于实施了一次深耕早施肥技术的土壤，由于 0～200 cm 的大部分土层含水率和降水利用率较传统耕作方式下的有所提高，使得播前土壤中的水解氮量增多，即 0～60 cm 土层的平均水解氮量增加 9.11 mg/g（表 5-43，图 5-40），从而有助于河南省半干旱区旱作物根系固氮量的提高，进而为作物丰产丰收奠定良好的基础。

表 5-43　不同耕作施肥方式对播前土壤水解氮的影响　　　（单位：mg/g）

土层深度（cm）	一次深耕早施肥	传统耕作施肥	较传统增加
0～20	9.91	10.36	-0.45
20～40	10.81	5.40	5.41
40～60	8.29	4.14	4.15
0～60	29.01	19.90	9.11

（三）深耕对群体动态及产量的影响

与传统耕作方式下的结果相比，作物的群体动态，即冬前分蘖数、春季分蘖数、成穗数、穗粒数等，以及最终的作物产量在实施了一次深耕早施肥技术后，均有不同程度的增加。以某一年为例，上述群体动态的各项分别提高了 44.4%、7.21%、26.6%、4.29%，最终地，产量增加了 11.45%（表 5-44）和图 5-40。在相同灌溉量和同种降水调节的前提下，采用深耕技术，作物水分生产率一定有较大的增幅。

表 5-44　深耕冬小麦的群体动态与产量因素

处理	基本苗（万/hm²）	冬前分蘖（万/hm²）	春季分蘖（万/hm²）	成穗数（万/hm²）	穗粒数（粒）	千粒重（g）	产量（kg/hm²）	较传统增产（kg/hm²）	增产率（%）
深耕	180	1222.5	1272	592.5	31.6	31.9	5973	613.5	11.45
传统	180	1170.5	1186.5	468	30.3	37.8	5359.5	—	—

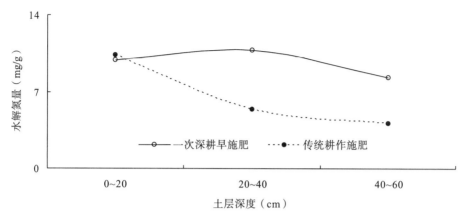

图 5-40　深耕与传统耕作技术下水解氮量随土层深度的变化规律

二、不同耕作方式节水效应研究

（一）不同耕作方式下土壤水分变化规律

1. 不同耕作方式下土壤储水量变化规律

从图 5-41 中可以看出，随着降水量的不断增多，各处理 0～50cm 土层的土壤储水量呈现出不同的变化趋势，具体变化如下。

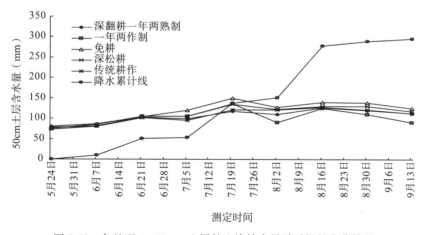

图 5-41　各处理 0～50 cm 土层的土壤储水量随时间的变化情况

（1）在 7 月 1 日前，由于土壤没有翻耕(一年两熟区因作物处于苗期，耗水较少)，各处理均表现为缓慢增加趋势，处理间的差异也仅是各自的起点差异。

（2）翻耕后，有一段时间降水较少，各处理均呈下降势态，但随着降水的迅速增多，处理间的差异变得比较明显，处理 3（两熟）处于剧烈交错状态，上升幅度不大，其他处理均呈交错上升状态，此阶段处理 2（免耕）的土壤含水量始终高于其他处理。

（3）在每次比较大的降水过后，处理 3 的土壤水分增加幅度均明显高于其他处理，这一方面与其土壤含水量低有关，更重要的是与其地面覆盖程度有关。

2.不同耕作方式土壤水分入渗规律

图 5-42 是测定不同处理的水分下渗过程，根据图 5-42 中变化的曲线可将入渗过程分为 4 个阶段：一是入渗速度急速下降阶段，这一阶段由于耕层土壤相对疏松，水分下渗较快，主要在试验开始的 3～4min；二是快速下降阶段，水分下降速度相对第一阶段明显减慢，主要在试验进行到 5～15min；三是缓慢下降时期，水分下渗速度表现出缓慢减弱的现象，主要在试验的 20～40min；四是水分下渗相对平稳阶段，在试验进行到 50min 以后，这时的下渗速度即为饱和导水率。

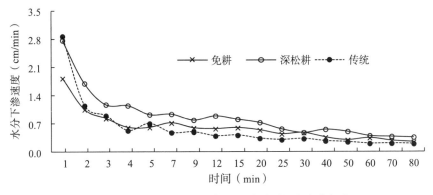

图 5-42　不同耕作方式下水分入渗随时间的变化规律

研究进一步表明，深松处理一直表现出较高的水分下渗速度，而免耕处理在试验进行至 5min 以后，其水分下渗速度超过了传统耕作，这与初期传统耕层相对较疏松有关。水分下渗速度相对稳定以后的速度即为饱和导水率，从图 5-42 中可以看出，深松的饱和导水率大于免耕，而传统耕作最低，这也正是深松、免耕覆盖耕作模式有着较高的降水利用率的一个主要原因。

3.不同耕作方式下降水储蓄率的变化

如何提高降水储蓄率是旱作农业研究的重要内容，多数研究证明，深松覆盖与免耕覆盖技术可明显提高降水储蓄率，且有着良好的蓄水保墒作用。表 5-45 中的试验结果也证明了这一点，但降水储蓄率的高低与降水的分布有着明显的关系，在不同的降水情况下，降水储畜率变化大的，如 2004 年与 2008 年同为较干旱年份，由于后者降水集中在后期，降水储蓄率均超过 60% 且处理间差异不明显，而 2004 年储蓄率不足 40%，但处理间差异明显，免耕覆盖处理提高了 32.8 个百分点，深松覆盖提高了 27.1 个百分点；而 2009 年与 2007 年夏闲期降水总量正常的情况下也有同样的特点，所有不同的处理间差异明显，2007 年免耕覆盖处理提高了 21.4 个百分点；但在降水丰富的 2005 年降水储蓄率不仅不高，而且处理间也无差异。

表 5-45 不同耕作方式对夏休闲期土壤降水储蓄率的影响

年份	处理	休闲始土壤水分 含量(mm)	休闲未土壤水分 含量(mm)	休闲期降水量 (mm)	降水储蓄率 (%)
2004	免耕覆盖	235.3	281.5	133	34.7
	深松覆盖	213.0	265.0	133	39.1
	传统耕作	223.3	253.8	133	22.9
2005	免耕覆盖	181.5	467.1	767	37.2
	深松覆盖	163.2	460.1	767	38.7
	传统耕作	166.6	454.4	767	37.5
2007	免耕覆盖	144.0	395.9	326	77.4
	深松覆盖	149.2	393.4	326	75.0
	传统耕作	156.4	337.3	326	55.6
2008	免耕覆盖	214.2	383.2	250	67.6
	深松覆盖	225.2	390.6	250	66.2
	传统耕作	200.9	363.0	250	64.8
2009	免耕覆盖	141.2	328.0	334	56.0
	深松覆盖	139.1	332.4	334	57.9
	传统耕作	135.5	272.5	334	41.0
2010	免耕覆盖	155.3	368.1	339	62.7
	深松覆盖	162.6	354.9	339	56.7
	传统耕作	154.9	310.6	339	45.9
2011	免耕覆盖	197.3	353.9	273	57.3
	深松覆盖	180.6	342.8	273	59.4
	传统耕作	181.6	318.1	273	50.0

(二)不同耕作方式对小麦玉米产量及水分利用效率的影响

1. 不同耕作方式对一年一熟冬小麦生长的影响

一年一熟的种植模式为豫西地区采用的重要的种植方式之一,然而,结合不同的耕作方式进行研究还是个新的课题。基于此,在豫西地区展开了相关的试验研究。结果表明,从生长发育的角度考虑时,免耕模式下的农田出苗率、分蘖率均较高,且长势强;深松模式下的农田出苗率较传统耕作高,但最大分蘖率与传统耕作差别不明显。从产量构成角度看,免耕与深松的穗粒数差别不大,均高于传统耕作;用有效穗数、千粒重衡量时,免耕明显优于深松与传统耕作,且深松稍高于传统耕作。若将产量按折实产计算,免耕、深松分别比传统耕作增产 19.1%和 9.4%(表 5-46)。由此说明,免耕与深松对土壤的影响效果是传统耕作难以达到的。

表 5-46　不同耕作方式对小麦生长发育及产量的影响

处理	基本苗 (万/hm²)	最高分蘖 (万/hm²)	有效穗数 (万/hm²)	千粒重 (g)	穗粒数 (个)	产量 (kg/hm²)	比传统 (%)	耗水量 (mm)	水分生产效率 [kg/(hm²·mm)]
少耕	245.2	1423	432.0	41.1	34.9	3748.5	-2.8	312.0	12.0
免耕	247.5	1575	544.5	42.9	37.6	4593.0	19.1	311.9	14.7
两熟	237.8	1186	412.1	38.7	33.8	3648.0	-5.4	294.8	12.4
深松	235.5	1275	454.5	40.5	38.3	4218.0	9.4	310.1	13.6
传统	175.5	1215	435.0	40.2	35.4	3856.5	—	307.7	12.5

2.不同耕作对小麦产量及水分利用效率的影响

从表 5-46 可以看出，几种不同耕作方式下，耗水量最少的属一年两熟模式，为294.8mm，而其他模式对应的耗水量也在 310mm 上下，即各模式的耗水量差别不大。对应地，免耕、深松的产量较高，分别达 4593.0kg/hm² 和 4218.0kg/hm²，而少耕、两熟及传统均在 3700 kg/hm² 左右，即各模式的产量差值相对于耗水量的大。进一步地，水分生产效率相对较高的是免耕和深松模式，分别为 14.7 kg/(hm²·mm) 和 13.6 kg/(hm²·mm)，而其他均在 12.4 kg/(hm²·mm) 上下。

然而，由于降水的时空不均，旱作物的耗水量受到很大影响，进而影响作物产量和作物水分利用效率。从表 5-47 也可看出如同表 5-46 的结果，即免耕、深松使作物水分利用效率较高，于 2008~2009 年分别达到 1.82kg/m³ 与 1.77 kg/m³，且增产效果明显，即分别增加 18.89% 与 20.87%。但 2009~2010 年的资料表明，虽然冬小麦生育期内降水较少，但当年夏闲期内降水却较充足，然而，免耕、深松模式增产效果并不明显，且水分利用效率差异不大。

表 5-47　年际间少免耕覆盖下对小麦产量及水分利用效率的影响

年份	处理	生育期内降水(mm)	耗水量	产量(kg/hm²)	增产(%)	水分利用效率(kg/m³)
2008~2009	免耕覆盖	227.6	263.2	4777.5	18.89	1.82
	深松覆盖	227.6	275.1	4857	20.87	1.77
	传统耕作	227.6	256.4	4018.5	0	1.57
2009~2010	免耕覆盖	154	428.4	4270.5	-1.76	1.04
	深松覆盖	154	426.5	4560	4.9	1.07
	传统耕作	154	436.1	4347	0	1

表 5-48 为保护性耕作不同模式小麦-玉米一体化的降水利用率和作物水分利用效率。结果表明，在冬小麦生育期内降水偏少，满足不了冬小麦的需水，而大量消耗土壤含水量；与传统耕作比，不同耕作模式保护性耕作处理能为冬小麦生长提供较多的土壤水，提高降水利用率，夏免耕秋免耕和夏深松秋免耕水分利用效率略高于传统的。在夏玉米生长季节，保护性耕作不仅能明显提高玉米产量和水分利用效率，且能降低夏玉米的耗水量，从而为下茬冬小麦生长储备较多的土壤水分。

表 5-48　不同少(免)耕模式小麦夏玉米耗水及降水利用率

处理	年份	生育期耗水(mm)		生育期降水(mm)		降水利用率(%)		产量(kg/hm²)	
		小麦	玉米	小麦	玉米	小麦	玉米	小麦	玉米
夏免耕 秋免耕	2008~2009	311.6	144.8	136.5	203.4	228.3	71.2	5447.0	4396.5
	2009~2010	389.5	343.3	274.8	404.8	141.7	84.8	6448.5	7689.0
	2010~2011	446.5	343.4	194.0	374.0	230.2	91.8	7081.5	6291.0
夏深松 秋免耕	2008~2009	310.1	148.8	136.5	203.4	227.2	73.2	5367.0	4723.5
	2009~2010	354.4	348.2	274.8	404.8	129.0	86.0	5251.5	7915.5
	2010~2011	396.9	334.1	194.0	374.0	204.6	89.3	6084.0	6238.5
传统耕作	2008~2009	297.2	157.6	136.5	203.4	217.7	77.5	5108.0	3823.5
	2009~2010	363.1	352.5	274.8	404.8	132.1	87.1	4797.0	7468.5
	2010~2011	416.4	330.4	194.0	374.0	214.6	88.4	5887.5	5965.5

三、秸秆覆盖与还田技术应用效果

秸秆覆盖，一般指以农业副产物(秸秆、落叶、糠皮)或绿肥为材料进行的农田覆盖。覆盖的作物秸秆阻碍了水分蒸发，所以能达到明显的保墒效果。在坡耕地上实施秸秆覆盖还有明显的保水保土效果。长期连续的秸秆覆盖还能增加土壤有机质含量，提高土壤肥力。

首先，秸秆覆盖可以蓄水保墒，在地表覆盖一层秸秆后，若发生降水，则可以缓解雨水对地表的冲刷，保持土面较大空隙，促进水分入渗；同时，秸秆覆盖减少了地表径流的产生，秸秆可以将裸地上产生径流的那部分雨水储存，最终下渗转化为土壤水，满足作物生长的需水要求，从而提高了土壤水的含量。另外，由于秸秆的覆盖，避免了阳光的直接辐射，切断了蒸发面与土壤毛管的联系，有效抑制了土壤水分的蒸发，增加了土壤含水量，而这些蒸发大多为棵间无效蒸发，这种节水作用在作物的苗期尤为显著。陕西渭北旱塬试验，冬小麦和春玉米生育期秸秆覆盖使降水保墒率比不覆盖的提高24%和20%；农田冬闲期秸秆覆盖，减少土壤蒸发48%。

其次，秸秆覆盖可以改土培肥，随着农业现代化的发展，农田使用化肥的比率逐年增加，而有机肥料的使用却不断减少，甚至有些地方已经停止了对农家肥的使用。秸秆覆盖地表以后，在土壤微生物的分解作用下，逐渐被作物吸收利用，提高了土壤有机质含量，同时也响应了国家的秸秆还田方针。据陕西和山西的试验表明，沙壤土和中壤土连续被秸秆覆盖后，土壤有机质由0.88%和0.94%逐渐增至1.06%和1.17%，保证了作物产量。

最后，秸秆覆盖可以有效地阻止水土流失。由于秸秆对雨水的调蓄作用，减少了地表径流的形成，缓解了雨水对地表的冲刷，特别是在坡度较大的田块，秸秆覆盖的水土保持作用更加突出，这样避免了土壤水分和养分的流失，提高了土壤水分的含量，保证了土壤肥力，为作物的生长提供了良好的土壤环境。

（一）秸秆覆盖措施下的作物耗水规律

1.秸秆覆盖对作物耗水强度的影响

农田秸秆覆盖的主要作用也是为了减少棵间蒸发，提高土壤的储水能力，减少无效耗水，将无效耗水尽可能多的转化为有效蒸腾，提高水分的利用效率。同时，秸秆的腐烂还可以提高土壤的有机质含量，提高土壤肥力。试验结果表明，秸秆覆盖的节水效果并不太显著。具体的耗水强度曲线如图 5-43 所示。

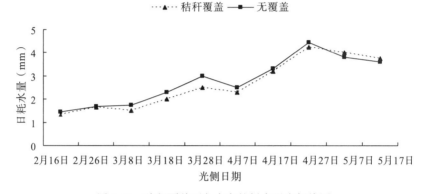

图 5-43　秸秆覆盖下冬小麦的耗水强度折线图

由图 5-43 可以看出，秸秆覆盖和不覆盖的处理相比，二者耗水强度的趋势大致相同，基本呈上升趋势，直到后期才略有下降。但二者的耗水强度差距并不大，基本相似。前期无覆盖的耗水强度略大于秸秆覆盖，后期秸秆覆盖的耗水强度反而高于无覆盖处理。这可能是因为，在前期，作物处于苗期，植株较小，蒸腾以棵间蒸发为主，秸秆覆盖在一定程度上减少了棵间蒸发，所以秸秆覆盖的耗水强度略低于无覆盖处理；而到了后期，植物叶面积指数逐渐增大，基本上覆盖了地表，这时的蒸腾以植物蒸散发为主，秸秆覆盖处理下的植株由于前期的保水效果，植株比较健壮，蒸散量反而超过了无覆盖处理。这也表明，秸秆覆盖能将蒸腾的无效耗水转化为有效耗水，从而提高了水分的利用效率。

2.秸秆覆盖的节水增收效益

试验发现，不同的秸秆覆盖量对土壤的储水保墒能力是不同的，具体的储水效果如图 5-44 所示。研究结果表明，在秸秆覆盖条件下，土壤的储水量与秸秆的覆盖量有着密切的关系，即土壤储水量随着秸秆覆盖量的增加而增加。但随着秸秆量的增加，土壤储水量的增加幅度逐渐减小，总体来说，秸秆覆盖还是起到了一定的储水保墒作用。

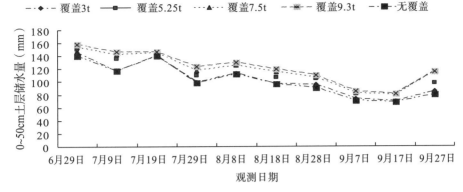

图 5-44　不同覆盖量下夏玉米的土壤储水量折线图

图中的覆盖量均为每公顷的覆盖量

秸秆覆盖除了对土壤具有储水保墒能力外，还有增加养分含量、抑制杂草生长等作用，在一定程度上，秸秆覆盖促进了作物产量的增加。试验表明，凡是有秸秆覆盖的处理，夏玉米的百粒重和单位面积的产量均有不同程度的增加，具体的增加效果见表 5-49。

表 5-49　秸秆覆盖量对夏玉米产量的影响

覆盖量（t/hm²）	百粒重（g）	单产（kg/hm²）	增产（%）
0	25.68	5786	—
3	25.98	6185	6.9
5.25	29.67	6785	17.3
7.5	28.07	6457	11.6
9.3	27.98	6417	10.9

从表 5-49 可以看出，秸秆覆盖后夏玉米的百粒重和单位面积的产量均有提高，但并不与覆盖量成正比，也就是说，并不是覆盖量越大越好，当覆盖量到达一定程度后，再增加覆盖量，作物产量不再随之而增高。因此，在秸秆覆盖时存在着一个最优覆盖量，由表 5-49 可以得到这个最优覆盖量为 5.25 t/hm²，增产幅度可达 17.3%。

（二）不同生育期覆盖对土壤含水量的影响

试验结果表明，当在小麦返青期实施秸秆覆盖时，随着土层深度的加大，土壤含水量呈下降趋势，而对照处理的土壤含水量则缓慢上升，总体来看，秸秆覆盖条件下的土壤含水量较高，为 21.79%，而对照处理的较低，为 20.81%（表 5-50）。当在小麦抽穗期实施秸秆覆盖时，随着土层深度的加大，土壤含水量缓慢上升，对照处理的呈类似变化，但还是秸秆覆盖的土壤含水量较高，为 13.04%。从图 5-45 中可以看出，无论是对照处理还是秸秆覆盖处理，均是返青期的土壤含水量高，约比抽穗期高 8%。

表 5-50　不同覆盖返青和抽穗期 0~100 cm 土壤水分状况

土层（cm）	容重（g/cm³）	返青期含水量（%）		抽穗期含水量（%）	
		对照	秸秆	对照	秸秆
0~20	1.53	19.27	23.67	10.97	12.11

续表

土层(cm)	容重(g/cm³)	返青期含水量(%)		抽穗期含水量(%)	
		对照	秸秆	对照	秸秆
20~40	1.56	21.18	22.99	12.17	12.49
40~60	1.58	20.64	21.56	13.23	13.45
60~80	1.58	21.35	20.60	13.01	13.83
80~100	1.52	21.60	20.12	12.66	13.30
平均	1.55	20.81	21.79	12.41	13.04
储水量(mm)		323.40	338.60	192.90	202.70

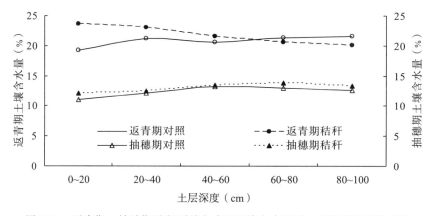

图 5-45　返青期、抽穗期秸秆覆盖方式下土壤含水量随土层深度的变化规律

出现上述情况的原因有可能是小麦苗期—返青期水分消耗以棵间蒸发为主，覆盖可有效防止土壤水分的无效蒸发，同时，秸秆覆盖产生低温效应，小麦发育较弱，消耗的水分相对较少。而抽穗期，根茎叶生长基本停止，生长重心转向籽粒发育，属形成大穗、重粒的关键时期。旱地小麦要保证当季增产和持续丰收，应采取适当的保墒措施，以满足小麦生长后期对水分的需求。

(三)覆盖技术对作物产量和水分利用效率的影响

经对比研究，实施秸秆覆盖后，小麦产量、收获期储水量较对照处理提高 214.5 kg 和 10.7 mm，耗水量较对照处理减少 10.7 mm。由此得到的水分利用效率秸秆覆盖时为 1.43 kg/m³，对照时为 1.34 kg/m³(表 5-51)。这说明，实施秸秆覆盖可有效地阻止无效蒸发，提高土壤中水分的储存量，同时也有利于增强作物根系吸收肥料的能力，最终增加了作物总产量和水分利用效率。进一步表明，秸秆覆盖技术很适合在河南省半干旱区展开推广。

表 5-51　不同覆盖条件下冬小麦的水分利用率

处理	产量 (kg/hm²)	播前储水量 (mm)	生育期降水量(mm)	收获期储水量(mm)	耗水量 (mm)	水分利用率 (kg/m³)
对照	5578.5			380.3	416.6	1.34
秸秆覆盖	5793.0	671.8	125.1	391.0	405.9	1.43

四、耕作与覆盖节水及配套技术

(一)耕作与覆盖节水措施对夏玉米影响研究

从表 5-52 和表 5-53 中可以看出,株高和穗位高度最高的处理是对照,最低的是行间深松,行间深松处理的植株虽不高,但显得粗壮,对于提高养分的利用效率有利;据 9 月 2 日的调查,平均单株干物质最多的是秸秆覆盖处理,最低的是对照处理;叶面积最大的是秸秆覆盖处理,行间深松次之,最低的则是对照处理;穗行数对照最多,秸秆覆盖次之,行间深松最少;行粒数秸秆覆盖最多,综合措施最少;秃尖长是对照处理最长,综合措施、秸秆覆盖和行间深松之间的差异很小;千粒重是秸秆覆盖最大,行间深松次之,不过不同处理间的差别不大;产量由高到低依次是秸秆覆盖、行间深松、综合措施、对照处理。综合起来比较,处理最优的是秸秆覆盖,其次是行间深松,最低的是对照处理。

表 5-52　不同耕作和覆盖处理夏玉米产量及产量构成

处理	穗行数	行粒数	秃尖长(cm)	千粒重(g)	产量(kg/hm²)
对照	13.8	41.7	1.32	337.69	6324.9
秸秆覆盖	13.7	42.4	1.14	348.14	7367.7
行间深松	13.4	40.4	1.07	343.86	7194.4
综合措施	13.53	40	1.13	340.56	6974.1

表 5-53　不同耕作和覆盖处理夏玉米灌浆期生理性状指标

处理	株高(cm)	穗位高(cm)	干物质(g)	叶面积(cm²/株)
对照	309.1	142.4	341.8	5935
秸秆覆盖	306.2	140.9	375.2	6681
行间深松	285.7	132.7	358.4	6187
综合措施	308.1	136.8	350.3	6157

生育后期,各处理由于前期降水,表现出不同的储水量,行间深松、秸秆覆盖和综合处理都表现出增加蓄水的效果,尤其是深松处理含水量最高;秸秆覆盖和综合处理可能由于秸秆的遮挡作用没有蓄积更多的降水,但由于蒸发损失较少,所以也起到节水效果。试验结果表明,在 0~60 cm 土层中,秸秆覆盖处理含水率总体最高,对照处理含水率最低。行间深松虽然蓄水多,但已不能全部挽回前期干旱缺水对夏玉米的影响。

（二）玉米覆盖条件下提高肥效措施的探索

覆盖条件下的施肥问题也是长期以来未能很好解决的一个难点问题。不论是用秸秆、地膜或化学制剂覆盖，在覆盖的农田上施肥，对覆盖物都会有较大的破坏作用，再者操作起来也相当繁琐；若将作物生育期中所需用的各种肥料在覆盖前（作物幼苗期）以"一炮轰"的方式施入田内，则会因肥料在农田中滞留的时间过长而造成养分淋失、挥发、转化，肥料利用效率一般在30％以下；集中施用还可能造成烧苗现象。

缓释可控全营养包复肥是以氮肥为主，外部用多种微溶性磷、钾、镁化合物，以及生长调节剂、除草剂等科学搭配而制成的新型外包衣肥料，具有可控、缓释、营养成分较全等优点，可以克服多数化肥在施用中易溶解、转化、淋失，肥效期短的弊端，肥料中养分的释放期是根据作物的生长期长短、需肥特点和土壤肥力状况，选用不同的包复肥。一般为2～5个月，这就可以较好地解决覆盖条件下的追肥问题。即使所需的包复肥在覆盖前以耧播方式一次性施入田内，肥料利用率也可达38％～40％，在同样的施肥水平下显示出良好的增收效益。

2008年所开展的覆盖施肥试验的作物是玉米，品种为"郑单14号"，试验小区面积为3 m×9 m，试验重复两次；在玉米田块按4500 kg/hm² 的秸秆量实施覆盖的情况下，于玉米苗期（6月26号）以同样的施肥水平，分别采用长效包复肥（肥效期4～5个月）、中效包复肥与普通化肥，并以少施追肥为对照。结果表明，施肥5周以后，不同施肥处理中玉米的生长状况开始显示出差异来，施肥量为98.4 kg/hm²（折纯N）的少施肥处理区的玉米植株不仅颜色发黄，而且株体矮小，较施肥处理平均低13.6 cm；而同施用普通化肥的处理区相比，施包复肥的小区的玉米则叶色深绿，植株粗壮（表5-54）。施肥54天后，从各处理区取测的土样的分析结果进一步表明，使用不同包复肥的小区，土壤养分含量普遍较高，其中全N含量平均比施普通化肥小区高13.8％；玉米产量平均较施普通化肥及少施肥分别高出9.2％和42.6％。

表 5-54　覆盖玉米施用包复肥料的效果

施肥种类	施肥折标准肥量（kg/hm²）			施肥54天后土壤养分状况（%）			玉米产量（kg/hm²）
	N	P_2O_5	K_2O	全N	P	K	
长效包复肥	237.3	52.8	46.2	0.742	4.57	9.23	8371.4
中效包复肥	244.5	58.6	33.1	0.680	6.35	7.58	8802.8
普通化肥	221.6	75.0	0	0.613	5.14	4.35	7865.3
少施肥	98.4	0	0	0.339	1.16	4.07	6022.7

第七节　主 要 结 论

一、冬小麦喷灌技术

第一，拔节—灌浆期为冬小麦生育阶段耗水高峰期，最大日耗水强度可达4.25 mm/d；

灌水量相同的条件下，在拔节和抽穗期灌水比在返青期和抽穗期灌水更能提高小麦产量和水分利用效率；需水关键期，多灌 10 mm 水量可提高产量 400 kg/hm²；产量最高的处理，其水分生产率不一定高，水分生产率高的并不一定最经济。

第二，喷灌可以改变田间小气候，使相对湿度逐渐变大，由原来的 52% 变为最后的 94%，地下 5cm 处的地温随着喷灌的进行基本呈直线下降，由原来的 20.5℃ 经两个小时后降到 17℃，而在同一时间段内，地下 10cm 和 15cm 变化相对逐渐减少，地下 20cm 处的地温基本保持不变。在同一时刻内，地温随着深度的增加而逐渐降低，降低的幅度随着时间的推移有减小的趋势。

二、畦灌技术

畦灌技术是河南省粮食主产区田间灌溉的主要技术。课题组针对该地区主要的类型土壤（潮土、褐土、黄褐土），利用详细的畦灌试验资料，分析提出了不同类型土壤合理的畦规格和适宜的灌水参数，分析了灌水技术单因子因素的变化规律，分析了畦、沟的灌水质量，成果对大田实际具有普遍的指导意义。

三、小麦-玉米垄作一体化技术

本次试验在垄作模式下进行，调整边行种植密度的同时，对内行小麦的密度进行了相应的调整，并取得了良好的效果。这一方面是由于垄作模式本身可以使小麦的边行优势得到更充分的发挥；另一方面也是由于边行和内行种植密度同时改变，更好地协调了小麦生产中穗、粒、重的矛盾，从而有利于整体产量的提高。由此可见，在其他因素相同的情况下，密度对于小麦的生长有着非常重要的影响。今后，应在此基础上继续展开研究，在更多的密度水平和更多的因素下对小麦的生长状况进行研究比较，以明确垄作模式下小麦边际效应的相关规律，同时筛选出最适宜垄作小麦生长的种植密度。

四、一种基于 PLC 自动控制的田间识别灌溉系统

研发的作物精量灌溉控制技术可以实时地监测土壤墒情概况，并根据设置的土壤含水量的上、下限值，系统精确地确定灌水量及灌水时间。该装置结构简单、安装、维护方便，易于推广应用，其测量结果可以用于灌溉指导。

五、水肥耦合技术

在 7 种配方施肥方式中，对于小麦，第 6 种处理方式"化肥 NP＋有机肥＋作物秸秆还田"产生的亩产量最高，消耗水量低于平均水平，是值得在河南省半干旱区推广的一种配方施肥方式；对于玉米，第 4 种"化肥 NP＋作物秸秆还田（全部）"产生的千粒重、亩均产量最高，消耗水量最低，最终得到的水分利用效率也属 7 种处理中最高的。同时，展开科学合理的水肥耦合技术也有助于作物的丰产丰收。

灌水与施肥在促进小麦生长发面也有相互弥补的作用，减水增磷（肥）或减磷（肥）增水都能使得小麦株体保持一定的生长速率。灌越冬、拔节、抽穗 3 水（150 mm），施 P_2O_5 210 kg/hm² 的处理干物质积累量多，产量最高为 7404.3 kg/hm²。水分利用效率最高的

是灌越冬、抽穗 2 水(100 mm)，施磷(P_2O_5)量为 210 kg/hm² 的处理 2 区，水分利用效率达 1.77 kg/m³，较处理 7(灌 3 水、不是磷肥)高 21.2%。

水、磷(肥)两因子对夏玉米的生长、生理及产量的构成状况有密切关系，两因子的适量组合与合理调配在玉米生产中具有重要意义。适当地施磷能够减少气孔导度，扩大根冠比，延长根长；同时，抑制株体内水分向活的叶片中运输及水分散失，从而起到提高作物保水能力的作用。水、磷两因素的适宜调配有利于促进玉米、小麦等作物对养分的吸收；增施一定的磷肥还能促进钾元素的吸收和向地上部的转输。

六、耕作与覆盖节水技术

与传统的耕作措施相比，深耕能够增加土壤孔隙度，增厚土壤活土层，提高土壤"水库"的蓄水能力，改善土壤对作物根系水、肥、气、热的供给方式，创造良好的土体结构，扩大营养范围，为根系生长创造良好的条件。深耕后再进行耙耱合墒处理，可有效地控制土壤蒸发损失。

农田覆盖通过减少作物棵间的无效蒸发来起到保墒的作用。与其他节水增收措施相比，秸秆覆盖处理的植株叶面积最大，单株干物质积累最多，产量和千粒重也最高，显示了突出的节水增收效益。

第六章 粮食主产区适宜灌溉技术集成与应用

第一节 适宜于小麦-玉米连作的高效用水技术

一、根据作物的需水规律和特点灌水

作物整个生育期间的适宜供水时期和数量都要紧紧围绕其需水规律与特点进行。大多数作物在播种—出苗期间都要求有较高的土壤含水量，否则将有碍于全苗和壮苗。该区小麦、玉米和大豆播种期土壤水分与出苗的关系见表6-1。

表 6-1 3 种作物播种期土壤水分与出苗的关系

作物	种子含水量(%)	出苗土壤水分占田间持水量的百分比(%)	出苗适宜土壤水分占田间持水量的百分比(%)	出苗率(%)
小麦	12	70	75～80	>90
玉米	10～12	<66	70～80	>95
大豆	9.5～10	<68	70～80	>95

作物在不同生育阶段对水分的需求也不同。小麦孕穗—扬花期，日平均耗水量最大（4.5 mm/d），光合和代谢作用最强，是小麦一生中营养生长、生殖生长最旺盛的时期，也是小麦生育期中蓄水的高峰期和关键期。该期间良好的水分供应对于防止小花退化、增加粒数和粒重都很关键，土壤水分应保持在田间持水量的75%左右，相应地，灌水措施既要及时，又要保证较大的灌水定额。玉米抽雄期前后，日耗水量在5 mm以上，若水分不足，会出现"卡脖旱"，严重阻碍授粉过程，使结实率降低。此期的土壤水分保持在75%～80%的田间持水量为宜。大豆开花—鼓粒期需水强度大，且对水分敏感，该阶段若土壤水分不足，则会对作物的生长及产量产生很大影响。因此，在作物的需水关键期，土壤水分都需保持在田间持水量的75%～80%。

二、连作周年一体化需水指标

小麦-玉米一体化栽培是在一年两茬小麦-玉米的管理基础上，把两季作物作为一个栽培单元来考虑，依据作物与气候的时空统一性及冬小麦、夏玉米栽培生理的互补规律，对冬小麦、夏玉米周年农艺措施进行统筹安排，达到小麦-玉米周年产量和效益的整体提升。

在小麦-玉米一年两熟方式中，上下茬作物有共同使用水分的时期，为了提高灌水效率，要大力推广一水为两水用，即小麦的灌浆水为玉米的底墒水、玉米灌浆水为小麦的

底墒水的跨季使用。那么，上茬作物收获时遗留土壤水的多少必然会对下茬作物的播种和出苗有所影响。据试验，冬小麦和夏玉米出苗时土壤含水率均应不低于 75% 田间持水量，否则出苗率将大为降低。玉米点播时，正值小麦刚刚收获，较高的土壤含水量对玉米出苗有利，但土壤含水率偏高，对前茬小麦可能造成不利影响，如倒伏或贪青晚熟，只有适宜的土壤含水率才既能保证前茬小麦的正常灌浆成熟，又能保证后茬作物玉米全苗壮苗。

（一）冬小麦-夏玉米连作播期的确定

小麦早播，年前积温多，生长量大，群体大，易发生冻害、病害，易倒伏。玉米早收，籽粒未完全成熟，减产严重，从而导致小麦-玉米周年栽培中出现光热资源配置不合理的现象，应通过调整播期，改两早（小麦早种、玉米早收）为两晚（小麦适期晚播、玉米适期晚收），优化配置光热资源，冬小麦适期晚播，夏玉米争时早播。

黄淮平原的冬小麦通常播种于 10 月初，夏玉米收获于 9 月中旬，其间土地空闲近 30 天，且此时光、热能充沛，造成大量的资源浪费。玉米籽粒生理成熟的标志为，苞叶干枯、籽粒变硬、胚乳黑层出现、乳腺消失至 2/3 时。而在实际生产中，农民在苞叶变黄、籽粒变硬时收获，导致玉米早收 10～15 天。按传统收获期，夏玉米粒重仅为完熟期的 80% 左右，造成相对减产 10% 以上。由于玉米的早收，一方面浪费了有效的光热资源，另一方面，使小麦早播，从而造成了冬小麦冬前生长量大，群体大，易发生冻害、病害，易倒伏。因此，应保证玉米在完熟后收获，一般在 9 月底至 10 月初。

研究表明，冬小麦播期和夏玉米收获期分别向后推迟 10～15 天，周年最高产量达 22507 kg/hm²，较传统种植方式提高 2575 kg/hm²，增幅达 11.44%。冬小麦适当晚播有利于植株根部发育，可以提高抗冻能力，保证籽粒收获产量。whmley 等也认为，晚播有利于小麦品种抵御冻害。通常小麦每晚播 1 周可造成一定的减产，但通过加大种植密度，提高播种种子质量，提高后期灌溉次数，能有效补偿晚播损失。

将冬小麦播期推迟至 10 月 20 日左右时可利用大于 0℃的有效积温 500℃左右，其完全满足冬小麦冬前生长；同时，在 9 月中旬至 10 月中旬，该区光照充足、强度适宜，仍是作物生长的最佳时期，此期夏玉米基本停止生理生长，但籽粒灌浆仍在继续，灌浆期每延长 1 天，千粒重增加 6.19g，产量增加 12.65%。尉德铭等和 Brooking 也指出，当温度在 13.5～19.3℃时，夏玉米籽粒灌浆速率为每粒 3.6～9.2 g/d，且与有效积温显著相关。试验结果表明，"双晚"周年光能资源籽粒生产效率提高 2.22%～10.86%，≥10℃有效积温生产效率提高 0.47%～11.56%，籽粒产量提高 519～2575 kg/hm²。其实质是小麦将冗余的光热资源转移给 C4 高光效作物玉米，有效地延长了玉米灌浆时间，发挥了晚熟高产玉米的增产潜力。"双晚"种植模式对资源利用效率的提高还与其适应性品种组配、可生长时间有关，特别是晚播早熟高产冬小麦品种的选择与玉米晚熟增粒重增产品种的搭配，再配合适宜密度、肥水措施的调控，比以往种植模式具有更高的物质生产能力和自然资源利用效率。

（二）节水灌溉条件下冬小麦、夏玉米需水指标

我国华北地区水资源紧缺，年降水量少，且主要集中在夏季。小麦生长季节多风少

雨，耗水量大，高产麦田需水量的 70%～80% 依靠灌溉补充。小麦一生中通常需要灌水 4～5 次，总灌水量为 200 m³/亩左右。许多地区主要靠超采地下水来维持，这不仅加剧了水资源紧张的局面，而且在充分灌溉下麦收后腾出的土壤库容小，容纳不下夏季多余的降水，造成汛期水分径流和渗漏损失，也引起土壤养分的流失和对地下水的污染。改变高产依靠灌溉水的传统观念，建立以利用土壤水为主的新观念，将周年光热水资源-土壤-作物-措施统筹考虑，利用作物对水分亏缺的适应性补偿能力和综合技术措施的调节补偿效应，实现节水高产。

在小麦-玉米一年两熟种植制度下，一般在收获冬小麦后，土壤实际储水量下降到一年中的最小值。进入汛期后，降水量大于当时作物的耗水量，土壤储水得到回升，达到一年中的最大值。汛期过后，土壤储水又逐渐下降。通过小麦播前灌底墒水，土壤储水再次出现最大值，这是土壤水的周年变化规律。播种前浇足底墒水，将灌溉水转化为土壤水，并通过耕作措施，以保持播种后土壤表面疏松，减少蒸发耗水。底墒水的灌水量由 0～2 m 土体水分亏缺额确定，灌后使 2 m 土体的储水量达到田间持水量的 90%。

灌溉水大部分保持在土壤上层 0～60 cm 土体中，灌溉后表层湿润时间长，蒸发耗水多。研究表明，小麦的总耗水量与灌水量呈正相关。灌水次数越多，总灌水量越大，总耗水量也越大。通过减少灌溉次数，迫使小麦利用土壤水，土壤水利用量越多，总耗水量越少，水分利用效率也明显提高。

在足墒播种基础上，拔节期前控水会造成上层土壤出现一定的水分亏缺环境，可迫使根系深扎，而且由于苗多蘖少，根群中初生根比例高，后期深层供水能力明显提高。拔节期前适度水分亏缺，使单茎叶面积减小，上部叶片短而直立，形成小株型结构。群体容穗量大，透光好，叶片质量高，非叶片光合器官面积增加，从而使群体光合/蒸腾比提高。前期适度水分亏缺，也使生育进程加快，抽穗期提早。后期适度水分胁迫，促进茎叶储藏物质运转，加快籽粒灌浆。

据研究，高产玉米适宜的土壤水分含量（占田间持水量的比重）：播种—出苗期 70%～75%，出苗—拔节期 60% 左右，拔节—抽雄期 70%～75%，抽雄—吐丝期 80%～85%，吐丝—乳熟期 75%～80%，完熟期 60% 左右。低于上述指标需考虑灌水。

干旱缺水严重影响小麦、玉米产量。一般因缺水而使叶片萎黄，傍晚仍不能恢复时，有灌溉条件应及时灌溉。目前，小麦玉米生产中存在两种不可取的现象：一是见旱就灌，二是有水不灌。小麦、玉米区应大力推广"四水"高产法，即保证出苗水、巧灌拔节水、饱灌抽雄水、灌好升浆水。

据此，可根据由 Penman-Monteith 公式估算的 ET_0 和作物系数 K_c 计算作物潜在需水量，再结合缺水条件下作物蒸发蒸腾量修正系数，计算出作物实际蒸发蒸腾量 ET。这样，根据上面定出的各阶段土壤水分指标，可计算出最佳供水过程。

三、小麦-玉米连作模式适宜灌溉方式

常用的灌溉方式包括田间地面灌水（沟灌、畦灌）、喷灌、间歇灌。选择不同灌溉方式会影响作物生育期内的灌溉定额。针对本区井灌的特点，采用低压管道输水加畦灌和沟灌及喷灌 3 种方式。根据所采用的灌水方式，结合适宜灌水时期和灌水定额实施非充

分灌溉。低压管灌投资少、节水、省工、节地和节能，与土渠输水灌溉相比可省水30%～50%。与地面灌溉相比，喷灌更能节水，但能耗高。经在本区进行试验并示范后，河南省半干旱区适宜的灌水技术的参数如下。

（一）畦灌

只要地形及水源条件许可，小麦、玉米等大田作物都适宜采用畦灌方式，影响畦灌的主要因素取值如下。

第一，畦田规格：畦宽一般视水源条件和田间耕作机械特性而定，但畦田过宽直接影响灌水量和灌水质量，应考虑各种因素通过试验确定畦田规格。畦宽和畦长直接关系到灌水定额和灌水质量，畦宽一般为 2～4 m，畦长为 30～60 m。

第二，单宽流量：3～5 L/(s·m)。

第三，畦田比降及改水成数：比降宜为 1/1000，八成改水。

（二）沟灌

沟灌适于玉米宽行作物，影响沟灌的主要因素取值如下：

第一，沟规格：沟宽一般为 0.2～0.4 m；沟间距根据耕作要求确定；沟长直接关系到灌水定额和灌水质量，一般取 50～100 m。

第二，入沟流量：一般为 0.6 L/(s·m)。

第三，沟比降及改水成数：比降宜为 1/1000，八成改水。

对于宽行稀植作物，采用沟灌和隔沟灌能减少灌水定额，其灌水定额为 30～45 mm，比一般的畦灌减少 1/3～1/2。冬小麦采用垄作和垄膜沟种方式，沟灌供水，可比小畦灌减少 1/3 的灌水定额，而产量与平作持平或略有减产，但明显提高水分利用效率。小定额灌溉模式与灌关键水模式结合更能合理地分配水资源，减少灌水量，提高灌水的有效利用率。

（三）喷灌

冬小麦、夏玉米可采用喷灌方式，与地面输水灌溉相比，喷灌能节水 50%～60%。但喷灌投资和能耗较大，成本较高，适宜在高效经济作物或经济条件好、生产水平较高的地区应用。经生产实践证明，该模式具有"两省两增一提高"的特点，即节水、省工、省时、增产、增效、提高耕地利用率等优点，是一种比较先进的节水灌溉技术。

（四）非充分灌溉

非充分灌溉技术的主要内容包括确定灌水的时期，以及根据所采用的灌水方式和农艺措施确定灌水定额。非充分灌溉技术模式的选择需要考虑当地的水资源条件、灌水方式、作物种类及种植模式等。

1.关键节水灌溉

根据作物不同生育期对水分亏缺的敏感性及复水的补偿生长特性，在作物对水分不太敏感的阶段适当控水，而在需水关键期进行灌溉，灌水定额的多少需根据灌溉方式来确定。在华北地区，冬小麦生长处于干旱季节，往往需要补充灌溉才能获得高产，其关键需水期为拔节－抽穗阶段，一般需要灌 2～3 水，其灌水日期可以根据土壤水分控制下限指标确定，根据多年的试验，一般在拔节初期灌第 1 水，在孕穗期或抽穗期灌第 2 水。在其他地区，如果后期无降水，可在开花期灌第 3 水。最后 1 水不能灌得太晚，否则易造成倒伏，且品质大幅度下降。在灌第 1 水、第 2 水时，可以结合追肥进行。而夏玉米生长期间与雨水同步，一般只需要灌 1～2 水即可，其容易受旱的时期是苗期，该时期降水少，需要进行一次灌溉，其他时期一般不需灌水，若遇到秋旱或者在抽雄的关键需水期缺水，则需要再灌 1 水。

2. 小定额灌溉

小定额灌溉模式就是灌水定额小，灌水定额一般在 60 mm 以下。该模式的实施往往需要灌溉方式的配合。大田作物，如冬小麦、夏玉米、大豆也可采用喷灌方式，灌水定额为 35～55 mm。通过改变畦田规格，采用短畦和窄畦灌溉方式，其灌水定额可以控制在 50～60mm。

3. 农艺节水灌溉

通过在农田采用覆盖方式（地膜、秸秆）减少土壤棵间蒸发、调控作物蒸腾与棵间蒸发的比例关系，以达到节约用水的目的。对于中低产田可以施入土壤改良剂及专用肥来改善土壤结构，增加蓄水保墒能力。地膜覆盖的作物可以采用滴灌、喷灌、沟灌和畦灌的灌水方式，秸秆覆盖的作物采用喷灌和滴灌的方式最佳，若用地面灌溉易造成壅水和秸秆随水漂移的问题。把农艺节水灌溉模式与前两种模式结合运用更能发挥非充分灌溉技术的优势，从而大大节约灌溉用水，提高作物的水分利用效率。

（五）不同灌溉方式结合运用

小定额灌溉模式的实施往往需要灌溉方式的配合。小定额灌溉与关键水灌溉结合更能合理地分配水资源，减少灌水量，提高灌水的有效利用率。畦灌、沟灌是小麦、玉米等旱作物主要的田间灌水方式，具有投资省、技术简单、易操作、节能等优点。推广宽畦改窄畦，长畦改短畦，长沟改短沟，控制田间灌水量，提高灌水的有效利用率，是节水灌溉的有效措施。相比之下，采用沟灌方式，不用额外投资，在畦田里结合中耕在作物宽行中开沟灌水即可，每次的灌水定额仅 450 m^3/hm^2 左右，是投资少、节水效益显著、便于实施的节水灌溉方式。对于具备喷灌条件、收效较高的作物，采用喷灌方式有较好的省水效果。由表 6-2 可知，从节水上来看，喷灌和沟灌相当，且都优于节水畦灌；示范区采用井灌，地下水位埋深 90 m 以下，每次灌溉成本很高，从年运行费来看，除了喷灌比正常畦灌多 1800～2025 元/hm^2 外，节水畦灌和沟灌比正常畦灌少 675～900 元/hm^2。此外，沟灌与畦灌相比能显著提高水分利用效率：沟灌为 2.56 kg/m^3，畦灌为 2.19 kg/m^3，沟灌水分利用效率较高（表 6-3）。

表 6-2　小麦玉米周年内不同灌溉方式比较

灌水方式	周年灌水次数	灌水定额（mm）	年用水量（m³/hm²）	年运行费（元/hm²）	年节水（m³/hm²）
正常畦灌	4～5	80～90	3400～4250	2700～3375	—
节水畦灌	3～4	70～75	2175～2900	2025～2700	1225～1350
喷灌	5～6	38～50	2200～2640	4500～5400	1200～1610
沟灌	5～6	45	2250～2700	1800～2550	1150～1550

表 6-3　夏玉米沟、畦灌产量及水分利用效率

灌水方式	产量（kg/hm²）	增产率（%）	耗水量（mm）	水分利用效率（kg/m³）
畦灌	9373.5	0.0	427.8	2.19
沟灌	9616.5	2.6	376.2	2.56

农艺节水措施的应用也应该与灌溉方式结合，采用地膜覆盖的作物可以根据当地的生产条件与喷灌、沟灌和畦灌等灌水方式结合，对于秸秆覆盖的作物宜采用喷灌或滴灌的方式，若采用地面畦灌方式易造成壅水和秸秆随水漂移的问题。

在畦灌或沟灌的基础上，若采用间歇灌更能节水。采用简易间歇灌技术，设置两个人工控制水流进出的简易阀门，来回转动，以控制供水的间歇时间和向两组沟（畦）分别供水。这种方法具有水流推进速度快、节约水量、灌水均匀度高等特点。小麦采用间歇畦灌，玉米采用间歇沟灌，一般比连续沟（畦）灌节水 38%。

第二节　适宜灌溉技术集成

一、小麦、玉米垄作一体化节水高效技术集成

小麦、玉米垄作一体化节水高效技术主要应用局部灌溉原理，充分发挥作物边际优势，通过减少灌溉用水量实现节水增产的目标，其核心技术是垄作沟灌技术、实时灌溉预报、节水高效灌溉制度。

（一）小麦、玉米垄作一体化节水高效技术体系集成

1. 集成体系

河南省冬小麦、夏玉米一体化生产中，小麦群体质量较差、玉米穗重潜力不能充分发挥、水肥利用率和生产效率低、两熟作物产量年际间变化大、生产成本偏高等问题突出。以提高小麦、玉米周年光、热、水、肥等资源高效利用为基本出发点，将两茬作物品种优化配置技术、合理耕作技术、两熟秸秆机械全部还田培肥、肥水优化统筹利用技术、创建优质群体质量技术等进行集成，采用冬小麦、夏玉米全年一体化垄作栽培体系，组装集成冬小麦、夏玉米一体化节水高效技术体系，为超高产的研究打下良好的基础。

　　该技术是在麦田起垄时，将小麦种植在垄顶上。小麦垄作栽培与传统平作相比有如下优点：改变耕作和种植方式，可以有利于改良土壤结构；改变地面灌水方式，提高水分生产效率；创新施肥方式，可以提高肥料利用率；改变种植方式，可以增加光能截获量，提高光能利用率。此外，垄作栽培更有利于优化小麦群体与个体的关系，发挥小麦的边行优势，达到群体适宜，个体健壮，穗足、穗大、粒重的目的，一般增产 3.0% ～ 10.0%。垄作种植模式主要的适宜区域是河南省平原灌区及深井灌溉地区，主要种植作物为小麦、玉米(图 6-1)。

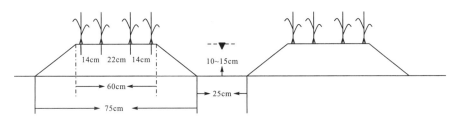

图 6-1　小麦-玉米沟垄种植方式示意图

2.技术模式

　　品种选用：选用节水性与丰产性优良的小麦、玉米品种。

　　播种：玉米收获后，用秸秆还田机将玉米秸秆粉碎后均匀覆盖于地表，深翻还田，整地后于 10 月中旬用垄作播种机播种，垄上播种 4 行小麦；小麦收获后秸秆覆盖地表，玉米采用铁茬播种方式于 6 月上旬播种，垄上播种 2 行玉米，小麦秸秆覆盖于垄沟内。

　　施肥：小麦采用 NPK 配方施肥方式，30% 氮肥于拔节期追施；玉米所用肥料均采用追施方式，拔节期 60% ＋孕穗期 40%。

　　灌溉：根据土壤墒情监测情况和灌溉预报结果进行，每次灌溉定额为 30m³/亩，小麦主要在拔节期与抽穗开花期灌溉，玉米主要在苗期或拔节－抽雄期灌溉。

(二)应用技术要点

1.技术流程

　　(1)选择适宜地区。小麦垄作栽培适宜于水浇条件及地力基础较好的地块，应选择耕层深厚、肥力较高、保水保肥及排水良好的地块进行栽培。

　　(2)精细整地。播前要有适宜的土壤墒情，墒情不足时应先造墒再起垄。例如，农时紧，也可播种以后再顺垄沟浇水。起垄前深翻土壤 20～30 cm，耙平后再起垄。

　　(3)合理确定垄幅。对于中等肥力的地块，垄宽以 75 cm 为宜，垄高 10～15 cm，垄上种 4 行小麦，这样便于下茬夏玉米直接在垄沟上进行复种。

　　(4)选用配套垄作机械，提高播种质量。用小麦专用起垄、播种一体化机械，起垄与播种作业一次完成，可提高起垄质量和播种质量。

　　(5)合理选择良种，充分发挥垄作栽培的优势。用精播机播种，在品种的选择上应以分蘖成穗率高的多穗型品种为宜。

(6)加强冬前及春季肥水管理。垄作小麦要适时浇好冬水，干旱年份要注意在垄作小麦苗期和春季及时浇水，以防受旱和冻害。

(7)及时防治病虫草害。小麦垄作栽培可有效控制杂草，且由于生活环境的改善，植株发病率和病虫害均较传统平作轻，但仍应注意病虫害的预测预报，做到早发现、早防治。

(8)适时收获，秸秆还田。垄作小麦收获同传统平作一样均可用联合收割机收割，但复种玉米的地块应注意保护玉米幼苗。

(9)垄作与深耕覆盖相结合。

2.操作规程

小麦垄作高效节水技术适用于水浇地高肥水地块，技术规程如下。

(1)合理选择品种，充分发挥垄作栽培的优势。

选用分蘖力强，成穗率高的多穗型品种，有利于充分发挥垄作栽培条件下的小麦边行优势，提高光能利用率，增加产量。

(2)平衡施肥，精细整地，合理确定垄幅。

多年的试验结果表明，土壤有机质含量在 1.2% 以上，碱解氮在 65 mg/kg 以上，速效磷在 25 mg/kg 以上，速效钾在 100 mg/kg 以上的地力基础条件有利于充分发挥品种的高产优质特性。在此基础上，基肥要保证每亩施优质农家肥 2500 kg 左右，磷酸二铵 25 kg 左右，硫酸钾 10～15 kg，并施用少量锌肥和锰肥。在玉米秸秆还田条件下还要配施适量氮肥(10～15 kg/亩标准氮肥)。

播前要有适宜的土壤墒情，墒情不足时应先造墒再起垄。例如，农时紧，也可播种以后再顺垄沟浇水。起垄前深翻土壤 20～30 cm，耙平除去土坷垃、杂草后再起垄，以免播种时堵塞播种耧而影响播种质量。

对于中等肥力的地块，垄宽以 75 cm 为宜，垄高 10～15 cm，垄上种 4 行小麦；而对于高肥力地块，垄幅可缩小至 60～70 cm，垄上种 3 行小麦，玉米复种在垄顶部的小麦行间。

(3)适期精量播种，选用配套垄作机械，提高播种质量

适期播种是小麦获得高产的基础。适期后播种，每晚播一天，每公顷需增加播量 3.75～7.5 kg。为达到降低播量且苗全、苗匀、苗壮、苗齐的目的，要尽量做到先造墒再播种，确保一播全苗。

播种量的高低是确定基本苗和建立合理群体结构的基础。播量的确定遵循"以地定产，以产定穗，以穗定苗"的原则，在做好种子发芽试验的基础上，确定适宜的播量，基本苗以 10～12 万/亩为宜，一般不可超过 15 万/亩。播深严格控制在 3～4 cm，出苗后及时补种，消灭疙瘩苗和 10cm 以上的缺苗断垄现象。

用小麦专用起垄播种一体化机械，起垄播种一次完成，可提高起垄质量和播种质量，尤其是能充分利用起垄时的良好土壤墒情，利于小麦出苗，为苗全、齐、匀、壮打下良好基础。

(4)合理运筹肥水，提高水、肥利用效率，创建理想高效群体

合理运筹肥水、创建高效群体是实现小麦优质高产的关键。高产栽培条件下，提倡氮肥后移技术，不仅有利于创建高效群体，实现高产目标，而且可大大改善小麦籽粒品质。此外，孕穗期补施少量氮肥，不仅可延长叶片功能期，延缓根系衰老，提高群体的后期光合能力，而且可提高籽粒蛋白质含量。

垄作小麦要适时浇好冬水，干旱年份要注意在垄作小麦苗期，尤其是在早春要及时浇水，以防受旱。小麦拔节期追肥（一般亩追 5～10 kg 尿素），肥料直接撒入沟内，可起到深施肥的目的。然后，再沿垄沟小水渗灌，这样可防止小麦根际土壤板结。小麦孕穗灌浆期应视土壤墒情加强肥水管理，根据苗情和地力条件，脱肥地块可结合浇水亩追施尿素 2.5～5 kg，有利于延缓植株衰老，延长籽粒灌浆时间，提高产量，同时为玉米复种提供良好的土壤墒情和肥力基础。

（5）适时收获，秸秆还田

垄作小麦收获同传统平作一样均可用联合收割机收割，但复种玉米的地块应注意玉米幼苗的保护。垄作栽培将土壤表面由平面形变为波浪形，粉碎的作物秸秆大多积累在垄沟底部，不会影响下季作物播种和出苗，因此要求垄作栽培的作物尽量做到秸秆还田，以提高土壤有机质含量，从而达到培肥地力，实现可持续发展的目的。

二、旱地保护性耕作技术集成

河南省粮食主产区涉及 12 个地（市），48 个县（区），670 个乡镇，总面积达 3.52 万 km³，占全省总土地面积的 45.9%，耕地面积占全省的 36.7%，人口占全省的 38.9%，因此河南省农业生产的难点在粮食主产区，潜力在粮食主产区，希望也在粮食主产区。粮食主产区大部分耕地没有灌溉条件，基本处于旱作雨养状态，特别是丘陵区、山区的坡岗地，土壤贫瘠、耕层浅、蓄水保水能力弱，抵御旱灾能力差，产量低且不稳。针对河南省粮食主产区一年两熟种植过程中存在的水分亏缺、肥力低下、产量低且不稳等问题，以优质小麦、玉米、大豆为主要作物，基于间作方式（小麦-玉米、小麦-大豆、小麦-玉米＋大豆）充分利用光热及水土资源，采用机械化少免耕覆盖技术改善土壤结构、保蓄雨水，秸秆粉碎直接还田或麦秸覆盖作物行间地表，利用高产抗旱品种、测土配方施肥技术、病虫草害综合防治技术等提高作物的生产力和水分利用效率。

（一）旱地保护性耕作技术体系集成

1. 集成体系

在粮食主产区小麦玉米一年两熟种植制度下，从主攻方向、技术路线到关键措施都要紧紧围绕小麦玉米一体化这条主线，即要主攻小麦，兼顾玉米，以提高降水利用率为核心，以深松覆盖和免耕播种为关键技术，通过深松蓄水、免耕保水，确保一播全苗，做到伏雨春用，协调水分供应。由此，以小麦玉米整体产量的提高和耕作管理成本的降低为目标，以少免耕播种技术和深松覆盖技术为核心技术，以相应配套品种选择、肥料缓释控释、播量调控匀播为配套技术，形成小麦玉米一体化保护性耕作“两免一松”轮耕模式，解决了少免耕播种与周年秸秆难以全量还田或导致播种质量低下的难题，实现了节水保墒、培肥地力、增产增效的目标,为粮食生产能力的持续提高提供技术支撑。

2. 核心技术

第一,少免耕保护性耕作技术。

保护性耕作技术与传统耕作的主要差别在于不翻动土壤,在作物秸秆还田的基础上进行少免耕播种,减少作业成本,实现节本增效。少免耕播种是实现保护性耕作的有效途径和关键技术之一,实施中应把握好以下要点。

(1)播种深度:免耕条件下土壤流动性差,播种深度控制困难,要把握一定的覆土厚度,并注意镇压效果,保证播种质量。

(2)播种量:秸秆粉碎后,盖在地表,对播种出苗有一定影响,应适当加大播量,一般情况下可加大 10%~20%。

(3)地下害虫防治:秸秆还田后,地下害虫发生较重,要搞好拌种或种子包衣,确保一播全苗。

(4)施肥:播种施肥一次完成,要求用颗粒肥料,最好是专用的三元素复合肥。

(5)防止种子化肥堵塞:由于秸秆还田后,容易造成种子或化肥堵塞现象。要培训拖拉机操作员熟练掌握技术要领,把握好行走速度与播种机升降时机。

(6)机具配套:免耕条件下,土壤容重大,要求有足够的动力机械配套。一般情况下,条带免耕施肥播种机和旋耕播种机采用 36774.94W 以上的拖拉机较好。

第二,秸秆覆盖还田技术。

合理利用秸秆是我国传统农业的精华经验之一,作物秸秆含有大量的有机质和微量元素,是无机化肥所不具备的。但是,由于农业生产发展、农民生活水平提高而秸秆综合利用技术发展滞后等原因,出现了焚烧秸秆的现象,造成了严重的环境污染和生物资源浪费,实施秸秆还田可以实现保水、保土、保肥。

(1)在作物秸秆还田方式上,最好是秋季玉米秸秆粉碎还田,免耕播种小麦或深耕整地后沟播小麦。夏季采用玉米机械化免耕播种,小麦秸秆覆盖到玉米行间,可以蓄水保墒,抑制杂草生长,培肥土壤地力,减少水土流失,减少土壤表面水分蒸散。

(2)在秸秆还田的数量上,小麦秸秆可以全部还田,玉米秸秆最好实行部分还田,玉米收获后,可将新鲜度较好的上半部割下运走,用于青贮、秸秆沼气等,只保留剩余部分还田,若秸秆还田量过大,会对免耕播种出苗质量有一定影响。美国的标准是覆盖率达到 30%。如果玉米秸秆全量还田,最好采用深耕整地后再播种小麦。

(3)在实施过程中,最好选用专用的秸秆还田机,秸秆粉碎的质量与免耕播种机的通过能力有关。一般情况下,要求秸秆粉碎后的秸秆长度不大于 10 cm,且抛撒均匀,对秸秆堆积较多或杂草生长严重的地区还应重点粉碎。

3. 配套技术

(1)配套机具。性能完善、质量可靠的配套机具是把技术措施落到实处,充分发挥技术措施增产增效作用的关键环节。免耕播种机主要选用河北正定生产的农哈哈牌免耕施肥播种机(10 行型、12 行型)、河南许昌生产的豪丰牌免耕施肥播种机(10 行型),深松机选用甘肃正宁生产的全方位深松机，垄作播种机选用河南省农业科学院及中国农业大学研制的专用垄作机均可，秸秆还田机型号较多，大部分质量过关，操作上注意动力配套即可。

（2）整地播种。整地播种是旱作区小麦生产夺取高产最关键的一个环节，其核心是达到一播全苗，培育冬前壮苗，促进根系下扎，实现高效用水。在操作上应做到统一秸秆破碎还田（免耕覆盖或深耕翻）、统一药剂拌种（或种子包衣）防治地下虫、统一播种方式（免耕或沟播），同时应根据选用的品种类型和采用的播种方式确定适宜的播种时期和播种量。另外，播种机具与操作机手应及时到位，做好播前准备，确保播种质量，达到行直、苗匀、深浅一致，实现苗齐苗壮。

（3）优化施肥。培肥地力、优化施肥技术是旱地小麦高产优质栽培的关键环节，应在秸秆还田覆盖的基础上，实施全方位平衡施肥，采用肥料缓释和肥料增效剂技术，做到有机肥的施用方法与使用量合理、化肥配比合理和微肥的施用方法合理。

（4）深松覆盖。蓄水保墒是提高小麦产量的基础。与传统耕作相比，深松覆盖可以使降水利用率提高 16.2%，降水储蓄率提高 13.7%，6~9 月降水平均以 400 mm 计算，每公顷可多蓄水 548 m³，大于节水灌溉定额为 30 m³/亩的一次灌水量。深松覆盖的操作规程是小麦收获后进行间隔深松，深松带为 120 cm，深松深度为 40 cm，玉米种植在深松带内，小麦秸秆覆盖到玉米行间，这样既能蓄水保墒，又能抑制杂草生长，不仅使夏玉米增产，而且为下一季小麦的播种蓄存了底墒。

（5）田间管理。旱地小麦生产的传统是望天收，重种轻管甚至不管，必须更新观念，加强田间管理。应根据土壤墒情和苗情动态曲线，瞄准光温和降水情况，采用看墒追肥、中耕保墒、镇压控旺、防治病虫和化学调控等措施，达到合理的群体动态和协调的产量结构，最终实现节水培肥、高产稳产、抗灾增效的目标。

（二）应用技术要点

1.技术流程

旱地保护性耕作模式以 3 年为 1 个轮耕周期，小麦 2 年免耕 1 年翻耕，玉米 2 年免耕 1 年深松。在品种选择上应与保护性耕作技术相适应，小麦品种应具有抗旱性强、分蘖成穗率高、边行优势强、丰产潜力大等特性，玉米品种应具有节水高产、耐密植、叶片夹角小等特性。播量应加大 20%~30%，播深控制在 4~5 cm 为宜。该技术模式的特点是作业次数少、机具成本低、抢时效果明显。其主要工艺流程如下：小麦联合收割机收割→秸秆粉碎或人工捡拾成宽窄行→2~3 年深松 1 次→玉米免耕播种→玉米出苗前喷施除草剂→玉米田间管理（病虫害防治、中耕、追肥、除草）→玉米收割→秸秆粉碎（秸秆还田机）→2~3 年深翻一次或表土作业→小麦免耕播种机施肥播种或旋耕播种机施肥播种→小麦田间管理（病虫害防治、中耕、追肥、除草）→小麦生长后期化学调控。

2.操作规程

（1）保护性耕作机具的选择。目前，应用较多的保护性耕作机具主要有秸秆还田机、全方位深松机、夏玉米(大豆)免耕播种机、免耕施肥播种机。除夏玉米免耕播种机可与小四轮拖拉机配套外,其他均需与36774.94W以上的拖拉机配套使用。

(2)免耕播种机的调试。机器的调试主要包括播种深度、打滑率、种子与化肥的用量调整等。调试前先放入少量种子与化肥,首先,根据空转计算出相应的面积,进而得出化肥与种子的理论用量;其次,在小面积的地块上进行试播(用量应从大到小进行调节),得出种子与化肥的实际用量,同时测试种子与化肥播种深度;再次,依据实际播量与理论播量计算出打滑率;最后,更换地块时,如遇到田中秸秆量大小、土壤湿度、坡度等明显影响播种质量的情况时,要重新测试化肥与种子的实际用量,计算打滑率。

(3)注意应用地区与地块的选择。机械化免耕覆盖作业所用的机型较大,不宜在面积较小或较短的地块进行,也不宜在地表不平整或坡度不一致的地块进行,以防播种质量不好。

(4)注意适宜的土壤耕作时期。免耕施肥播种机在墒性适宜或土壤较旱情况下播种效果较好,土壤含水量较高时一方面影响出苗,另一方面对土壤破坏较严重。

(5)应用种子包衣与配方施肥技术。在免耕条件下对地下虫的防治较为困难,因此种子应用农药进行拌种或选用包衣种子,由于施肥与播种是同时进行的,所需肥料应采用颗粒状复合肥。

(6)秸秆覆盖要均匀。小麦收获后播种前要将收获时田间的麦秸堆散开,以减少播种过程中的堵塞,玉米收获后应立即用秸秆还田机将玉米秆打碎且抛散均匀地覆盖于地表,减少土壤水分散失,同时也减轻了对小麦出苗的影响。

(7)播种。首先,把握好播种深度,播深以4~5 cm为宜;其次,把握好播种量,免耕条件下田间存在大量作物秸秆与残茬,对出苗有一定的影响,播量应加大20%~30%;最后,播种过程中行进速度不能太快,以免因打滑率增加造成播种量下降,播量的确定应以实际用量为准,同时要注意化肥与种子的堵塞。

(8)田间管理。免耕条件下的小麦田间虫害与草害的发生时期较旱,应注意及早防治,小麦返青后,打除草剂和防治红蜘蛛,拔节后灌浆期要注意防蚜虫及白粉病和锈病;夏玉米要注意防治玉米螟。

三、小麦、玉米灌溉自动控制系统技术集成模式

河南省粮食主产区地下水位低,灌水成本较高,目前大部分地区基本没有实现节水灌溉,实施灌水的大部分地区也以地面畦灌技术为主,基本上采用大水漫灌方式,水量浪费较大,因此节水灌溉发展潜力巨大。本模式依托于河南省半干旱区粮食作物综合节水研究平台,基于不同作物节水高效的适宜灌溉控制指标,通过实时灌溉预报,确定灌水时间及灌水量,采用非充分灌溉模式及改进地面畦灌技术减少灌水定额,利用秸秆还田技术、水肥耦合技术等,提高作物品种的生物节水潜力及水分和肥料的利用效率。

(一)小麦、玉米精量灌溉技术体系集成

1. 集成体系

河南省粮食主产区内地面灌溉面积占有效灌溉面积95%以上。由于农田土地平整程度

差、田间灌溉工程规格不合理、地面灌溉技术落后、灌溉管理粗放等，地面灌溉的田间水利用率不高。通过应用精量灌溉技术，可以大幅度减少灌溉过程中的水量损失浪费。这对改变区域灌溉的落后状况、从整体上缓解农业水资源短缺的矛盾、促进传统农业向现代农业转变、促进灌溉农业的可持续发展具有重要的现实意义。该技术主要依据作物需水规律，以及作物不同生育期对水分需求程度与作物根系吸水特点，制定出节水高效灌溉制度；配合配方施肥等技术实现水分高效利用。应用的核心技术有实时灌溉预报、节水高效灌溉制度；配套技术主要有秸秆还田技术和水肥耦合技术。

紧密结合河南省粮食主产区的生产实际，组装配套集成的小麦、玉米灌溉自动控制技术集成体系，如图 6-2 所示。本书优选集成的节水技术包括水资源的合理开发利用、输配水系统节水、田间灌溉过程节水、用水管理节水及农艺节水等方面，构成一个完整的小麦、玉米精量灌溉技术体系，其目标是实现水资源的持续利用和节水增产，有效地提高水分生产率。该项技术适用于平原灌区及深井灌区的小麦玉米一年两熟种植模式。

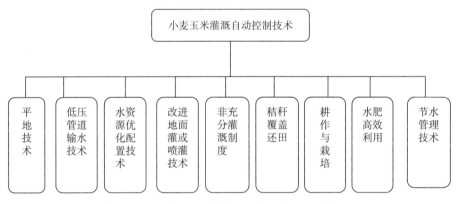

图 6-2　小麦、玉米灌溉自动控制技术集成体系

2. 技术模式

该成果属于技术应用型，主要内容是采用非充分灌溉模式及适宜的田间灌水技术（喷灌、小畦灌）减少灌水定额，选用秸秆还田技术、水肥耦合技术等提高作物品种的生物节水潜力，以及水分和肥料的利用效率。其成果的主要特点如下：通过设备研发，选择适宜的测定方法和数据处理技术，准确获取土壤水分及作物水分信息，开发精量控制用水决策支持系统，控制适时适量的供水，把农艺节水技术、节水灌溉技术与灌溉管理软件有机结合，实现作物的精量用水。该成果的创新性在于把田间灌水技术、实时灌溉预报、节水高效灌溉制度、秸秆还田、水肥耦合技术进行有机集成，形成小麦-玉米精量灌溉技术集成模式，有效地提高作物品种的生物节水潜力，以及水分和肥料的利用效率。

根据上述精量灌溉技术特征，提出如下区域小麦、玉米精量灌溉技术模式：利用平地技术实现较高精度的土地平整，扩大田块规格，提高农机作业效率；通过精量播种技术，减少播种量；采用水平畦田灌溉、沟灌及喷灌等高效节水灌溉技术，提高田间水的利用率；采用精准施肥技术，提高化肥利用率；采用联合收割机技术，实现收割机械化。将上述技术配套组合，集成小麦、玉米等大田作物的农业节水技术体系：高精度土地平整＋精量播种＋高效节水灌溉技术＋精准施肥技术＋机械化收割。

（二）应用技术要点

1. 技术流程

（1）品种选用：选用节水性与丰产性优良的小麦、玉米品种。

（2）播种：玉米收获后，用秸秆还田机，将玉米秸秆粉碎后均匀覆盖于地表，深翻还田，整地后于10月中旬播种；小麦收获后秸秆覆盖地表，玉米采用铁茬播种方式于6月上旬播种。

（3）施肥：小麦采用NPK配方施肥方式，30％氮肥于拔节期追施；玉米所用肥料均采用追施方式，拔节期60％＋孕穗期40％。

（4）灌溉：根据土壤墒情监测情况进行，每次灌溉定额为40~50 m^3/亩，小麦灌水主要在返青—拔节期与抽穗期，玉米主要在苗期或拔节—抽雄期。

2. 操作规程

（1）平地技术：土地平整中采用的平地设备一般由推土机、铲运机和刮平机组成，平地精度主要取决于推土机和刮平机的施工精度。

（2）低压管道输水技术：根据《低压管道输水灌溉工程技术规范》（SL/T153—95）要求实施。

（3）灌溉水资源优化配置技术：按照试验区目前的种植结构，小麦与玉米优化配水比例为1：0.8~1：0.7。

（4）改进地面灌或喷灌技术：小麦畦灌或喷灌，畦宽2~4 m，畦长30~60 m，入畦流量3~5L/s，八成改水；喷灌灌水定额为35~55 mm。玉米沟灌或喷灌：入沟流量0.6 L/s左右，沟长50~100 m，八成改水；喷灌灌水定额同样为35~55 mm。

（5）非充分灌溉制度。一般年份冬小麦与夏玉米在需水关键期各灌水一次。中旱年冬小麦采用较大的灌水定额并与化学节水技术相结合，在拔节期配合施肥进行一次灌水，玉米在播种或苗期灌水一次，若抽雄期遇干旱可补灌一次。特旱年冬小麦与夏玉米各灌水2次和3次，并使用化学节水技术。冬小麦与夏玉米适宜灌水定额分别为600~750 m^3/hm^2和450~600 m^3/hm^2。

（6）秸秆覆盖与还田。小麦机收后秸秆就地覆盖在玉米行间，而玉米秸秆机械粉碎后应深耕还田，否则会影响小麦的播种质量。

（7）耕作与栽培技术。麦播前深耕（22~25 cm）耙磨，适播期为10月8~15日，宜播量为105~120 kg/hm^2；玉米于5月底至6月上旬免耕复种，在玉米播种前可进行条带深松（深度30~40 cm），2~3年深松一次，玉米种植株行距为20~65 cm左右，播量为30~45 kg/hm^2，留苗密度为6.0万~6.5万株/hm^2。

（8）水肥高效利用。小麦畦灌灌水定额为675~900 m^3/hm^2，氮肥（折纯N）适宜用量为150~225 kg/hm^2，N、P、K肥适宜配比1：0.6：0.4，其中70％作为底肥于整地时一次施入，余量可在分蘖—拔节期施入田中。玉米沟灌适宜灌水定额为450~600 m^3/hm^2，氮（纯

N)、磷（P_2O_5）、钾（K_2O）肥适宜量分别为240kg/hm^2、150kg/hm^2和120 kg/hm^2。

（9）节水管理技术。在小麦-玉米一年两熟连作条件下，基于不同作物节水高效的适宜灌溉控制指标，通过土壤墒情监测、实时灌溉预报，确定不同灌溉方式下（喷灌、地面畦灌）的灌水时间及灌水量。同时，灌水实行两级管理模式，即行政村对本行政区地下水资源实行统一管理、有序开采，农户负责节水灌溉技术实施。

第三节　集成灌溉技术效益分析

一、小麦、玉米垄作一体化技术

（一）节水增产效果分析

（1）革新地面灌水方式，提高水分利用效率。由传统平作的大水漫灌改为小水沟内渗灌，不仅可使灌溉水用量减少30％～50％，水分利用效率由传统平作的1.2 kg/m^3左右提高到1.8 kg/m^3左右，而且消除了根际土壤的板结现象，有利于小麦根系的生长和土壤微生物的活动。

（2）革新施肥方式，提高肥料利用率。垄作栽培为沟内集中施肥，与传统平作相比，施肥深度相对增加10～15 cm，肥料利用率提高10％～15％。

（3）与传统平作相比，小麦垄作栽培的地表特征及种植方式有利于田间的通风透光，从而降低了田间湿度，改善了小麦冠层的小气候条件，不仅明显抑制了小麦纹枯病和小麦白粉病等常见病害的发生，而且促进了小麦茎秆的健康生长；使株高降低5～7 cm，基部节间缩短3～5cm，小麦的抗倒伏能力得到显著增强。

（4）该技术不仅有利于充分发挥小麦的边行优势，使小麦的穗粒数增加、千粒重提高，增产达3.0％～10.0％，而且优化了复种作物的生活环境，有利于全年均衡增产。

（5）该技术实现了农机农艺配套，为大面积推广创造了良好条件。

（二）经济效益分析

据调查，应用该成果后冬小麦与夏玉米平均单产分别7250 kg/hm^2和7880 kg/hm^2。示范区建成后冬小麦机耕费和人工费均增加150 元/hm^2，种子费用不变，农药费减小150 元/hm^2；夏玉米机耕费、种子费和农药费均没有变化，人工费增加150 元/hm^2，累计成本增加300 元/hm^2。根据以上数据，试区作物增产效果及经济效益分析见表6-4。旱地保护性耕作技术应用后，取得了显著的增收效益，合计增效2260 元。

表6-4　小麦、玉米垄作一体化技术应用效益分析

作物	增产 （kg/hm^2）	单价 （元/kg）	增产值 （元/hm^2）	机耕费 （元/hm^2）	种子费 （元/hm^2）	农药费 （元/hm^2）	人工费 （元/hm^2）	节省成本 （元/hm^2）	增收效益 （元/hm^2）
冬小麦	750	2.00	1500	−150	—	150	−150	−150	1200
夏玉米	680	2.00	1360	—	—	—	−150	−150	1060
合计	1430		2860	−150		150	−300	−300	2260

由表 6-4 可知，应用区实施小麦、玉米垄作一体化节水高效技术后，冬小麦与夏玉米两季作物单位面积平均增产 1430 kg/hm²，增产率为 10.29%，单位面积平均净增收效益 2260 元/hm²，节水增产效果显著。

二、旱地保护性耕作技术

（一）节水增产效果分析

该成果属于技术应用型，其创新性在于把种植模式、机械化少免耕覆盖技术及田间的科学管理有机的集成，起到了培肥土壤、优化各种资源、降低生产成本、综合提高旱地农业生产力和农田水分利用效率的作用。旱地保护性耕作技术的应用效益主要表现在三个方面：一是社会生态效益，其在一定程度上减少了秸秆焚烧所引发的环境污染；二是提高了耕层土壤有机质含量，培肥了地力；三是提高了旱作农田的水分利用效率与作物产量，减少了生产投入，起到节本增效的作用。在 2008 年冬天和 2009 年春天小麦生育期内遭受 1951 年以来的特大干旱，在播种后持续 80 多天无有效降水的情况下，应用区旱地小麦亩产达到 426.2 kg。该成果已在河南省陆浑、山东济南、陕西三门峡等地区得到了推广应用，作物产量提高 7.0%，雨水利用效率提高 10.2%，作物水分利用效率提高 16.7%。

（二）经济效益分析

据调查，该技术成果应用后，冬小麦与夏玉米平均单产分别为 6025 kg/hm² 和 6775 kg/hm²。示范区建成后冬小麦机耕费减少 450 元/hm²，种子费和农药费均增加 150 元/hm²，人工费降低 150 元/hm²，总计节省成本 300 元/hm²；夏玉米机耕费、种子费、农药费和人工费均没有变化。根据以上数据，试区作物增产效果及经济效益分析见表 6-5。旱地保护性耕作技术在应用区应用后，取得了显著的节支增收效益，平均每公顷节省成本 300 元，增收 1500 元，合计节本增效 1800 元。

表 6-5　旱地保护性耕作技术应用效益分析

作物	增产 （kg/hm²）	单价 （元/kg）	增产值 （元/hm²）	机耕费 （元/hm²）	种子费 （元/hm²）	农药费 （元/hm²）	人工费 （元/hm²）	节省成本 （元/hm²）	增收 效益 （元/hm²）
冬小麦	225	2.00	450	+450	−150	−150	+150	300	750
夏玉米	525	2.00	1050	—	—	—	—	—	1050
合计	750		1500	+450	−150	−150	+150	300	1800

由表 6-5 可知，应用区实施旱地保护性耕作技术后，冬小麦与夏玉米两季作物单位面积平均增产 750 kg/hm²，增产率为 6.22%，单位面积平均净节支增收效益 1800 元/hm²，节水增产效果显著。

三、小麦、玉米精量灌溉技术

（一）节水增产效果分析

河南省大部分地区冬小麦生育期灌 2～3 水，亩产 450 kg 左右；夏玉米生育期灌 1～2 水，亩产 500 kg 左右；两种作物亩次净灌水定额均在 60～80 m³，灌水定额和灌溉定额均较大，水量浪费严重。应用区应用结果表明，针对当地普遍采用大畦漫灌的方法，在土地平整与畦田规格调整方面做了大量的工作。应用区冬小麦生育期灌 1～2 水，灌水定额为 40～50 m³/亩，产量达 500 kg/亩左右，与对照区相比减少灌水 1～2 次；夏玉米生育期灌 1 水，灌水定额为 40～50 m³/亩，在产量、品质没有降低的前提下，较传统灌溉节水 32.3%，灌水次数减少 2 次，农业用水综合成本减少 11.7%，水分生产效率提高 20.4%，节水节能效果显著。

（二）经济效益分析

据调查，该成果在应用区被应用后冬小麦与夏玉米平均单产分别为 7200kg/hm² 和 8100 kg/hm²。冬小麦机耕费增加 150 元/hm²，种子费降低 150 元/hm²，农药费增加 150 元/hm²，人工费增加 150 元/hm²；夏玉米机耕费、种子费和农药费均没有变化，人工费增加 150 元/hm²，累计成本增加 450 元/hm²。根据以上数据，试区作物增产效果及经济效益分析见表 6-6。小麦、玉米精量灌溉技术集成模式在应用区应用后，取得了显著的增收效益，合计增效 2250 元/hm²。

表 6-6　小麦、玉米精量灌溉技术应用效益分析

作物	增产 （kg/hm²）	单价 （元/kg）	增产值 （元/hm²）	机耕费 （元/hm²）	种子费 （元/hm²）	农药费 （元/hm²）	人工费 （元/hm²）	节省成本 （元/hm²）	增收效益 （元/hm²）
冬小麦	450	2.00	900	−150	+150	−150	−150	−300	600
夏玉米	900	2.00	1800	—	—	—	−150	−150	1650
合计	1350		2700	−150	+150	−150	−300	−450	2250

由表 6-6 可知，应用区实施小麦、玉米精量灌溉技术集成模式后，冬小麦与夏玉米两季作物单位面积平均增产 1350 kg/hm²，增产率为 9.68%，单位面积平均净增收效益 2250 元/hm²，节水增产效益显著。

第四节　集成灌溉技术推广应用

一、小麦、玉米垄作一体化技术推广应用情况

河南省是一个农业大省，对水资源的需求较大。目前，河南省农业用水占总供水量的 50% 以上，由于水资源紧缺，干旱灾害发生频繁，缺水对农业生产的威胁日益严重。该模式在小麦-玉米一年两熟连作条件下，采用垄作方式加深耕作层，充分利用作物的边行优势提高光热及作物的生产效率，应用沟灌技术减少灌水定额，利用垄作方式提高降

水利用率，同时配套节水高产品种、秸秆还田技术和水肥耦合技术，在作物产量维持不变的条件下，最大限度地提高灌溉水的利用效率和作物水分利用效率。在垄作栽培的基础上，配套沟灌或隔沟灌能大大减少灌水定额，与畦灌相比，其灌水定额可减少 30％～50％，产量提高 10％～15％。该成果宜在水资源比较紧缺的井灌区应用，目前，已在豫西、豫北等黄土丘陵井灌区和卫辉市、浚县等豫北灌区推广应用，节水效益明显，有效地缓解了半干旱区农业水资源紧缺的问题(图 6-3)。

图 6-3　小麦、玉米垄作一体化

在近几年的生产实践中，可以看出这套技术有三个显著优点：一是通过最佳的品种搭配接茬，充分利用光热资源和生长季节，避免前后茬相互影响，实现上下茬高产、稳产，是创高产的有效措施；二是通过各种优化配套的栽培措施，在保证高产前提下，不断提高土壤肥力，避免因玉米长期依靠化肥，导致地力下降；三是避免肥料、水资源及用工的浪费，提高效益，增加收入。小麦、玉米一体化垄作种植，意味着玉米、小麦栽培从单一的栽培格局中摆脱出来，着眼于土地全年的投入与产出，标志着粮食生产新技术趋向综合和配套，有着广阔的发展前景。

二、旱地保护性耕作技术推广应用情况

我国还有部分耕地没有灌溉条件，其基本上处于旱作雨养状态，特别是丘陵区、山区的坡岗地，土壤贫瘠、耕层浅，保蓄水分能力弱，抵御旱灾能力不强，产量低而不稳。河南省的该类耕地面积占总耕地面积的 30％左右，该技术成果对于改善地力、保蓄雨水、提高产量、减少旱灾损失具有显著效果，在条件相似的地区具有广阔的推广应用前景。同时，该成果的推广应用必然带来保护性耕作机具的研发创新及相关产业的快速发展。目前，该成果已在陕西、河南及山东地区得到了推广应用，主要采用测土配方施肥技术和病虫草害综合防治技术来提高作物的生产力和水分利用效率。9 月中下旬玉米收获后用秸秆还田机将玉米秸秆打碎还田，播种时用"毫丰"小麦免耕施肥播种机一次完成耕作、施肥与播种作业(图 6-4)。

图 6-4　旱地保护性耕作应用

三、小麦、玉米灌溉自动控制技术推广应用情况

河南省灌溉面积占总耕地面积的 70% 左右，仍以地面灌水技术为主，在渠灌区基本上采用大水漫灌方式，水量浪费较大；在井灌区，同样存在这种现象，由于畦块大、畦长，灌水定额仍然较大，灌水过程中存在的渗漏损失也很大，因此灌溉水的利用效率较低。由于水资源日益紧缺，干旱灾害发生频繁，缺水对农业生产的威胁越来越重。急需采取综合农业节水技术来减少农业用水，将节约的水用以扩大灌溉面积或者增加工业用水和生活用水。综上所述，该成果具有广阔的应用前景。该成果的推广会带来显著的社会效益与环境效益：一是节省了灌溉水量，可有效地缓解当地水资源紧张的矛盾，为推广区的工农业乃至国民经济的持续发展作出重要贡献；二是为扩大灌溉面积、促进粮食产量稳步发展创造了条件；三是减少了灌区更新改造的投资，通过采用节水措施（如改进地面灌溉、沟畦灌溉、喷灌、非充分灌溉制度、灌溉预报、农艺节水技术等），现有工程均可得到很好的利用；四是避免了地下水的过度开采，确保了地下水环境的生态良性循环（图 6-5，图 6-6）。

图 6-5　小麦、玉米精量灌溉——小畦灌

图 6-6　小麦、玉米精量灌溉——喷灌

该成果的应用需要一些监测设备(如土壤墒情监测、作物灌溉预警装置、作物水分信号监测仪等)及灌溉设施(如喷灌、地面管道灌溉及关键设备等),其大面积的推广应用可为相关仪器设备、灌溉设备的开发及产业化带来广阔的市场,促进相关学科及产业的进一步发展。

四、集成灌溉技术综合推广应用情况

河南省陆浑、山东省济南、陕西省三门峡应用小麦-玉米垄作一体化节水高效技术模式、旱地保护性耕作技术模式和小麦-玉米精量灌溉技术模式等综合技术后，减少了冬小麦和夏玉米的灌溉定额，提高了作物水分生产效率、田间灌溉水利用效率和肥料利用率。同时，小麦和玉米籽粒各项品质指标均有不同程度的改善和提高，节水增收效果显著；通过节水，减少了机井的提水量，降低了灌溉成本，取得了良好的效果。推广粮食作物适宜灌溉技术应用区分别为 31 万亩、33 万亩、30 万亩，具体节水增产效益见表 6-7。

表 6-7　本书研究成果推广应用情况

应用地区	应用面积	应用单位及通讯地址	应用效果	经济效益
河南省陆浑	2013 年，8 万亩；2014 年，11 万亩；2015 年，12 万亩	河南省陆浑水库管理局、河南省洛阳市高新技术开发区创业路 27 号	在河南省陆浑灌区推广小麦-玉米节水高效灌溉制度及适宜种植模式和小麦-玉米连作适宜灌溉方式与配套实施技术，以及灌溉自动控制技术后，冬小麦和夏玉米灌溉定额较常规地面灌溉分别减少了 60 m³/亩和 40 m³/亩，作物水分生产效率提高了 0.42 kg/m³，灌溉水利用率平均提高了 19.40%，肥料利用效率提高了 8.05%	推广区农业综合用水成本降低 12.31%，累计净增经济效益 4848.4 万元
山东省济南	2013 年，9 万亩；2014 年，11 万亩；2015 年，13 万亩	济南市平阴田山电灌管理处、济南市平阴县青龙路 240 号	河南省粮食主产区适宜灌溉技术研究及应用在山东省平阴县灌区推广应用后，节水增产效益明显，冬小麦和夏玉米灌溉定额较常规地面灌溉分别减少了 50 m³/亩和 30 m³/亩，作物水分生产效率提高了 0.24 kg/m³，灌溉水利用率提高了 12.7%，肥料利用效率提高了 9.5%	累计净增经济效益 5072.1 万元，节水增收效果显著
陕西省三门峡	2013 年，10 万亩；2014 年，9 万亩；2015 年，11 万亩	陕西省三门峡库区管理局、西安市凤城二路 13 号凯发大厦	《河南省粮食主产区适宜灌溉技术研究及应用》研究成果，于 2013~2015 年应用于三门峡灌区后，减少了灌溉定额，提高了作物水分生产效率、灌溉水利用率和肥料利用效率，灌溉用水降低，年节水 61m³/亩，小麦与玉米年增产 73kg/亩，节省了人工费、机耕费、种子费、农药费等成本，年支出费用下降 32 元/亩	累计净增经济效益 5193 万元

第七章 主要成果与结论

第一节 取得的主要成果

一、主要技术成果

概括起来，本书取得的主要技术成果包括以下 5 个方面。

(一)河南省粮食主产区作物灌溉制度和需水规律

通过试验，对河南省粮食主产区不同种植模式及不同灌溉方式下小麦、玉米等作物的耗水量与耗水规律，水分亏缺的诊断指标，不同生育期干旱对作物生长发育、产量和品质的影响进行了研究，建立了作物水分生产函数模型，确定了节水高效优质的适宜灌溉控制指标与灌溉制度。其研究成果如下。

1.冬小麦灌溉制度研究

(1)土壤水分状况是影响冬小麦生长发育最重要的生态因子之一，水分亏缺会对其生长产生不良影响，表现在其叶面积、株高、干物质积累及产量构成因素等性状明显低于适宜水分处理，受旱越重，叶面积越小，株高越低，干物质累积量越小。有效穗数、穗长、穗粒数随着土壤水分的降低而减少。

(2)冬小麦的耗水量随着土壤水分的降低而减少，随着灌水量的增加而增加。不同生育阶段的耗水量和日耗水量都有随着土壤水分的降低而下降的趋势，受旱越重，其受到的影响越大。根据冬小麦的阶段耗水量和日耗水量的变化规律，其拔节—抽穗期和抽穗—灌浆期为需水临界期。

(3)根据实测的田间试验资料，建立了冬小麦产量与全生育期耗水量之间的二次抛物线关系，其回归方程式为

$$Y = -0.0565ET^2 + 48.594ET - 3002.9$$

用 Jensen 模型分析建立了冬小麦产量与各生育阶段耗水量关系的水分生产函数模型，λ 值的大小可较好地反映作物各生育阶段对水分的敏感程度。结果显示，冬小麦各生育阶段对缺水的敏感程度由大到小依次为抽穗—灌浆期>拔节—抽穗期>灌浆—成熟期>返青—拔节期>播种—越冬期>越冬—返青期。

(4)利用多年气象资料，对冬小麦生育期间的参考作物需水量 ET_0 和降水量进行了频率分析，确定了不同水文年冬小麦的参考作物需水量 ET_0、实际需水量 ET、作物系数 K_c、净灌溉需水量。

(5)根据建立的阶段水分生产函数模型，利用水量平衡方程和动态规划法，对冬小麦在不同典型水文年条件下的有限水量进行了生育期内的最优分配，确定了不同供水量下的优化灌溉制度。

2.夏玉米灌溉制度研究

(1)土壤水分状况是影响夏玉米生长发育最重要的生态因子之一，水分亏缺会对其生长产生不良影响，表现在其株高及产量构成因素等性状明显低于适宜水分处理。

(2)根据实测的田间试验资料，建立了夏玉米产量与全生育期耗水量之间的二次抛物线关系，其回归方程式为

$$Y = -0.1026ET^2 + 86.308ET - 9937.8$$

用 Jensen 模型分析建立了夏玉米产量与各生育阶段耗水量关系的水分生产函数模型，λ 值的大小可较好地反映作物各生育阶段对水分的敏感程度。

(3)利用多年气象资料，对夏玉米生育期间的参考作物需水量 ET_0 和降水量进行了频率分析，确定了不同水文年夏玉米的参考作物需水量 ET_0、实际需水量 ET、作物系数 K_c、净灌溉需水量。

(4)根据建立的阶段水分生产函数模型，利用水量平衡方程和动态规划法，对夏玉米在不同典型水文年条件下的有限水量进行了生育期内的最优分配，确定了不同供水量下的优化灌溉制度。

3.粮食作物旱作需水规律

(1)小麦生育期内降水仅在个别年份的某个生育期达到需水量，降水亏缺最高可达100％，冬小麦平均降水满足率为 58.50％；冬小麦需水最多的时期是抽穗—成熟期，需水量占需水总量的 33.20％。

(2)夏玉米平均降水满足率为 70.9％，夏玉米需水最多时期是拔节—抽雄期，需水量占需水总量的 31.87％，耗水最多的时期是拔节—抽雄期，耗水量占耗水总量的 37.70％。

(3)一年一熟冬小麦平均耗水量为 318.0 mm，对降水的利用率在 50％左右；春甘薯耗水量平均达 441.6 mm，对降水的利用率可达 70％左右。一年两熟种植制度有着较高的降水利用效率，但受降水量及其分布不均的影响，作物产量年际间变幅较大。

(4)一年一熟冬小麦实际耗水仅占降水的 50％~60％，降水的利用率是较低的，而小麦花生模式下利用了降水的 80％~90％，常年降水基本可以满足要求。小麦玉米与小麦大豆模式下对降水利用率接近或超过了 100％(与当年降水量有关)，对降水的消耗最大，种植风险也较大，对土壤水分的恢复也是最难的。

(二)河南省粮食主产区适宜种植模式

在选用优质小麦、玉米等品种的基础上，对不同灌溉方式下小麦、玉米作物的种植模式及光热资源、降水、灌溉水的利用效率进行了试验研究，提出了适宜于河南省粮食主产区的适宜种植模式。其主要结论包括以下几点。

（1）小麦复播大豆的最佳密度为 22.5 万株/hm² 左右，对应的产量约为 2996 kg/hm²。最佳田间配置方式为行距 40 cm，株距 11 cm；或 40 cm、20 cm 宽窄行种植，株距 14.8 cm。

（2）玉米与大豆 2∶2 间作时，即玉米大行距为 145 cm，小行距为 35 cm，株距为 22 cm 时，其复合群体的总产量是最高的。玉米 145 cm 的带宽有利于复合体系产量的提高，其原因为带宽在保证玉米满足其最佳群体结构要求的同时，也具有比其他分带规格较为合理的密植规格（株距）。

（3）小麦生育季节，垄作平均耗水量为 375.67 mm，平作为 424.96 mm，垄作冬小麦耗水量比平作减少 49.29mm，产量平均增加 376.37kg/hm²，水分利用效率提高 12.99％～23.44％；夏玉米生育季节，垄作平均耗水量为 381.90 mm，平作为 444.83 mm，产量增加 863.63 kg/hm²，水分利用效率提高 10.02％～24.64％。实行冬小麦、夏玉米一体化垄作与平作相比，全年耗水量减少 112.22 mm，产量增加 8.47％～14.03％，全年水分利用效率提高 11.50％～24.04％。

（三）小麦-玉米连作适宜灌溉方式与配套实施技术

在小麦-玉米连作一体化种植的基础上，研究了不同种植模式的适宜灌溉方式，并给出了适宜的灌溉方式与配套技术。其取得的成果如下。

1. 喷灌技术

（1）小麦、夏玉米等大田作物可采用喷灌方式，与地面输水灌溉相比，喷灌能节水 50％～60％。但喷灌投资和能耗较大，成本较高，适宜在高效经济作物或经济条件好、生产水平较高的地区应用。经生产实践证明，该模式具有"两省两增一提高"的特点，即节水、省工、省时、增产、增效、提高耕地利用率等优点，是一种比较先进的节水灌溉技术。

（2）拔节—灌浆期为冬小麦生育阶段耗水高峰期，最大日耗水强度可达 4.25mm/d；灌水量相同的条件下，在拔节和抽穗期灌水比在返青和抽穗期灌水更能提高小麦产量和水利利用效率；需水关键期，多灌 10mm 水量可提高产量 400kg/hm²；产量最高的处理，其水分利用效率不一定高，水分利用效率高的并不一定最经济。

（3）喷灌可以改变田间小气候，使相对湿度逐渐变大，由原来的 52％ 变为最后的 94％，地下 5cm 处的地温随着喷灌的进行基本呈直线下降趋势，由原来的 20.5℃ 经两个小时后降到 17℃，而在同一时间段内，地下 10cm 和 15cm 变化相对逐渐减少，地下 20cm 处的地温基本保持不变。在同一时刻内，地温随着深度的增加而逐渐降低，降低的幅度随着时间的推移有减小的趋势。

2. 畦灌技术

（1）畦灌技术是河南省粮食主产区田间灌溉的主要技术。针对该地区的主要土壤类型（潮土、褐土、黄褐土），利用详细的畦灌试验资料，分析提出了不同土壤类型合理的畦规格和适宜的灌水参数，分析了灌水技术单因子因素的变化规律，分析了畦、沟的灌水质量。其成果对于大田实际具有普遍的指导意义。

(2)河南省粮食主产区小麦、玉米等大田作物都宜采用畦灌方式,影响畦灌的主要因素取值如下:①畦田规格,畦宽一般视水源条件和田间耕作机械特性而定,但畦田过宽直接影响着灌水量和灌水质量,应考虑各种因素通过试验确定畦田规格。畦宽和畦长直接关系到灌水定额和灌水质量,畦宽一般为 2~4 m,畦长为 30~60 m。②单宽流量,3~5 L/(s·m)。③畦田比降及改水成数,比降宜为 1/1000,八成改水。

3. 小麦-玉米垄作一体化沟灌技术

(1)本次试验在垄作模式下进行,调整边行种植密度的同时,对内行小麦的密度进行了相应的调整,并取得了良好的效果。这一方面是由于垄作模式本身可以使小麦的边行优势得到更充分的发挥;另一方面也是由于边行和内行种植密度同时改变,更好地协调了小麦生产中穗、粒、重的矛盾,从而有利于整体产量的提高。在其他因素相同的情况下,密度对于小麦的生长有着非常重要的影响。

(2)沟灌是适用于宽行作物的一种节水灌溉方式,进行沟灌时,在作物行间挖沟即可顺沟灌水,同一般大田畦灌一样,不需要专门再增加设备投资,灌溉水在土沟中行进的速度快,灌溉用水量少,每次灌溉用水量在 45mm 以内,便于控制,简单易行。在沟灌灌水过程中,由于入沟流量小,水在流动中全部渗入根际土壤中,停水后沟中不积存水。同时,采用沟灌方式能保持良好的土壤结构,田面不易板结,灌水后棵间蒸发量也比畦灌、喷灌、喷雾灌等其他灌溉方式少得多。因此,在各种节水灌溉方式中,沟灌有着良好的实用价值。

(3)对于宽行稀植作物,采用沟灌和隔沟灌能减少灌水定额,其灌水定额为 30~45 mm,比一般的畦灌减少 1/3~1/2。冬小麦采用垄作和垄膜沟种方式,沟灌供水,可比小畦灌减少 1/3 的灌水定额,产量与平作持平或略有减产,但水分利用效率明显提高。小定额灌溉模式与灌关键水模式结合更能合理地分配水资源,减少灌水量,提高灌水的有效利用率。

冬小麦-夏玉米连作情况下推荐采用垄作沟灌,影响沟灌的主要因素取值如下。

(1)沟规格:沟宽一般为 0.2~0.4 m;沟间距根据耕作要求确定;沟长直接关系到灌水定额和灌水质量,一般取 50~100 m。

(2)入沟流量:一般为 0.6 L/(s·m)。

(3)沟比降及改水成数:比降宜为 1/1000,八成改水。

(四)粮食主产区适宜的灌溉技术的集成

研究了河南省粮食主产区适宜的灌溉技术措施,对覆盖技术、栽培技术和水肥高效利用技术等做了比较深入的研究,建立并推广了与灌溉方式、农艺技术相结合的高效技术集成模式。得出的主要结论与成果如下。

(1)在 7 种旱作配方施肥方式中,对于小麦,第 6 种处理方式"化肥 NP+有机肥+作物秸秆还田"产生的亩产量最高,消耗水量低于平均水平,是值得在河南省半干旱区推广的一种配方施肥方式;对于玉米,第 4 种"化肥 NP+作物秸秆还田(全部)"产生的千粒重、亩均产量最高，消耗水量最低，最终得到的水分利用效率也属 7 种处理中最高的。同时，展开科学合理的水肥耦合技术也有助于作物的丰产丰收。

（2）灌水与施肥在促进小麦生长发面也有相互弥补的作用，减水增磷（肥）或减磷（肥）增水都能使得小麦株体保持一定的生长速率。灌越冬水、拔节水、抽穗水 3 水（150 mm），施 P_2O_5 210 kg/hm^2 的处理干物质积累量多，产量最高为 7404.3 kg/hm^2。水分利用效率最高的是灌越冬、抽穗 2 水（100 mm）、施磷（P_2O_5）量为 210 kg/hm^2 的处理，水分利用效率达 1.77 kg/m^3，较处理 7（灌 3 水、不是磷肥）高 21.2%。

（3）水、磷（肥）两因子对夏玉米的生长、生理及产量的构成状况有密切关系，两因子的适量组合与合理调配在玉米生产中具有重要意义。适当地施磷能够减少气孔导度，扩大根冠比，延长根长；同时，抑制株体内水分向活的叶片中运输及水分散失，从而起到提高作物保水能力的作用。水、磷两因素的适宜调配有利于促进玉米、小麦等作物对养分的吸收；增施一定的磷肥还能促进钾元素的吸收和向地上部的转输。

（4）与传统的耕作措施相比，深耕能够增加土壤孔隙度，增厚土壤活土层，提高土壤"水库"的蓄水能力，改善土壤对作物根系水、肥、气、热的供给方式，创造良好的土体结构，扩大营养范围，为根系生长创造良好的条件。深耕后再进行耙糖合墒处理，可有效地控制土壤蒸发损失

5. 农田覆盖通过减少作物棵间的无效蒸发来起到保墒的作用。与其他节水增收措施相比，在秸秆覆盖处理的植株叶面积最大，单株干物质积累最多，产量和千粒重也最高，显示了突出的节水增收效益。

（五）河南省粮食主产区粮食作物适宜灌溉技术集成成果

在华北水利水电大学农业高效用水试验场建立了河南省粮食主产区小麦、玉米等主要旱作物高效生产综合节水技术集中连片的应用区，在充分研究河南省现有技术的基础上，重点推广了小麦玉米垄作一体化技术、旱地保护性耕作技术和小麦玉米精量灌溉技术 3 种集成模式，实现了项目农业用水综合成本降低 10% 以上，灌溉水利用率提高 15%，作物水分利用效率提高 0.3kg/m^3，为大面积转化应用小麦、玉米综合节水技术集成研究成果提供示范。

二、主要经济效益

不同的综合节水技术集成模式在河南省粮食主产区大面积推广应用后，取得了显著的社会经济效益和生态环保效益：减少了秸秆焚烧所引发的环境污染，提高了耕层土壤有机质含量，培肥了地力，充分利用了降水且大幅提高了水分利用效率。本书在河南省粮食主产区（河南省、陕西省、山东省）应用小麦-玉米垄作一体化节水高效技术模式、旱地保护性耕作技术模式和小麦-玉米精量灌溉技术模式等综合节水技术后，减少了冬小麦和夏玉米的灌溉定额，提高了作物水分利用效率、田间灌溉水利用效率和肥料利用率。同时，小麦和玉米籽粒各项品质指标均有不同程度的改善和提高，节水增收效果显著；通过节水，减少了机井的提水量，降低了灌溉成本，取得了良好的效果。建立粮食作物适宜灌溉技术应用区约 5 万亩，推广应用了 94 万亩，增收效益 1 亿多元。其节水增收效

果显著，取得了显著的社会经济效益和生态环保效益。

第二节　创　新　总　结

一、成果的主要特点

与以往的同类相关研究相比，《河南粮食主产区粮食作物综合节水技术研究与示范》具有如下特点。

1. 实用性

从研究内容的设置到研究计划的实施，始终密切结合当地的实际生产。在充分借鉴吸收国内外最新研究成果的基础上，紧密结合河南省粮食主产区生产实际进行试验研究，对集成的综合节水技术模式进行了验证，并在应用中不断改进完善，因而主要技术内容有着突出的实用性。

2. 综合性

研究提出的技术内容多为农、水结合的成套技术，克服了以往单纯研究节水灌溉技术或农业措施的片面性，将二者技术进行有机集成研究，而不是简单的叠加和罗列，发挥了农、水成套组合技术的整体优势，为实现农业综合节水、高产高效目标提供新的途径和可靠保证。

3. 可操作性

主要技术成果都已得到示范推广，技术可靠，已制订出关于耕作、栽培、灌水和覆盖等主要技术内容的操作规程，易于被农民接受和掌握。其研究成果推广应用 3 年，取得了良好的节水增产效果。

二、主要创新点

经课题组成员的集成研究，本成果的主要创新点如下。

（1）针对河南省粮食主产区的农业生产实际，首次将农业节水技术进行实质性高效融合，强调技术的集成配套、注重技术提升与技术创新，在此基础上，探索适合于该区域的农业节水技术发展模式，有机集成了小麦-玉米垄作一体化技术模式、旱地保护性耕作技术模式和小麦-玉米灌溉自动控制技术模式，构成了一个完整的农业高效用水综合技术体系。

（2）首次在河南省粮食主产区将栽培技术、耕作与覆盖技术，以及水肥耦合技术等有机结合，凝练提升传统常规农艺节水技术，强化了优质实用和技术创新，提出了与作物非充分灌溉技术相配套的农艺技术措施，评价了农艺节水技术发展的环境效应，提高了该地区灌溉水利用率、农田水分利用率、肥料利用率、粮食产量和经济收益。

主要参考文献

白涛, 张亚建, 严昌荣, 等, 2009. 农艺措施和施肥对渭北旱塬旱地玉米的影响[J]. 中国农业气象, 30(1): 45-48.

蔡典雄, 胡育骄, 赵全胜, 等, 2010. 海冰土壤灌溉配合农艺措施对棉花土壤水盐动态的影响[J]. 资源科学, 3(32): 457-465

陈阜, 逄焕成, 2000. 冬小麦/春玉米/夏玉米间套作复合群体的高产机理探索[J]. 中国农业大学学报, 5: 12-16.

陈明灿, 李友军, 熊英, 等, 2006. 豫西旱地小麦不同种植方式增产效应分析[J]. 干旱地区农业研究, 24(1): 29-32.

陈万金, 信乃诠, 1994. 中国北方时地农业综合发展与对策[M]. 北京: 中国农业科学技术出版社.

陈亚新, 康绍忠, 1995. 非充分灌溉原理[M]. 北京: 水利电力出版社.

陈玉民, 郭国双, 1995. 中国主要作物需水量与灌溉[M]. 北京: 水利水电出版社.

陈玉民, 肖俊夫, 王宪杰, 2001. 非充分灌溉研究进展及展望[J]. 灌溉排水, 6: 73-75.

崔远来, 茆智, 李远华, 2002. 水稻水分生产函数时空变异规律研究[J]. 水科学进展, 13(7): 484~491.

段爱旺, 孟兆江, 2007. 作物水分信息采集技术与采集设备[J]. 中国农业科技导报, 9(1): 6-14.

房稳静, 2006. 河南省冬小麦干旱灾害风险评估和区划研究[D]. 南京: 南京信息工程大学.

冯跃志, 高传昌, 2001. 灌溉与排水[M]. 北京: 中央广播电视大学出版社.

逄焕成, 李玉义, 2008. 中国北方地区节水种植模式[M]. 北京: 中国农业科学技术出版社.

高传昌, 吴平, 2005. 灌溉工程节水理论与技术[M]. 郑州: 黄河水利出版社出.

龚振平, 2009. 土壤学与农作学[M]. 北京: 中国水利水电出版社.

郭元裕, 2004. 农田水利学[M]. 北京: 中国水利水电出版社.

郭云周, 刘建香, 贾秋鸿, 等, 2009. 不同农艺措施组合对云南红壤坡耕地氮素平衡和流失的影响[J.] 农业环境科学学报, 28(4): 723-728.

河南省小麦高稳低协作组, 1986. 小麦生态与生产技术[M]. 河南: 河南科学技术出版社.

黄明, 2005. 豫西旱坡地小麦保护性耕作的效应分析[D]. 洛阳: 河南科技大学, 硕士论文.

冀天会, 王自力, 王胜亮, 等, 2002. 豫西旱地小麦"六改"高效栽培技术[J]. 农业科技通讯, 10: 6-7.

冷石林, 韩仕峰, 1996. 中国北方旱地作物节水增产理论与技术[M]. 北京: 中国农业科学技术出版社.

李成秀, 1991. 国外农业节水的途径[J]. 世界农业, 2: 50-52.

李家鹤, 闫桂忠, 2008. 农艺节水保肥技术在果树种的应用[J]. 节水灌溉, 6: 34-36.

李彦, 门旗, 冯广平, 等, 2005. 膜下滴灌"湿润体土壤水库"耗水模型研究[J]. 灌溉排水学报, 24(3): 71-73.

李友军, 付国占, 张灿军, 等, 2008. 保护性耕作理论与技术[M]. 北京: 中国农业出版社.

李远华, 罗金耀, 2003. 节水灌溉理论与技术[M]. 武汉: 武汉大学出版社.

李远华, 赵金河, 张思菊, 等, 2001. 水分生产率计算方法及其应用[J]. 中国水利, 8: 65-66.

梁宗锁, 康绍忠, 石培泽, 等, 2000. 隔沟交替灌溉对玉米根系分布和产量的影响及其节水效益[J]. 中国农业科学, 6(33): 26-32.

刘继艳, 陈长富, 户朝旺, 2009. 浅析我国水资源现状及节水的必要性和途径. 农村经济与科技[J]. 4: 56-57.

刘淑华, 2009. 农艺节水的特点及综合运用技术[J]. 现代农业, 74-75.

罗玉峰, 崔远来, 朱秀珍, 2004. 高斯-牛顿法及其在作物水分生产函数模型参数求解中的应用[J]. 节水灌溉, (1): 1-8.

马丽, 2008. 冬小麦、夏玉米一体化垄作生态生理效应研究[D]. 保定: 河北农业大学.

茆智, 崔远来, 李新建, 1994. 我国南方水稻生产函数的研究[J]. 水利学报, 25(9): 27-32.

梅旭荣, 蔡典雄, 逄焕成等, 2004. 节水高效农业理论与技术[M]. 北京: 中国农业科学技术出版社.

梅旭荣, 2006. 节水农业在中国[M]. 北京: 中国农业科学技术出版社.

孟兆江，段爱旺，卞新民，等，2005. 番茄茎直径变差法诊断水分状况试验[J]. 干旱地区农业研究，(3)：40-43.

孟兆江，段爱旺，刘祖贵，等，2004. 辣椒植株茎直径微变化与作物体内水分状况的关系[J]. 中国农村水利水电，(2)：28-30.

孟兆江，段爱旺，刘祖贵，等，2006. 温室茄子茎直径微变化与作物水分状况的关系[J]. 生态学报，(8)：2516-2522.

钱蕴壁，李英能，等，2002. 节水农业新技术研究[M]. 郑州：黄河水利出版社.

邱林，陈守煜，张振伟，等，2001. 作物灌溉制度设计的多目标优化模型及方法[J]. 华北水利水电学院学报，22(3)：90-93.

曲军，孙丽丽，2009. 浅谈农艺节水技术[J]. 中国新技术新产品，11：225.

任广鑫，杨改河，聂俊锋，2002. 旱地起垄覆膜沟播小麦氮磷钾施肥模型研究[J]. 甘肃农业大学学报，3(37)：316-322.

山仑，张岁岐. 能否实现大量节约灌溉用水——我国节水农业现状与展望[J]. 自然杂志，28(2)：71-74.

石玉林，卢良恕，2001. 中国农业需水与节水高效农业建设[M]. 北京：中国水利水电出版社，286-287.

司徒淞，张薇，王和洲，1996. 间歇灌与农艺措施结合节水高产机理研究[J]. 农业工程学报，12(1)：24-29.

宋冬梅，2000. 冬小麦高产节水机理及灌溉制度优化研究[D]. 沈阳：沈阳农业大学.

孙吉林，蒋玉根，徐祖详，等，2002. 农艺措施治理重金属严重污染农田土壤效果初探[J]. 农业环境与发展，1：32-33.

唐华俊，逄焕成，等，2008. 节水农作制度理论与技术[M]. 北京：中国农业科学技术出版社.

王殿武，迟道才，张玉龙，2009. 北方农业节水理论技术研究[M]. 北京：中国水利水电出版社.

王林，周启星，2008. 农艺措施强化重金属污染土壤的植物修复[J]. 中国生态农业学报，16(3)：772-777.

王龙昌，2001. 宁南旱区应变型种植制度的机理与技术体系构建[D]. 杨凌：西北农林科技大学.

王茹芳，卢思慧，曹金锋，等，2008. 河北省夏大豆育成品种农艺性状及品质分析[J]. 河北农业科学，12(11)：4-6

王旭清，王法宏，李升东，等，2003. 垄作栽培对小麦产量和品质的影响[J]. 山东农业科学，6：15-17.

王育红，2007. 豫西旱地保护性耕作对土壤水肥特性及作物产量的影响[D]. 北京：中国农业科学院.

王育红，姚宇卿，吕军杰，等，2004. 豫西旱坡地高留茬深松对冬小麦生态效应的研究[J]. 中国生态农业学报，(2)：146-148.

吴葱葱，郭洪巍，2000. 我国水资源现状与可持续利用问题[J]. 海河水利，3：1-3.

吴普特，2001. 中国西北地区水资源开发战略与利用技术[M]. 北京：中国水利水电出版社.

武雪萍，2006. 洛阳节水型种植制度研究与综合评价[D]. 北京：中国农业科学院.

肖世和，蔡典雄，2001. 旱地小麦的引进技术[M]. 北京：中国农业科学技术出版社.

辛俊锋，2009. 密度对大豆品种高产 50 产量及主要农艺性状的影响[J]. 甘肃农业科技，(5)：29-30.

许迪，龚时宏，2007. 农业高效用水技术研究与创新[M]. 北京：中国农业出版社.

杨景兰，2001. 浅谈农艺节水措施[J]. 农村科技开发，1：9-10.

于福亮，罗琳，2002. 解决农业水资源短缺的对策措施[C]. 北京：中国水利水电科学研究院. 8：28-32.

袁宏源，刘肇玮，1990. 高产省水灌制度优化模型研究[J]. 水利学报，21(11)：1-7.

张寄阳，段爱旺，孟兆江，等，2005. 不同水分状况下棉花茎直径变化规律研究[J]. 农业工程学报，(5)：7-11.

张莉华，2008. 关于河南水资源现状调查与开发利用的建议[J]. 水资源研究，3：13-16.

张丽，刘玲花，程东升，等，2009. 不同农艺措施对坡耕地水土及氮磷流失的控制[J]. 水土保持学报，23(5)：21-25.

张玉顺，路振广，张湛，2003. 作物水分生产函数 Jensen 模型中有关参数在年际间确定方法[J]. 节水灌溉，(6)：4-6.

张展羽，李寿声，何俊生，等，1993. 非充分灌溉制度设计优化模型[J]. 水科学进展，4(3)：207～214.

张正翼，2008. 不同密度和田间配置对套作大豆产量和品质的影响[D]. 雅安：四川农业大学.

郑波，殷寿安，胡万里，等，2009. 不同农艺措施对马龙坡耕地烤烟农艺形状影响[J]. 西南农业学报，22(1)：40-43.

中国自然资源丛书编撰委员会，1995. 中国自然资源丛书. 水资源卷[M]. 北京：中国环境科学出版社.

朱利群，田一丹，李惠，等，2009. 不同农艺措施条件下稻田田面水总氮动态变化特征研究[J]. 水土保持学报，23(6)：345-349.

Froment M A，Smith J，Freeman K，1999. Influence of environmental and agronomic factors contributing to increased levels of phospholipids in oil from UK Linum usitatissimum[J]. Industrial Crops and Products，10：201-207.

Mench M J，1998. Cadmium availability to plants in relation to major long-term changes in agronomy systems[J]. Agriculture Ecosystems and Environment，67：175-187.

Jacek Dach，Dick Starmans，2005. Heavy metals balance in Polish and Dutch agronomy：Actual state and previsions for the future[J]. Agriculture，Ecosystems and Environment，107：309-316.